国家自然科学基金项目(42104023、42364002)资助
江西省主要学科学术和技术带头人项目(20225BCJ23014)资助
江西理工大学本科教学工程立项教材建设项目资助
江西理工大学研究生教育教学改革研究立项项目(YJG2022006)资助

测量学基础

主　编　贺小星　孙喜文　马下平
副主编　康永红　刘晖娟　黄佳慧　陈文进

中国矿业大学出版社
·徐州·

内 容 简 介

本书主要阐述了测量学的基本理论与方法，主要内容包括测量学基础、水准测量、角度测量、距离测量、测量误差的基本知识、小区域控制测量、GNSS定位测量、地形图基础、大比例尺地形图测绘、地形图的识读与应用、工程施工测设方法等，重点针对与工程建设有关的北斗/GNSS定位原理、外业测量、数据处理、RTK施工放样等内容进行了详细介绍，让学生能深入学习现代化测绘的新理论、新方法、新技术，并运用现代化测绘思维解决大型工程建设中面临的工程测量问题。

本书适合测绘工程、土木工程、地质工程、采矿工程、矿井建设、建筑学、工业与民用建筑、交通运输等专业大类或方向使用，也可供有关工程技术人员参考。

图书在版编目(CIP)数据

测量学基础 / 贺小星，孙喜文，马下平主编. —徐州：中国矿业大学出版社，2023.8

ISBN 978-7-5646-5848-9

Ⅰ. ①测… Ⅱ. ①贺… ②孙… ③马… Ⅲ. ①测量学—基本知识 Ⅳ. ①P2

中国国家版本馆CIP数据核字(2023)第101489号

书　　名　测量学基础
CELIANGXUE JICHU

主　　编　贺小星　孙喜文　马下平

责任编辑　潘俊成

出版发行　中国矿业大学出版社有限责任公司
（江苏省徐州市解放南路　邮编221008）

营销热线　(0516)83885370　83884103

出版服务　(0516)83995789　83884920

网　　址　http://www.cumtp.com　**E-mail**:cumtpvip@cumtp.com

印　　刷　江苏淮阴新华印务有限公司

开　　本　787 mm×1092 mm　1/16　**印张** 14.75　**字数** 368千字

版次印次　2023年8月第1版　2023年8月第1次印刷

定　　价　42.00元

前　言

随着现代测绘技术的快速发展，测量新方法、新技术、新仪器层出不穷，教学改革也在不断深入。为适应新形势发展的需要，本教材主要阐述测量学的基本理论与方法，主要内容包括测量学基础、水准测量、角度测量、距离测量、测量误差的基本知识、小区域控制测量、GNSS定位测量、地形图基础、大比例尺地形图测绘、地形图的识读与应用、工程施工测设的基本方法等。

测量学不仅是测绘学科中一门专业基础课，也是土木工程、交通工程、工程管理和土地管理等专业的一门必修课。通过本课程的学习，学生能充分掌握和理解与工程建设有关的测绘学基本知识、地形图测绘、地形图应用和施工放样等内容。本书不仅包含了测量学中常用的基本理论、方法与技术，还重点针对与工程建设有关的北斗/GNSS定位原理、外业测量、数据处理、RTK施工放样等内容进行了详细介绍，使学生能深入学习现代测绘的新理论、新方法、新技术，运用现代化测绘思维解决大型工程建设中面临的工程测量问题。

本教材适用于测绘工程、土木工程、地质工程、采矿工程、矿井建设、建筑学、工业与民用建筑、交通运输等专业大类或方向使用，也可供有关工程技术人员参考。

本教材编写的作者及分工如下：贺小星（江西理工大学）撰写第一章至第三章和第四章第一节至第三节，负责全书的组织与统稿；孙喜文（东华理工大学）撰写第五章、第六章，负责全书的统稿与校对；马下平（西安科技大学）撰写第七章、第八章，负责全书的统稿与校对；康永红（华东交通大学）撰写第九章、第十章和第四章第四节、第五节，负责全书的统稿与校对；陈文进（江西理工大学）与刘晖娟（河北省水利水电勘测设计研究院集团有限公司）共同撰写第十一章，并负责全书的统稿与校对。其中，江西理工大学黄佳慧、杨圣博、王杰和华东交通大学付杰等硕士研究生负责书稿中文字、图表的检核等工作。最后，全书由贺小星（撰写约15.5万字）、孙喜文（撰写约5.9万字）、马下平（撰写约5.3万字)、康永红(撰写约 6.7 万字)共同统稿、定稿。

在本书的编写过程中,笔者参阅了大量文献,引用了同类书刊中的部分资料,在此,谨向有关作者表示衷心的感谢!

本书在编写及出版过程中,编者做了很大努力,书中如有不妥之处,恳请广大读者予以批评指正。

作　者

2023 年 5 月

目　录

第一章　绪论 ······ 1

第一节　测量学概述 ······ 1

第二节　学科分类 ······ 2

第三节　地面点位的确定与坐标系统 ······ 7

第四节　测绘工作的基本原则 ······ 14

第五节　用水平面代替水准面的限度 ······ 15

第二章　水准测量 ······ 18

第一节　高程测量概述 ······ 18

第二节　水准测量基本原理 ······ 18

第三节　水准仪的基本结构及使用 ······ 21

第四节　水准测量的方法及成果整理 ······ 28

第五节　水准测量误差分析与仪器校正 ······ 35

第六节　精密水准仪及使用 ······ 42

第三章　角度测量与经纬仪 ······ 47

第一节　水平角与垂直角观测原理 ······ 47

第二节　光学经纬仪的构造及度盘读数 ······ 48

第三节　电子经纬仪的构造及度盘读数 ······ 54

第四节　水平角观测 ······ 59

第五节　竖直角观测 ······ 66

第六节　经纬仪的检验和校正 ······ 68

第七节　水平角观测的误差分析 ······ 72

第四章　距离测量和直线定向 ······ 76

第一节　直线定向 ······ 76

第二节　钢尺量距 ······ 83

第三节　视距测量 ······ 87

第四节　光电测距仪原理及使用 ······ 90

第五节　全站仪测量原理及应用 ······ 98

第五章　测量误差基本知识……………………………………………… 104
第一节　测量误差概述……………………………………………………… 104
第二节　偶然误差的基本特性……………………………………………… 105
第三节　衡量观测值精度的指标…………………………………………… 107
第四节　观测值的算术平均值及改正值…………………………………… 109
第五节　观测值的精度评定………………………………………………… 110
第六节　误差传播定律及应用……………………………………………… 111
第七节　加权平均值及其中误差…………………………………………… 113

第六章　小区域控制测量…………………………………………………… 117
第一节　控制测量概述……………………………………………………… 117
第二节　导线测量…………………………………………………………… 120
第三节　导线计算…………………………………………………………… 123
第四节　交会法和小三角测量……………………………………………… 132
第五节　高程控制测量……………………………………………………… 137

第七章　GNSS 定位测量 ………………………………………………… 142
第一节　全球卫星定位系统概述…………………………………………… 142
第二节　GNSS 基本概念及定位原理 ……………………………………… 146
第三节　GNSS 外业测量及数据处理 ……………………………………… 148

第八章　地形图基础………………………………………………………… 154
第一节　概述………………………………………………………………… 154
第二节　国家基本比例尺地形图…………………………………………… 158
第三节　国家基本比例尺地形图的分幅和编号…………………………… 160
第四节　地形图辅助要素…………………………………………………… 166
第五节　地形图图式………………………………………………………… 168

第九章　大比例尺地形图测绘……………………………………………… 176
第一节　测图前准备工作…………………………………………………… 176
第二节　图根平面与高程控制测量………………………………………… 178
第三节　经纬仪测图法……………………………………………………… 179
第四节　全站仪测图法……………………………………………………… 181
第五节　GNSS RTK 测图法 ……………………………………………… 184
第六节　数字化测图法……………………………………………………… 188
第七节　地形图的绘制……………………………………………………… 189

第十章　地形图的应用…… 193
第一节　地形图的基本应用…… 193
第二节　地形图的工程应用…… 197

第十一章　测设的基本工作…… 205
第一节　施工测量与测设…… 205
第二节　施工测设的基本工作…… 205
第三节　水平距离、水平角与高程的测设 …… 206
第四节　点的平面位置的测设…… 211
第五节　已知坡度直线的测设…… 219
第六节　曲线的测设…… 219

参考文献…… 224

第一章　绪　　论

本章主要介绍测绘学科的发展情况以及测量学的基本概念，包括学科分类、各学科的研究进展、测绘科学的发展、最新的测绘技术、测绘工作的基本原则等内容。

第一节　测量学概述

测量学是测绘学科中的一门技术基础课，也是土木工程、交通工程、测绘工程和土地管理等专业的一门必修课，学习本课程的目的是掌握测绘学的基本知识、地形图测绘、地形图应用和工程建筑施工放样的基本理论与方法。

测量学是研究地球形状和大小、地球重力场以及确定地球表面(包括空中、地表、地下和海洋)物体的空间位置，以及对于这些空间位置信息进行采集、处理、储存、管理的科学。它包括测量和绘图两项主要内容。

在城市规划和行政管理、工程建筑设计和土地管理等工作中都需要地形信息，而地形信息的基本元素是一系列点位的空间位置及其属性。地形测量是地形点的空间位置和属性的采集、计算与整理，其主要成果是地形图。地形测量的基本理论和方法是测量学的主要内容之一，简称“测绘”。

在工程建设的规划、设计、施工和运营管理中，所需的地形信息的内容及各个阶段所需要的精度可能有所不同，但其获取的方法基本上是一致的。因此，在测量学中将介绍地形信息的精度和地形图应用的基本方法。

在工程建设的施工阶段，需要首先将规划设计的工程内容在实地定位，称为设计点位测设或施工放样。点位的测设需要采用一定的方法和满足施工的精度要求，因此，有关设计点位空间位置测设的理论和方法也是测量学的主要内容之一，简称测设。

简而言之，测量学的主要内容是地形信息的采集、处理、绘制、应用和工程设计的施工放样，其过程是测绘—应用—测设。其中，“应用”是各有关专业的学习内容，而“测绘”和“测设”是在测量学中学习的内容。下面介绍一些有关地形信息的采集、处理、绘制、应用和工程设计的施工放样实例。

铁路和公路等交通线路工程在建造之前，为了能设计一条经济且合理的路线，需要在地形图上进行选线。如果线路的走向基本确定后，通过实地勘测，在线路所经的带状地形图上进行技术设计，将设计路线上的主要点位在实地测设，据此进行施工。线路工程在跨越河流时，需要建造桥梁，这就需要河流两岸一定范围内的地形图以及测定河床的断面图和流速等水文资料，为桥梁设计提供必要的地形数据。将设计的桥墩和桥台的位置在实地测设，以及所涉及的桥梁上部结构(拱、梁、塔柱、拉索等)的正确安装定位，每一步都需要精确的测设。

在地质勘探、矿产开发、水利、交通等国民经济建设中，必须进行控制测量、矿山测量和线路测量，并绘制大比例尺地图，以供地质普查和各种建筑物设计施工使用。在国防建设中，除了为军事行动提供军用地图外，还要保证火炮射击的迅速定位和导弹等武器发射的准确性，需要提供精确的地心坐标和高精度的地形图信息。在研究地球内部物质运动方面，测绘学提供大地构造运动和地球动力学的几何信息，结合地球物理的研究成果，解决地球内部运动机制问题。

民用建筑、工业厂房和各种市政工程在设计时都需要有地形图和测设数据。例如居民点的住宅小区设计，必须在城市大比例尺地形图上根据城市道路的红线规划，在地块的界址范围内进行楼宇和内部道路的布置。施工时，要将设计的工程结构物的平面位置和高程准确地测设至实地。高层建筑对墙、柱等承重结构构件的垂直度要求很高，需要用高精度的测量仪器进行测设；在工程完成后，还需要测绘竣工图，供管理、维修、改建、扩建之用。对于建筑物和构筑物，在其建成以后还需要进行变形（沉降、倾斜、位移等）观测，以保证建筑物和构筑物的安全性。

在城市规划和房地产开发、管理及经营中，城市道路红线规划图测绘、房地产图测绘和红线点、界址点的测定起着重要的作用。地籍图、房产图、红线点和界址点坐标为土地的行政界线、权属界线以及土地和房屋面积的测定等提供了重要资料，经政府规划部门和土地管理部门确认后，具有法律效力，可以保护土地使用权人和房产所有权人的合法权益，以及国家对房地产的合理税收。上述测绘资料也是城市基础地理信息系统的重要组成部分。

测量学的主要研究对象是地球及其表面的各种形态。为此，首先要研究和测定地球的形状、大小及其重力场，并在此基础上建立一个统一的坐标系统，用以表示地表任意点在地球上的准确几何位置。

第二节 学科分类

一、测绘学科的定义和内涵

测绘学科是地球科学的一个分支学科，是研究测定和推算地面几何位置、地球形状及地球重力场，据此测量地球表面自然形态和人工设施的几何分布，编制各种比例尺地图的理论和技术的学科。其研究的内容和基本任务主要包括以下几个方面：测定地球的形状和大小及与此密切相关的地球重力场，并在此基础上建立一个统一的时空坐标系统，用以表示地表任意点在地球坐标系统中的准确几何位置与时间信息；测定一系列地面控制点的空间坐标（称为控制测量），并在此基础上进行详细的地表形态的测绘工作（称为地形测量），其中包括地表的各种自然形态，如水系（江河湖海）、地貌（地表的高低起伏）、土壤和植被的分布，以及人类社会活动所产生的各种人工形态，如居民地、交通线和其他各种工程建筑物的位置、土地的行政和权属界线等，绘制成各种数字化地形图；其最终目标是全面构建“数字地球”中的基础地理信息部分。各种经济建设和国防建设的规划、设计、施工和建筑物建成后的运营管理，都需要测绘工作相配合，进行控制测量和地形测量；建筑工程和大型设备安装需要利用测绘技术进行测设，以及竣工后的建筑物的形变监测、竣工测量等，这些工作总称为工程测量。

二、测绘学科发展历史

测绘学有着悠久的历史，古代的测绘技术起源于水利和农业。古埃及尼罗河每年洪水泛滥，淹没了土地界线，水退以后需要重新划界，从而开始了测量工作。公元前 2 世纪，我国司马迁在《史记·夏本纪》中叙述了禹受命治理洪水的情况："左准绳，右规矩，载四时，以开九州，通九道，陂九泽，度九山。"说明在公元前中国人为了治水，已经会使用简单的测量工具开展测量工作。

测绘学的研究对象是地球，随着人类对地球形状认识的逐步加深，要求对地球形状和大小进行精确的测定，因而促进了测绘学的发展。地图制图是测量的必然结果，所以地图的演变及其制作方法的进步是测绘学发展的重要方面。测绘学是一门技术性较强的学科，它的形成和发展在很大程度上依赖测绘方法和仪器工具的创造和变革。从原始的测绘技术，发展到近代的测绘学，其过程可由下列 3 个方面来说明。人类对地球形状的科学认识，是从公元前 6 世纪古希腊的毕达哥拉斯最早提出的球形概念开始。两世纪后，亚里士多德作了进一步论证，支持这一学说，称为地圆说。又一世纪后，亚历山大的埃拉托斯特尼采用在两地观测日影的办法，首次推算出地球子午圈的周长，以此证实了地圆说。这也是测量地球大小的"弧度测量"方法的初始形式。世界上有记载的实测弧度测量，最早是我国唐代开元十二年(公元 724 年)南宫说在张遂(一行)的指导下在今河南省境内进行的，根据测量结果推算出了纬度 1°的子午弧长。

17 世纪末，英国的牛顿和荷兰的惠更斯首次从力学的观点探讨地球的形状，提出地球是两极略扁的椭球体，称为地扁说。1735～1741 年间，法国科学院派遣测量队在南美洲的秘鲁和北欧的拉普兰进行弧度测量，证明牛顿等的地扁说是正确的。

1743 年，法国的克莱洛证明了地球椭球的几何扁率同重力扁率之间存在着简单的关系。这一发现，使人们对地球形状的认识又进了一步，从而为根据重力数据研究地球形状奠定了基础。

19 世纪初，随着测量精度的提高，通过对各处弧度测量结果的研究，发现测量所依据的垂线方向同地球椭球面的法线方向之间的差异不能忽略。因此，法国的拉普拉斯和德国的高斯相继指出，地球形状不能用旋转椭球来代表。1849 年，斯托克斯提出利用地面重力观测资料确定地球形状的理论。1873 年，利斯廷创用"大地水准面"一词，以该面代表地球形状。自那时起，弧度测量的任务，不仅是确定地球椭球的大小，而且还包括求出各处垂线方向相对于地球椭球面法线的偏差，用以研究大地水准面的形状。

1945 年，苏联的莫洛坚斯基创立了直接研究地球自然表面形状的理论，并提出"似大地水准面"的概念，从而回避了长期无法解决的重力归算问题。

人类对地球形状的认识和测定，经过了地球—椭球—大地水准面 3 个阶段，花去了二千五六百年的时间。随着人们对地球形状和大小认识的不断提高，测绘工作中精密计算地面点的平面坐标和高程逐步有了可靠的科学依据，同时丰富了测绘学的理论与方法。

17 世纪之前，人们使用简单的工具，例如中国的绳尺、步弓、矩尺和圭表等进行测量。这些测量工具都是机械式的，而且主要以量测距离为主。17 世纪初，荷兰的利普希发明了望远镜。1617 年，荷兰的斯涅耳为了进行弧度测量而首创了三角测量法，以代替在地面上直接测量弧长，从此测绘工作不仅量测距离，而且开始了角度测量。约于 1640 年，英国的加斯科因在两片透镜之间设置了十字丝，使望远镜能用于精确瞄准，用以改进测量仪器，这可算光学测绘仪器的开端。

约于1730年，英国的西森制成测角用的第一架经纬仪，大大促进了三角测量的发展，使它成为建立各种等级测量控制网的主要方法。在这一段时期里，由于欧洲又陆续出现小平板仪、大平板仪以及水准仪，地形测量和以实测资料为基础的地图制图工作也相应得到了发展。从16世纪中叶起，欧美二洲间的航海问题变得特别重要。为了保证航行安全和可靠，许多国家相继研究在海上测定经纬度的方法，以确定船舰的位置。经纬度的测定，尤其是经度测定方法，直到18世纪发明时钟之后才得到圆满解决，从此开始了大地天文学的系统研究。

19世纪初，随着测量方法和仪器的不断改进，测量数据的精度也不断提高，精确的测量计算就成为研究的中心问题，此时数学的发展开始对测绘学产生重大影响。1806年和1809年，法国的勒让德和德国的高斯分别发表了最小二乘准则，这为测量平差计算奠定了科学基础。

19世纪50年代初，法国洛斯达首创摄影测量方法。随后，相继出现立体坐标量测仪、地面立体测图仪等。到20世纪初，则形成比较完备的地面立体摄影测量方法。由于航空技术的发展，1915年出现了自动连续航空摄影机，可以将航摄像片在立体测图仪器上加工成地形图。从此，在地面立体摄影测量的基础上，发展了航空摄影测量方法。可以说，从17世纪末到20世纪中叶，测绘仪器主要在光学领域发展，测绘学的传统理论和方法也已发展成熟。

从20世纪50年代起，测绘技术又朝电子化和自动化方向发展，首先是测距仪器的变革。1948年起陆续发展起来的各种电磁波测距仪，由于可用来直接精密测量远达几十千米的距离，因而使得大地测量定位方法除了采用三角测量外，还可采用精密导线测量和三边测量。与此同时，电子计算机的出现并很快应用到测绘学中，这不仅加快了测量计算的速度，而且还改进了测绘仪器和方法，使测绘工作变得更为简便和精确。例如，具有电子设备和电子计算机控制的摄影测量仪器的出现，促进了解析测图技术的发展，继而在20世纪60年代又出现了计算机控制的自动绘图机，可以实现地图制图的自动化。

自从1957年第一颗人造地球卫星发射成功后，测绘工作便有了新的飞跃，在测绘学中开辟了卫星大地测量学这一新领域，就是利用人造地球卫星研究地球的形状和重力场，并测定地面点的地心坐标，建立全球统一的大地坐标系统。同时，由于卫星可从空间对地面进行遥感（称为航天摄影），因而可将遥感的图像信息用于编制大区域的小比例尺影像地图和专题地图。在这个时期还出现了惯性测量系统，它能实时地进行定位和导航，成为加密陆地控制网和进行海洋测绘的有力工具。随着脉冲星和类星体的发现，又有可能利用这些射电源进行无线电干涉测量，以测定相距很远的地面点的相对位置（见甚长基线干涉测量）。20世纪50年代以后，测绘仪器的电子化和自动化以及许多空间技术的出现，不仅实现了测绘作业的自动化，提高了测绘成果的质量，而且使传统的测绘学理论和技术发生了巨大的变革，测绘的对象也由地球扩展到月球和其他星球。

测绘学科的发展离不开测绘理论的创立和测绘仪器的发明。16世纪中叶起，出于航海需要，许多国家相继研究海上测定经纬度以确定船位。直到18世纪发明了时钟，使用天文观测测定经纬度获得成功，开创了大地天文学的研究，用于测定地面点位的经纬度和方位角。17世纪，人们发明了望远镜、经纬仪、水准仪、平板仪，使控制测量和地形测量技术的精度不断提高并渐趋成熟。19世纪50年代，摄影技术一经问世，便应用于测量；到20世纪初，形成地面立体摄影测量技术。1915年，人们制造出自动连续航空摄影机，将航摄像片在立体测图仪上绘制成地形图，创立了航空摄影测量方法。1948年，人们发明了电磁波测距仪，可精确测定远达几十千米的距离。电子计算机的发明，产生了用电子设备和计算机控制的测绘仪器，如电子经纬仪、全站仪和自动绘图仪，使测绘工作更为简便、快速和精确。

1957 年 10 月 4 日，苏联成功发射世界上第一颗人造地球卫星，远在美国的霍普金斯大学应用物理实验室 2 个年轻学者接收该卫星信号时，发现卫星与接收机之间形成的运动多普勒频移效应，并断言可以用来进行导航定位。在他们的建议下，美国于 1964 年建成了国际上第一个卫星导航系统即“子午仪”，由 6 颗卫星构成星座，用于海上军用舰艇船舶的定位导航。1967 年，“子午仪”系统解密并提供给民用。由此可见，从 20 世纪 70 年代后期全球定位系统(Global Positioning System，GPS)建设开始，至 2020 年多星座构成的全球卫星导航系统(Global Navigation Satellite System，GNSS)，均属于第 2 代导航卫星系统。它们包括美国的 GPS、俄罗斯的格洛纳斯卫星导航系统(Global'naya Navigatsionnaya Sputnikovaya Sistema，GLONASS)、中国的北斗卫星导航系统(BeiDou Navigation Satellite System，BDS)和欧洲的伽利略卫星导航系统(Galileo Navigation Satellite System，Galileo)等 4 个全球系统，以及日本的准天顶卫星系统(Quasi-Zenith satellite System，QZSS)和印度的区域卫星导航系统(Indian Regional Navigational Satellite System，IRNSS)等 2 个区域系统，其中 IRNSS 也称为印度星座导航(Navigation With Indian Constellation，NavIC)。此后，多星座 GNSS 和遥感(Remote Sensing,RS)技术在测绘学科中得到广泛的应用，并形成“空间大地测量”(Space Geodesy)和“摄影测量与遥感”(Photogrammetry and Remote Sensing)的学科分支。

测绘学科和地球物理学、地质学、天文学、地理学、海洋学、空间科学、环境科学、计算机科学和信息科学及其他许多工程学科有着密切的联系，而测绘学科更侧重于研究地球的整体形态和表层空间的几何特性，除了其本身为国民经济建设和国防建设服务以外，还成为上述一些相关学科的基础信息系统。

三、测绘学科的分支

测绘学科是一级学科，分为大地测量学、摄影测量与遥感学、工程测量学、海洋测绘学和地图制图学等分支学科。

(一) 大地测量学

大地测量学是一门研究和测定地球的形状、大小、重力场和地面点几何位置及其变化的理论和技术的学科。地球的形状以大地水准面为代表，是一个以南北极的连线为旋转轴，两极略为扁平、赤道略为突出的旋转椭球体，通过极轴的剖面是一个椭圆；地球的大小以椭圆的长半径 a(赤道半径)和短半径 b(两极半径)来表示。地面点的几何位置有两种表示方法：一种是将地面点沿椭球法线方向投影到椭球面上，用该点的大地经纬度(B, L)表示该点的水平位置；用地面点至椭球面上投影点的法线距离表示该点的大地高程(H)。另一种是用地面点在以地球质心为原点的空间直角坐标系中的三维坐标(X, Y, Z)表示。地面点的几何位置测定为大规模测绘地形图提供了平面控制网和高程控制网。

大地测量的传统方法有几何法、物理法以及近代产生的卫星法，它们分别成为几何大地测量、物理大地测量和卫星大地测量(或称空间大地测量)三个主要分支学科。在近代，随着大地测量点位测定精度的日益提高，使研究地球板块的移动和固体潮等天文和地质所引起的地理现象成为可能，由此引出一门新的学科——动态大地测量学。

（二）摄影测量学

摄影测量学是一门研究利用摄影或遥感的手段获取被测物体的信息（影像或数字形式）进行分析和处理，以确定被测物体的形状、大小和位置，并判断其性质的学科。摄影测量学包括航空摄影测量、航天摄影测量、水下摄影测量和地面立体摄影测量等，其中航空摄影测量是摄影测量学的主要内容。摄影测量的特点是通过图像对被摄目标进行间接测量，无须接触被摄物体本身。摄影测量主要用于测制地形图，但它的原理和基本技术也适用于非地形测量。自从出现了影像数字化技术以后，被测对象可以是固体、液体，也可以是气体；可以是微小的，也可以是巨大的；可以是瞬时的，也可以是变化缓慢的。这些特性使摄影测量方法得到了广泛的应用。

（三）工程测量学

工程测量学是一门研究工程建设和自然资源开发中各个阶段进行控制测量、地形测绘、施工放样和变形监测的理论和技术的学科，是测绘学科在国民经济和国防建设中的直接应用。它包括规划设计阶段的测量、施工建设阶段的测量和竣工后运营管理阶段的测量。规划设计阶段的测量主要是提供地形信息；施工建设阶段的测量主要是按照设计要求在实地准确地标定出建筑物各部位的平面和高程位置，作为施工和安装的依据；运营管理阶段的测量是工程竣工后的测绘，以及为监视工程的状况而进行的周期性重复观测，即变形观测。高精度工程测量（或称精密工程测量）是采用精密的测量仪器和方法以使其测量的绝对精度达到毫米级以上要求的测量工作，主要用于大型精密工程和设备的精确定位以及变形观测等。

（四）海洋测量学

海洋测量学是一门研究以海洋水体和海底为对象所进行的测量理论和方法的学科，主要包括海洋大地测量、海底地形测量、海道测量、海洋专题测量等，主要成果为航海图、海底地形图、各种海洋专题图以及海洋重力、磁力数据等。与陆地测量相比，海洋测绘的基本理论、技术、方法和测量仪器设备等有许多不同，主要是测区条件复杂，海水受潮汐、气象等影响而变化不定，透明度差，大多数为动态作业，综合性强，需多种仪器配合，并同时完成多种观测项目。海洋测绘一般需采用无线电卫星组合导航系统、惯性组合导航系统、天文测量、电磁波测距、水声定位系统等方法进行控制点的测定；采用水声仪器、激光仪器以及水下摄影测量方法等进行水深和海底地形测量；采用卫星技术、航空测量、海洋重力测量和磁力测量等进行海洋地球物理测量。

（五）地图制图学

地图制图学是一门研究地图及其编制和应用的学科。它研究用地图反映自然界和人类社会各种现象的空间分布、相互联系及其动态变化，具有区域性学科和技术性学科的两重性，亦称地图学。传统的地图制图学由地图学总论、地图投影、地图编制、地图设计、地图制印和地图应用等部分组成。地图制图学与许多学科都有联系，尤其与测量学、地理学和数学的联系更为密切。

四、土木工程测量的主要任务

土木工程测量学属于工程测量学的范畴，它主要面向土木、建筑、环境、道路、桥梁、水利等学科与专业，其主要任务如下：

(1) 研究测绘地形图的理论和方法

地形图是土木工程勘察、规划、设计的依据。土木工程测量是研究确定地球表面局部区域建筑物、构筑物、天然地物和地貌、地面高低起伏形态的空间三维坐标的原理和方法;研究局部地区地图投影理论,以及将测量资料按比例绘制成地形图或电子地图的原理和方法。

(2) 研究地形图在规划、设计中的应用方法

地形图的应用十分广泛,在土木工程建设过程中,常常遇到区域规划、道路选线、场地平整等问题,本课程将对其中的主要问题进行研究讨论。

(3) 研究建筑物施工放样、质量检验的技术和方法

施工放样是施工测量的主要工作,它的主要任务是将设计好的建筑物位置在实地标定出来。另外,在施工过程中,为保证工程的施工质量,必须对施工结果分阶段进行检查验收。

(4) 研究形变监测的基本理论和方法

在土木工程施工过程中或竣工后,为确保工程的安全,应进行工程的形变监测;为了在工程施工后全面反映工程质量及工后的改建、扩建,也应该进行竣工测量。

第三节 地面点位的确定与坐标系统

既然测量学是研究如何测定地面点位的学科,因此首先应了解地面点位的表示方法,了解确定地面点位的基准。由于测量工作都是在地球表面上进行的,所以先介绍关于地球形状和大小的知识。

一、地球的形状与大小

测绘学科主要是研究测定和描绘地球及其表面的各种形态,地球的整体形状和大小与测量工作密切相关。在地球表面,有高山、盆地、河流、湖泊和海洋等,可以说地球表面是一个极不规则的曲面,但相对于整个地球的半径(6 371 km)而言,这些高低起伏变化是微小的。地球面积为 5.1 亿 km^2,海洋面积约占地球表面的 70.8%,约为 3.61 亿 km^2,而陆地仅占 29.2%,约为 1.49 亿 km^2。地球表面最大起伏为 19.9 km,陆地平均高程为 840 m,多数在 1 000 m 以下。

由于地球的自转运动,地球上任意一个质点在静止状态下都同时受到两个作用力,其一是整个地球质量产生的引力,其二是地球自转产生的离心力。如图 1-1 所示,PP_1 直线为地球自转轴,EQ 弧为赤道,引力 U 指向地球质心 O,离心力 C 垂直于地球自转轴,两种力的合力称为重力 G。重力方向线称为铅垂线(简称垂线),铅垂线是测量工作的基准线,即将一个重物挂于一条线上,使其自然下坠,待其静止时该线所指方向即为该点的垂线方向。由于地球自转产生的离心力在赤道处最大,随纬度的增加而减小,至两极处为零,因此,地球形体为赤道较为突出而两极较为扁平的椭球体。

地球的表面以海水为主,处于静止状态的水面称为水准面,作为流体的水受地球重力的影响而形成重力等位面,它是受地球重力影响而形成的,是一个处处与重力方向垂直的连续曲面,并且是一个重力场的等位面。与水准面相切的平面称为水平面。水准面可高可低,因此符合上述特点的水准面有无数多个,其中与平均海水面吻合并向大陆、岛屿内延伸而形成的闭合曲面,称为大地水准面。大地水准面是测量工作的基准面。由大地水准面所包围的地球形体,称为大地体。

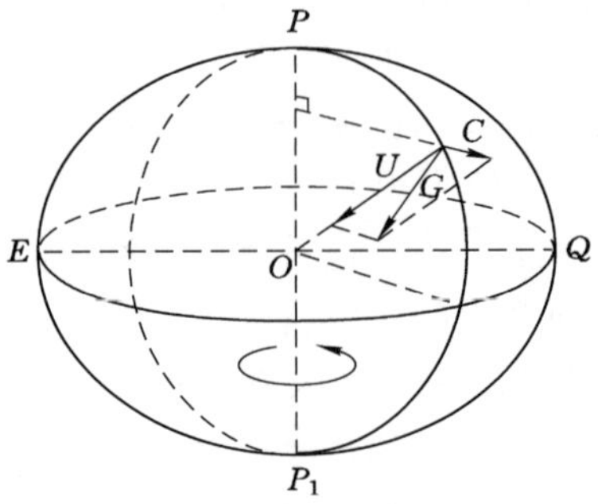

图 1-1　地球重力和地球形态

用大地体表示地球体是恰当的，但由于地球内部质量分布不均匀，引起铅垂线的方向产生不规则的变化，致使大地水准面成为一个复杂的曲面[图 1-2(a)]，且无法在这曲面上进行测量数据处理。为了使用方便，通常用一个非常接近大地水准面，并可用数学公式表示的几何形体(即地球椭球)来代替地球的形状，作为测量计算工作的基准面，如图 1-2(b)所示。地球椭球是一个椭圆绕其短轴旋转而成的形体，故地球椭球又称旋转椭球，如图 1-3 所示。旋转椭球体由长半径 a(或短半径 b)和扁率 f 所决定，即：

$$f = \frac{a-b}{a} \tag{1-1}$$

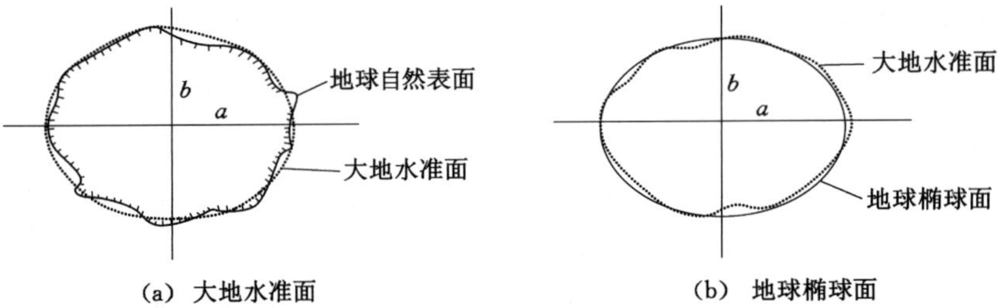

图 1-2　地球自然表面、大地水准面和地球椭球面的关系

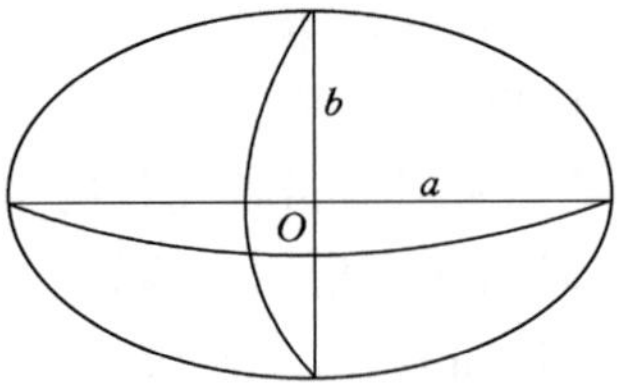

图 1-3　旋转椭球

几个世纪以来，各国学者都在致力于研究地球椭球的元素值，使之能最接近于大地体。由于他们都利用局部资料推算表达椭球体大小的有关参数 a、b 和 f，因此，这些地球椭球都有局限性，只能作为地球形状和大小的参考，故称为参考椭球体，其外表面称为参考椭球面。表 1-1 列出了几个有代表性的地球椭球参数。

表 1-1 地球椭球元素值

参考椭球名称	年代	长半径 a/m	扁率 f
白塞尔	1841	6 377 397	1/299.15
克拉克	1866	6 378 206	1/295.0
克拉克	1880	6 378 249	1/293.46
海福特	1910	6 378 388	1/297.0
克拉索夫斯基	1940	6 378 245	1/298.3
凡氏	1965	6 378 169	1/298.25
IGUU16 届大会推荐值	1975	6 378 140	1/298.257
IGUU17 届大会推荐值	1979	6 378 137	1/298.257
WGS-84 系统	1984	6 378 137	1/298.257 223 563
2000 国家大地坐标系	2000	6 378 137	1/298.257 222 101

由于地球椭球的扁率甚小，当测区面积不大时，在某些测量工作的计算中，可以把地球当作圆球看待，其半径（近似值为 6 371 km）按下式计算：

$$R=\frac{1}{3}(2a+b) \tag{1-2}$$

二、地面点位坐标系

测绘工作的主要任务之一是确定地面点的空间位置，其表示方法为坐标和高程，而地面点的空间位置与一定的坐标系统相对应。在测绘工作中，常用的坐标系统有大地坐标系、地心坐标系、高斯平面直角坐标系、独立平面直角坐标系等。

（一）大地坐标系

大地坐标系又称地理坐标系，是以地球椭球面作为基准面，以起始子午面和赤道平面作为参考面，用经度和纬度两个坐标值来表示地面点的球面位置，如图 1-4 所示。地面点 A 的大地经度（L）为通过 A 点的子午面与起始子午面（起始子午面通过英国的格林尼治天文台）之间的夹角，由起始子午面起算，向东 0°～180° 为东经，向西 0°～180°为西经；A 点的大地纬度（B）为通过 A 点的椭球面法线与赤道平面的交角，由赤道面起算，向北 0°～90°为北纬，向南 0°～90°为南纬。大地经纬度（L，B）是地面点在地球椭球面上的二维坐标，另外一维为点的“大地高”（H），是地面点沿法线至椭球面的距离。地面点在椭球面之上为正，在椭球面之下为负。大地坐标（L，B，H）可用于确定地面点在大地坐标系中的空间位置。地面点的经纬度如果是采用天文测量方法测定，分别称为天文经度（λ）和天文纬度（φ）。

（二）地心坐标系

地心坐标系属于空间三维直角坐标系，是以地球椭球的中心（即地球体的质心）O 为原点，起始子午面与赤道面的交线为 X 轴，在赤道面内通过原点与 X 轴垂直成为 Y 轴，地球椭球的旋转轴为 Z 轴，如图 1-5 所示。地面点 A 的空间位置用三维直角坐标（x_A，y_A，z_A）表示。

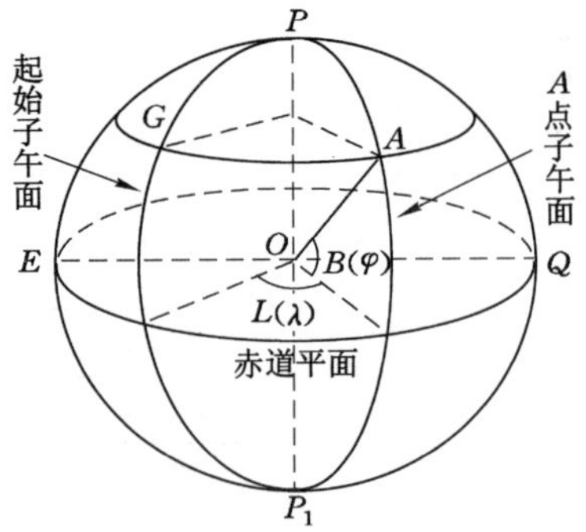

图 1-4　大地坐标系

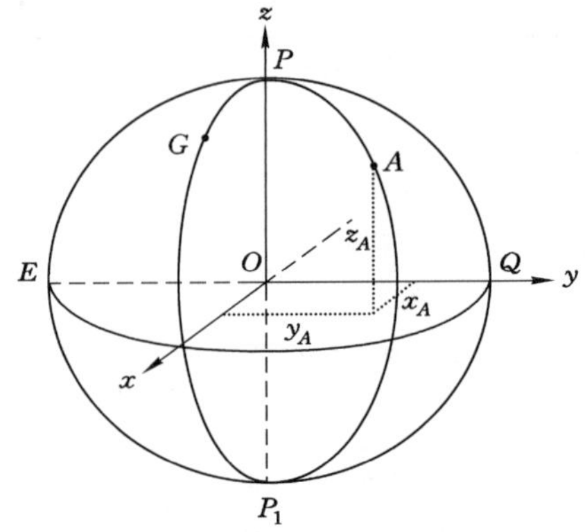

图 1-5　空间三维直角坐标系

（三）高斯平面直角坐标系

（1）高斯平面的基本原理

高斯投影理论是德国的高斯于 1822 年提出的，后经德国的克吕格于 1912 年加以扩充而完善。由于用大地经度和纬度表示的大地坐标是一种椭球面上的坐标，不能直接应用于测图，因此，需要将它们按一定的数学规律转换为平面直角坐标。由椭球面变换为平面的地图投影方法一般采用高斯—克吕格投影（简称高斯投影），所建立的平面直角坐标系被称为高斯平面直角坐标系。

根据高斯投影所建立的平面坐标系称高斯平面直角坐标系，它是大地测量、城市测量、普通测量、各种工程测量和地图制图中广泛采用的一种平面坐标系。高斯投影的投影函数是根据以下两个条件来确定的：第一，投影是正形的，即椭球面上无穷小的图形与它在平面上的表象相似，故又称保角投影或保形投影；投影面上任一点的长度比（该点在椭球面上的微分距离与其在平面上相应的微分距离之比）与方位无关。第二，椭球面上某一子午线在投影平面上的表象是一直线，而且长度保持不变，即长度比等于 1。该子午线称为中央子午线，或称轴子午线。这两个条件体现了高斯—克吕格投影的特性。

高斯投影展于横轴切圆柱正形投影。可以设想，将截面为椭圆的一个圆柱体套在地球椭球的外面（图 1-6），圆柱的中心轴 EE_1 在赤道面内，圆柱面同椭球面相切在中央子午线上。按正形条件将中央子午线东、西一定经度范围内的地区投影到圆柱面上，然后将该圆柱面展开成一平面，就得出中央子午线两侧的一部分地区在平面上的投影（图 1-7）。地球椭球赤道的投影也是直线，且与中央子午线正交，以前者为横轴（即 y 轴），东向为正；后者为纵轴（即 x 轴），北向为正；两者的交点 O 为原点，这就形成了高斯平面直角坐标系。

高斯投影是将一个不可平展的地球椭球面变换成平面，这种变换不可避免地会产生投影变形，其中长度变形随着离中央子午线距离的增加而增大。投影变形过大对应用和计算都会带来许多不便。为了限制这种投影变形，克吕格提出将地球椭球面按子午线划分成适当个数的投影带，带宽一般分为 6°、3°和 1.5°等三种。每一投影带采用各自独立的高斯平面坐标系（图 1-8），并规定 y 坐标加上 500 km，以避免出现负值。为了表示任一点所在的投影带，又规定 y 坐标值前加上两位数，以表示投影带号。

对中央子午线位置的选取办法是：对于 6°带，取经度 3°为第一带的中央子午线，以下各带

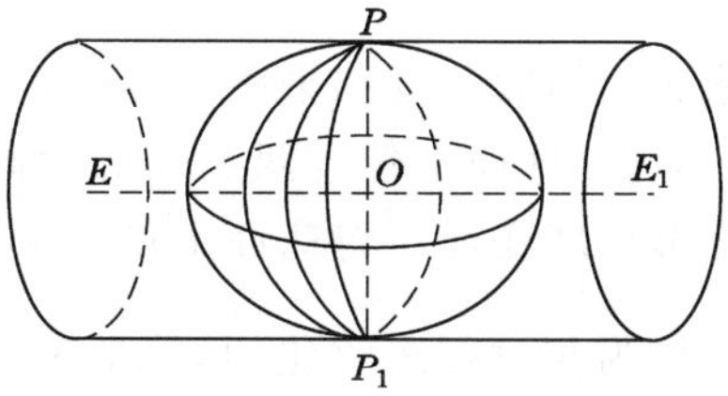

图 1-6　高斯—克吕格投影

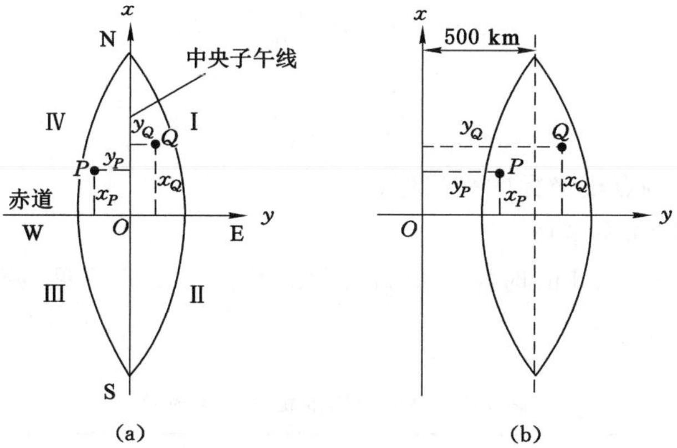

图 1-7　高斯平面直角坐标系

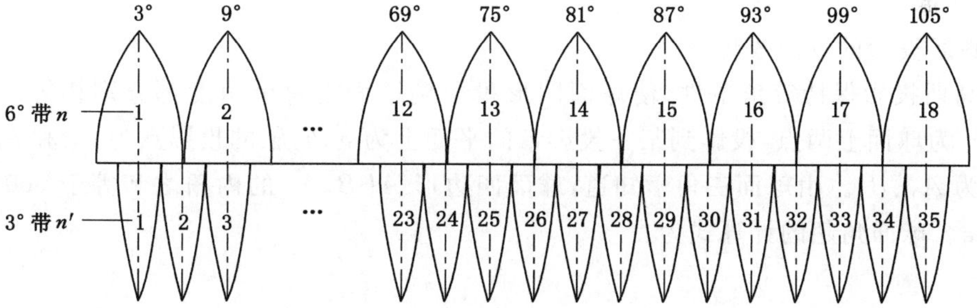

图 1-8　高斯—克吕格投影分布

依此类推；3°带取经度 3°为第一带的中央子午线，这样第二带的中央子午线便是经度 6°，以下各带可依此类推。这种规定可使整个地球 3°带的中央子午线有一半与 6°带的中央子午线重合，其优点是对两种分带间进行点的坐标相互换算较为方便，即全球内有一半区域的点的坐标不需要换算。

地球表面上一点所在分带的中央子午线的经度值可用下式计算：

6°带的带号与其中央子午线的经度(L_0)有下列关系：

$$带号 \times 6° - 3° = L_0 \tag{1-3}$$

3°带的带号与其中央子午线的经度(L_0)有下列关系：

$$带号 \times 3° = L_0 \tag{1-4}$$

(2) 高斯投影的距离改化

在高斯投影中，由于能使球面图形的角度和平面图形的角度保持不变，且使二者具有相似性，因此又称为高斯正形投影。但是，球面上任意两点间的距离 S 却会产生变形，投影在平面上的长度大于球面长度，称为投影长度变形。将球面上的距离加长或是改正变为投影平面上的距离 D，$\frac{\Delta S}{S}$ 称为距离改化，也称为相对距离改化，其数学表达式为：

$$D = S + \frac{y_m^2}{2R^2} \cdot S \tag{1-5}$$

$$\Delta S = D - S = \frac{y_m^2}{2R^2} \cdot S \tag{1-6}$$

$$\frac{\Delta S}{S} = \frac{y_m^2}{2R^2} \tag{1-7}$$

式中　y_m——直线两端点横坐标的平均值；

R——地球平均曲率半径。

表 1-2 为 y_m=10～100 km 时相对距离改化的数值。由此可见，两个端点离中央子午线越远，则长度变形越大。

表 1-2　高斯投影的相对距离改化

y_m/km	10	20	50	100
$\frac{\Delta S}{S}$	1∶810 000	1∶200 000	1∶32 000	1∶8 100

(3) 高斯投影的方向改化

由于高斯投影保持等角条件，使球面图形投影到平面上每个角度都分别相等。如图 1-9 所示，A、B 为球面上两点，投影到某一投影带的平面上为 a、b，轴的投影点为 a_1 和 b_1，球面上的相应点为 A_1、B_1。由球面三角学知道，球面四边形 ABB_1A_1 的内角之和等于 360°，再加其球面角超 ε。球面角超的计算式为：

$$\varepsilon'' = \frac{S}{R^2} \cdot \rho'' \tag{1-8}$$

式中　S——球面多边形面积；

R——地球平均曲率半径。

要使球面多边形的每个角度投影到平面上保持不变，必须使投影线段 ab 为向图形外凸的曲线。直线与曲线的切线之间的水平夹角 $\delta_{1.2}$ 和 $\delta_{2.1}$ 称为 ab 直线的方向改化。当 A、B 距离不大于数千千米时，可以认为 $\delta_{1.2}$ 和 $\delta_{2.1}$ 相等。方向改化是由于球面角超而产生的，因此：

$$\delta'' = \frac{\delta_{1.2} + \delta_{2.1}}{2} = \frac{1}{2}\varepsilon'' \tag{1-9}$$

将球面多边形的面积 S 用其投影在平面上的多边形 abb_1a_1 的面积代替，此面积等于：

$$S = \frac{1}{2}(y_1 + y_2)(x_2 - x_1) = y_m(x_2 - x_1) \tag{1-10}$$

则式(1-9)可改写为：

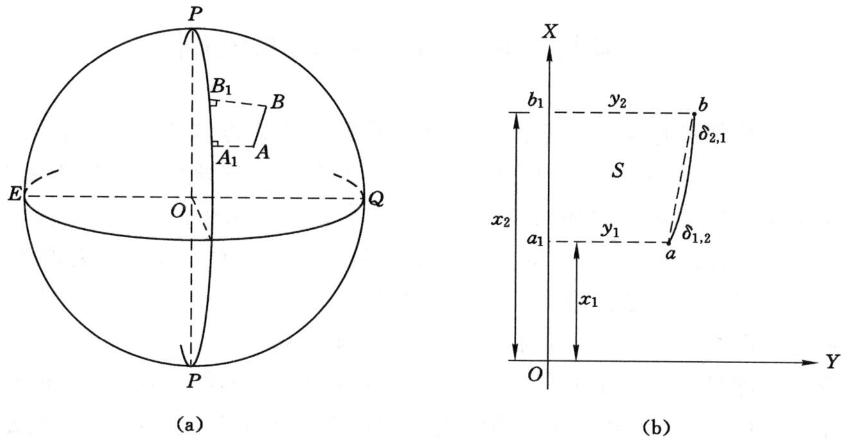

图 1-9　高斯投影方向改化

$$\delta''=\frac{y_m}{2R^2}(x_2-x_1)\cdot\rho'' \tag{1-11}$$

由此可见，方向改化的数值大小取决于 ab 线离开轴子午线的远近以及两端点纵坐标差的大小。例如 $y_m=200$ km，$(x_2-x_1)=5$ km 时，$\delta''=2.5''$。

（四）独立平面直角坐标系

《城市测量规范》(CJJ/T 8—2011)规定，面积小于 25 km^2 的城镇，可不经投影直接采用假定平面直角坐标系在平面上进行计算。如图 1-10 所示，将测区中心点 C 沿铅垂线投影到大地水准面上得 c 点，用过 c 点的切平面来代替大地水准面，在切平面上建立的测区平面直角坐标系称为独立平面直角坐标系或假定平面直角坐标系。坐标系的原点选在测区西南角以使测区内点的坐标均为正值，以过测区中心的子午线为轴方向。将测区内任一点 P 沿铅垂线投影到切平面上得 p 点，通过测量，计算出的 p 点坐标就是 P 点在假定平面直角坐标系中的坐标。

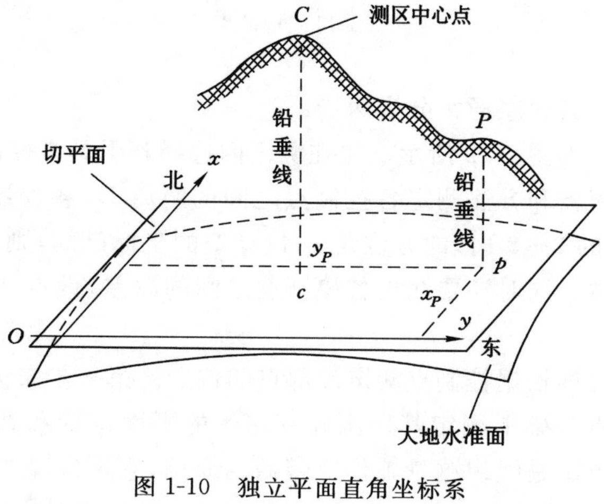

图 1-10　独立平面直角坐标系

第四节　测绘工作的基本原则

测绘工作的主要任务是确定地面点与点之间的平面和高程位置关系，也可将其分成测定和测设两大部分。测定是将地面点或空间物体的位置按一定的比例尺缩小绘制成地形图；测设是将在图纸上设计好的建筑物和构筑物的位置在实地标定出来。

地球表面复杂多样的形态，可分为地物和地貌两大类。地面上固定性的物体称为地物，如河流、湖泊、道路和房屋等。地面上高低起伏的形态称为地貌，如山岭、谷地和陡崖等。下面以地物和地貌测绘到图纸上为例，介绍测绘工作的原则和程序。

测绘地形图是测量工作的主要任务之一。把地面的形状描绘成图，是通过投影的方法来实现的。在小区域内，可把地面上各种物体投影到一个水平面上，地面的形状就是用它投影在水平面上的图形来表示。图 1-11(a)为一幢房屋，其平面位置由房屋轮廓线的一些折线所组成，如能确定图中 1～6 各点的平面位置，这幢房屋的位置就确定了。图 1-11(b)是一条河流，它的岸边线虽然很不规则，但弯曲部分可看成是折线所组成，只要确定图中 7～13 各点的平面位置，这条河流的位置也就确定了。至于地貌，其地势起伏变化虽然复杂，但仍可看成是由许多不同方向、不同坡度的平面相交而成的几何体。相邻平面的交线就是方向变化线和坡度变化线，只要确定出这些方向变化线与坡度变化线交点的平面位置和高程，地貌的形状和大小的基本情况也就反映出来了。因此，地物或地貌的形状和大小都是由这些特征点的位置所决定，这些特征点也称碎部点。测图时，主要就是测定这些碎部点的平面位置和高程。

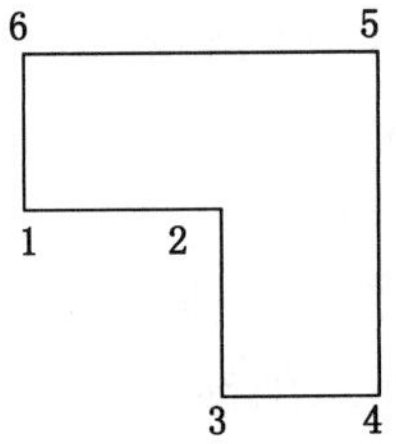

(a) 用点确定房屋的位置

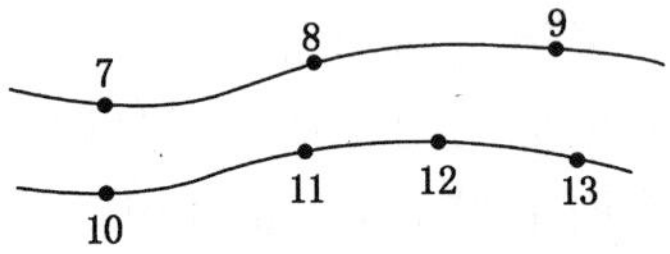

(b) 用点确定河流的位置

图 1-11　特征点

测定碎部点的位置，其程序通常分为两步：

第一步为控制测量，如图 1-12 所示。先在测区内选择若干具有控制意义的点 1、2、3、…作为控制点，以较精确的仪器和方法测定各控制点之间的距离 D、各控制边之间的水平夹角 β、某一条边(如图 1-12 中的 2～3 边)的方位角 α，设点 2 的坐标已知，则可计算出其他控制点的坐标，以确定其平面位置。同时还要测出各控制点之间的高差，设点 2 的高程为已知，求出其他控制点的高程。

第二步为碎部测量，即根据控制点测定碎部点的位置。第一步布设了控制点，进行了控制测量，第二步是在控制点基础上测定其周围碎部点等的平面位置和高程。这种“从整体到局部”“先控制后碎部”的方法是组织测量工作应遵循的原则，它可以减少误差累积，保证测图精度，而且可以分幅测绘，加快测图进度。另外，当测定控制点的相对位置有错误时，以其为基础所测定的碎部点位也就有错误，碎部测量中有错误时，以此资料绘制的地形图也就有错误。因

图 1-12 测定碎部点位置

此，测量工作必须严格进行检核，故"前一步测量工作未做检核不进行下一步测量工作"是组织测绘工作应遵循的又一个原则，它可以防止错漏发生，保证测量成果的正确性。

上述测量工作的布局原则和程序，不仅适用于测定工作，也适用于测设工作。如图 1-12 所示，欲将图上设计好的建筑物测设于实地，作为施工的依据，须先于实地进行控制测量，然后安置仪器于控制点上，进行建筑物测设。在测设工作中也要严格进行检核，以防出错。

控制测量、碎部测量和施工测设，其实质都是确定地面点的位置，但控制测量是碎部测量和测设工作的基础。碎部测量是把地面上各点测绘到图纸上并绘制成地形图，而测设工作是将图上设计的建筑物和构筑物的位置放样到地面上，作为施工的依据。而地面点间相互位置的关系，是以水平角(方向)、距离和高差来确定的，因此，高程测量、水平角测量和距离测量是测量学的基本内容，测高程、测角和量距是测量的基本工作，观测、计算和绘图是测量工作的基本技能。

测量的成果可以应用于各个方面，影响极广，因此工作中的任何差错都能造成不良的后果，有的甚至对工程造成巨大损失，所以保证质量是测量工作者的首要职能。为此，对野外的观测必须按规范或规程的要求来完成，不合格的必须重测；手簿、图纸等原始资料，应保证正确、清楚和完整；交付的成果必须经复核检验，以确保成果的质量。

第五节 用水平面代替水准面的限度

在土木工程测量中，当测区的范围较小或者工程对测量精度要求较低时，为了简化计算，常常将椭球面视为球面，甚至视为平面。这是一种近似的做法，存在一定的误差。因此，应设置一个限度，即在该限度内，将椭球面作为平面所产生的误差不能超过工程地形图和施工放样的精度要求。

一、地球曲率对水平距离的影响

如图 1-13 所示，设地面上有 A'、B'两点，在水准面上的投影分别为 A、B，在水平面上的投影为 A，C。若以平面上的距离 AC(设为 t)代替水准面上的距离(设为 d)，其误差为：

$$\Delta d = t - d = R\tan\alpha - R\alpha \tag{1-12}$$

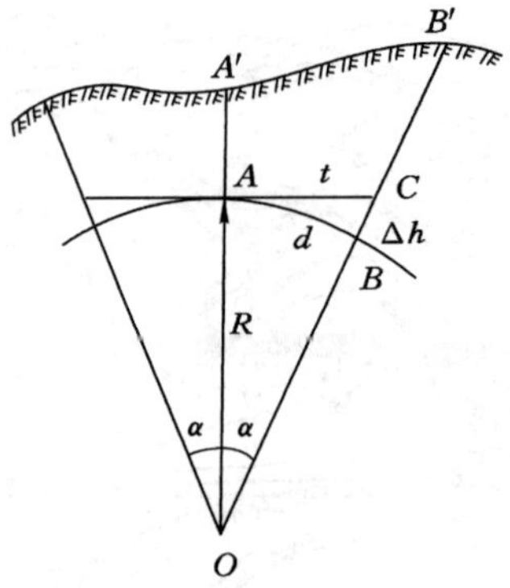

图 1-13　用水平面代替水准面

式中　R——地球半径，$R=6\ 371$ km；

α——弧长 d 所对应的圆心角。

将 $\tan\alpha$ 用级数展开，并取前两项可得：

$$\Delta d = R\alpha + \frac{R\alpha^3}{3} - R\alpha = \frac{R\alpha^3}{3} \tag{1-13}$$

因为 $\alpha=\dfrac{d}{R}$，所以可得：

$$\Delta d = \frac{d^3}{3R^2} \tag{1-14}$$

以不同的值代入上式，求得相应的 Δd 列于表 1-3。从表中可以看出，当距离为 10 km 时，用水平面代替水准面产生的距离相对误差为 1/120 万，这个误差小于目前精密量距的允许误差(1/100 万)。因此，在半径小于 10 km 的区域内，地球曲率对水平距离的影响可以忽略不计，可以用水平面代替水准面。

表 1-3　地球曲率对水平距离和高程的影响

距离 d	距离误差 Δd/mm	距离相对误差 $\Delta d/d$	高程误差 Δh/mm
100 m	0.000 008	1/1250 000 万	0.8
1 km	0.008	1/12 500 万	78.5
10 km	8.2	1/120 万	7 850.0
25 km	12.83	1/19 万	49 050.0

二、地球曲率对高程的影响

如图 1-13 所示，地面点 B' 在球面和水面上的投影分别为 B 和 C，并设这两点的高差为 Δh，从图中可以看出，$\angle CAB=\alpha/2$，因该角很小，若以弧度表示，则有：

$$\Delta h = d \cdot \frac{\alpha}{2} \tag{1-15}$$

因为 $\alpha=\dfrac{d}{R}$，所以：

$$\Delta h = \frac{d^2}{2R} \tag{1-16}$$

以不同的 d 代入上式，算得相应的 Δh 列于表 1-3 中。由表中数据可知，对高程测量来说，即使距离很短，也不能忽视地球曲率对高程的影响。

三、地球曲率对水平角的影响

由球面三角学知道，同一个空间多边形在球面上投影的各内角之和，较其在平面上投影的各内角之和大一个球面角超 ε，它的大小与图形面积成正比，其公式为：

$$\varepsilon = \rho'' \frac{S}{R^2} \tag{1-17}$$

式中 S——球面多边形面积；

R——地球半径；

$\rho'' \approx 206265''$，当 $S = 100\ \text{km}^2$ 时，$\varepsilon = 0.51''$。

式(1-17)表明，对于面积在 100 km^2 以内的多边形，地球曲率对水平角的影响只有在最精密的测量中才需考虑，一般测量工作不必考虑。

第二章 水准测量

第一节 高程测量概述

为了测绘地形图和进行建筑工程的设计与施工放样，必须测定一系列地面点的高程。测定地面点高程的工作，称为高程测量。高程测量按使用的仪器和方法分为水准测量、三角高程测量、气压高程测量和全球卫星导航系统高程测量(简称 GNSS 高程测量)。水准测量是测定地面点高程的精密方法，多用在控制网中控制点的高程测量。三角高程测量次之，但工作速度较快，大多用在丘陵地带或山区的高程控制测量或地形点的高程测量。气压高程测量精度低，多用于森林隐蔽地区或起伏较大的山区的勘察工作，或简略的中、小比例尺测图。而 GNSS 高程测量所获得的是以参考椭球面为基准的大地高，与正常高存在着高程异常，因此需采用高程拟合的方法将 GNSS 高程测量所获得的大地高转换为正常高。水准测量是用水准仪和水准尺根据水平视线测定点与点之间的高差，推算点的高程，是高程测量中最常用的方法，一般适用于平坦地区。

为了统一全国的高程系统，我国采用黄海平均海水面作为全国高程系统的基准面，即我国采用的大地水准面。在该面上的任一点，其高程为零。为确定这个基准面，在青岛设立验潮站和国家水准原点。从青岛水准原点出发，用一、二等水准测量在全国范围内沿一定的水准路线测定一系列"水准点"(Bench Mark，BM)的高程，作为全国各地的高程基准。各地方按建设需要在国家一、二等水准点的基础上，用二、三、四等水准测量布设更多的水准点，进行加密。而为地形测量而进行的水准测量称为图根水准测量，为某项工程建设而进行的水准测量称为工程水准测量。

第二节 水准测量基本原理

一、水准测量的基本概念

水准测量的基本原理是利用水准仪所提供的一条水平视线，对竖立在两地面点的水准尺分别进行瞄准和读数，以测定两点间的高差；再根据已知点的高程，推算待定点的高程。如图 2-1 所示，设已知 A 点的高程为 H_A，求 B 点的高程为 H_B；在 A、B 两点之间安置一台水准仪，并在 A、B 两点上竖立水准尺(尺的零点在底端)；根据水准仪望远镜的水平视线，读出 A、B 两点的读数 a 和 b，则 A、B 两点的高差为：

$$h_{AB}=a-b \tag{2-1}$$

假如水准测量是从 A 点向 B 点推进，则规定 A 点为后视点，其水准尺上读数 a 为后视读数;B 点为前视点,其水准尺上读数 b 为前视读数。所以,两点间的高差即是“后视读数”减“前视读数”。如果后视读数大于前视读数,则高差为正,表示 B 点比 A 点高;如果后视读数小于前视读数,则高差为负,表示 B 点比 A 点低。由于两点的高差存在正负号,为了避免搞错,规定高差 h 的写法为:h_{AB} 为从 A 点至 B 点的高差,h_{BA} 为从 B 点至 A 点的高差。二者的绝对值相等而符号相反。

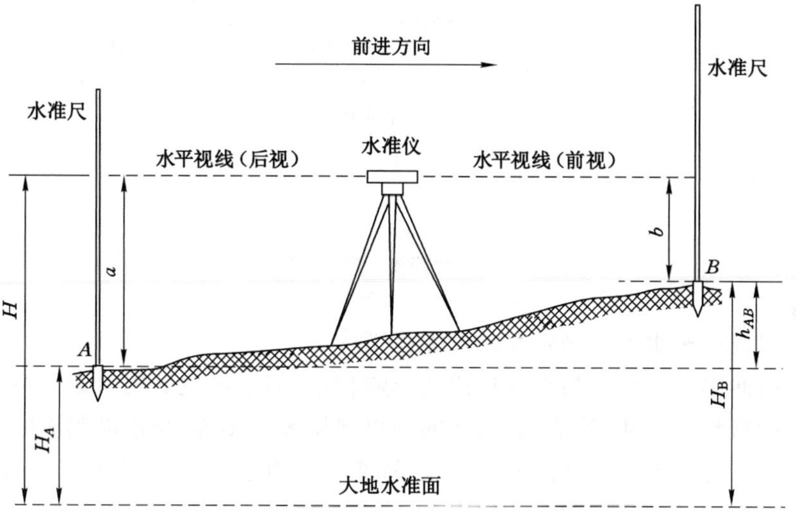

图 2-1　水准测量原理

如图 2-1 所示,设已知 A 点的高程为 H_A,则 B 点的高程为:

$$H_B = H_A + h_{AB} \tag{2-2}$$

B 点的高程也可以按水准仪的视线高程 H_i(简称仪器高程)来计算,即:

$$H_i = H_A + a \tag{2-3}$$

$$H_B = H_i - b \tag{2-4}$$

式(2-1)和式(2-2)适用于一般情况下计算待定点的高程。若仅安置一次水准仪需要测定若干前视点的高程时,则用式(2-3)和式(2-4)计算较为方便。

二、水准面曲率对水准测量的影响

按照定义,两点间的高差是分别通过这两个测点水准面之间的铅垂距离,因此,从理论上讲,用水准仪在水准尺上读数也应该是通过仪器的水准面。如图 2-2 所示,在 A、B 水准尺上的读数为 a' 和 b',A、B 两点的高差应为:

$$h_{AB} = a' - b' = (a - aa') - (b - bb') \tag{2-5}$$

aa' 和 bb' 是用仪器的水平视线代替通过仪器的水准面的读数差。设仪器至 A、B 两点的距离分别为 D_A 和 D_B,则按下式进行计算:

$$aa' = \frac{D_A^2}{2R} \qquad bb' = \frac{D_B^2}{2R} \tag{2-6}$$

如果水准测量时前视和后视的距离相等(即 $D_A = D_B$),则 $aa' = bb'$,则式(2-5)可得:

$$h_{AB} = a' - b' = a - b \tag{2-7}$$

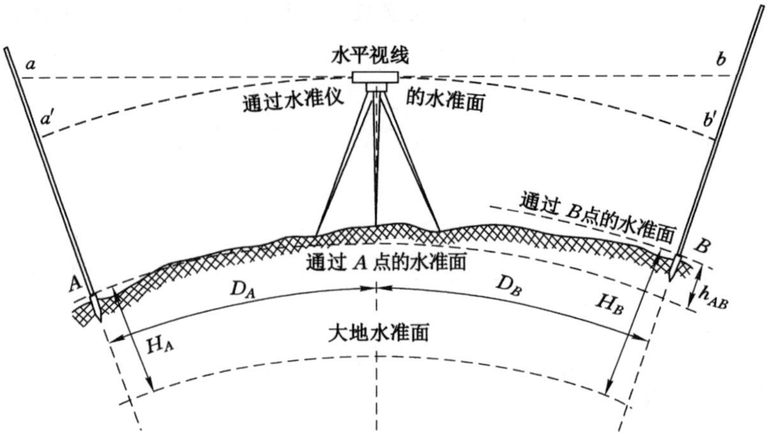

图 2-2　水准面曲率对水准测量的影响

即此时按水平视线或按水准面测定高差已无区别。

虽然水准面曲率对近距离的水准尺读数影响较小，但水准仪的轴系误差在前视、后视距离不等时有较大的影响。因此，使前视、后视的距离保持大致相等，是水准测量的基本原则，称为中间法水准测量。每个测站允许的前视距、后视距的差和各测站的前视距、后视距的积累差，在各种等级的水准测量中都有明确的规定。

三、水准测量与水准线路

水准测量中，架设一次仪器就是一个测站；两个水准点之间的测量段称为一个测段。如果一个测段中两个测点之间的距离较远，或高差较大，或不能直接通视，不可能安置一次水准仪即测定其高差。此时，可沿一条路线进行水准测量，中间加设若干个临时立尺点，称为转点(Turning Point，TP)，依次安置水准仪，测定相邻点间的高差(连续水准测量)，最后取各高差的代数和，得到一个测段(起、终)两点间的高差。水准测量所进行的路线称为水准路线。

如图 2-3 所示，A、B 两个水准点之间，由于距离较远或高差太大，在水准路线中间需设置 4 个转点(TP_1～TP_4)，在相邻两点间依次测定高差：

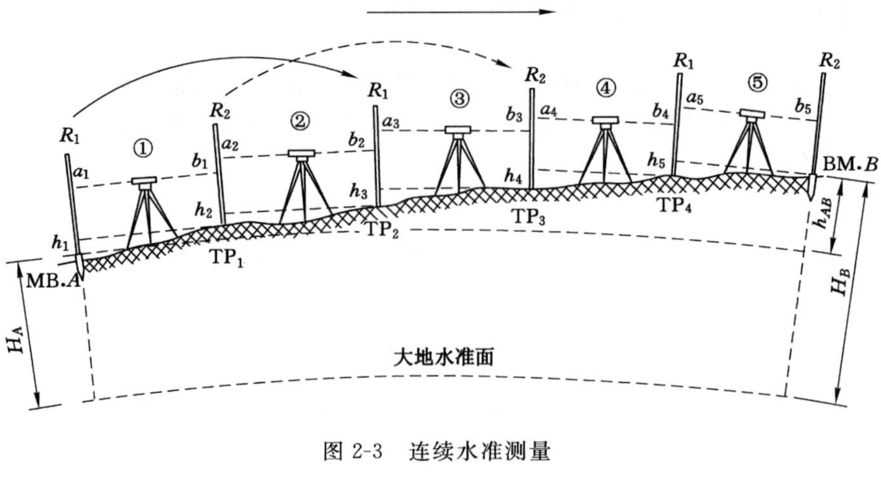

图 2-3　连续水准测量

$$h_1=a_1-b_1, h_2=a_2-b_2, \cdots, h_5=a_5-b_5 \tag{2-8}$$

A、B 两点高差的一般计算公式为：

$$h_{AB}=\sum_{i=1}^{n}h_i=\sum_{i=1}^{n}(a_i-b_i) \tag{2-9}$$

由此可见，在水准路线中，转点是起高程传递的作用，在相邻两测站的观测过程中，必须保持转点的稳定（高程不变）。

第三节 水准仪的基本结构及使用

水准测量所使用的仪器称为水准仪，工具为水准尺和尺垫。水准仪是提供水平视线来测定高差的仪器，主要有自动安平水准仪、微倾式水准仪和数字水准仪。通过补偿器获得水平视线读数的水准仪称为自动安平水准仪，通过调整水准仪使管水准气泡居中获得水平视线的水准仪称为微倾式水准仪。微倾式水准仪按精度分有 DS_{05}、DS_1、DS_3 和 DS_{10} 等四个等级，D、S 分别为“大地测量”和“水准仪”汉语拼音的第一个字母。DS_{05}、DS_1、DS_3、DS_{10} 水准仪每千米往返测高差中数的偶然中误差分别为±0.5 mm、±1 mm、±3 mm、±10 mm。目前，我国工程测量中一般使用的是 DS_3 微倾式水准仪和 DSZ_3 自动安平水准仪。因此，下面着重介绍这两类仪器。

一、DS_3 微倾式水准仪的构造

根据水准测量的原理，水准仪的主要作用是提供一条水平视线，并照准水准尺进行读数。因此，水准仪主要由望远镜、水准器及基座三部分构成。图 2-4 所示是我国生产的 DS_3 微倾式水准仪。

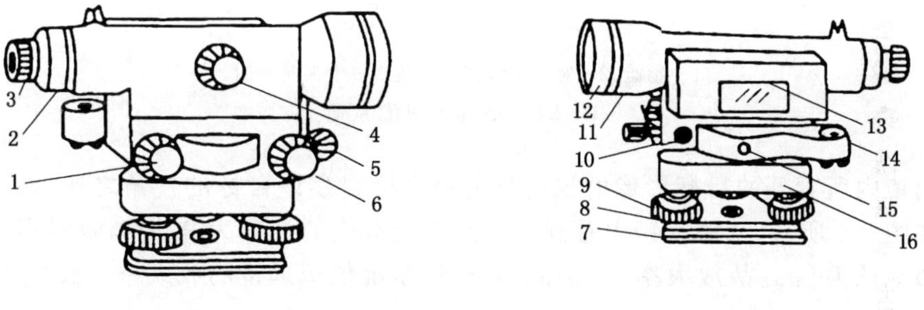

1—微倾螺旋；2—分划板护罩；3—目镜；4—物镜对光螺旋；5—制动螺旋；6—微动螺旋；7—底板；8—三角压板；9—脚螺旋；10—弹簧帽；11—望远镜；12—物镜；13—管水准器；14—圆水准器；15—链接小螺丝；16—轴座。

图 2-4 DS_3 微倾式水准仪构造图

（一）望远镜及其成像原理

图 2-5 是 DS_3 水准仪望远镜的构造图。望远镜主要由物镜、目镜、对光凹透镜和十字丝分划板所组成。物镜的作用是将所照准的目标成像在十字丝分划板面上形成一个倒立而缩小的实像，它由凸透镜或复合透镜组成。目镜的作用是将物镜所成的实像连同十字丝的影像放大成虚像，此时该实像与目镜之间的距离应小于目镜的焦距。由于目镜也是一个凸透镜，所以能得到放大的虚像。十字丝分划板是用于准确瞄准目标和读数。在十字丝分划板上刻有两条相

互垂直的长线，如图 2-5 中的 7，竖直的一条称竖丝，横的一条称为中丝，可用于瞄准目标和读数，因此，水准测量读数主要取中丝读数。在中丝的上下还有对称的两根短横丝，分别称为上丝和下丝，这两根丝用来测定距离，称为视距丝。十字丝大多刻在玻璃片上，玻璃片安装在分划板座上，分划板座由止头螺丝 8 固定。

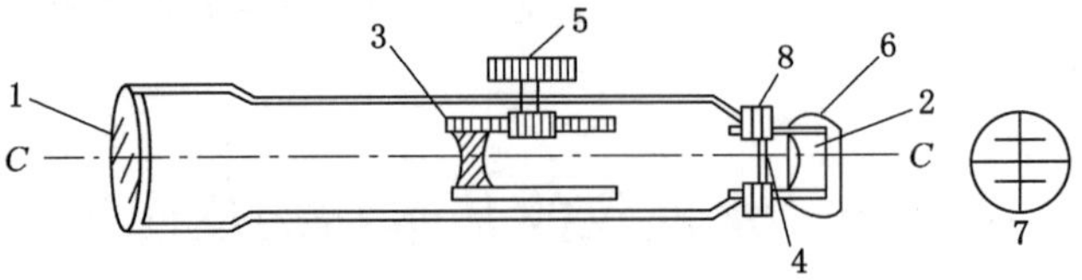

1—物镜；2—目镜；3—对光凹透镜；4—十字丝分划板；
5—物镜对光螺旋；6—目镜对光螺旋；7—十字丝放大镜；8—分划板座固定螺丝。

图 2-5　DS_3 水准仪望远镜构造图

十字丝交点与物镜光心的连线，称为视准轴（图 2-5 中的 CC）。水准测量是在视准轴水平时，用十字丝的中丝截取水准尺上的读数。

图 2-6 为望远镜成像原理图。目标 AB 经过物镜后形成一个倒立而缩小的实像 ab，移动对光透镜可使不同距离的目标均能成像在十字丝平面上。再通过目镜的作用，便可看到同时放大了的十字丝和目标影像 a_1b_1。

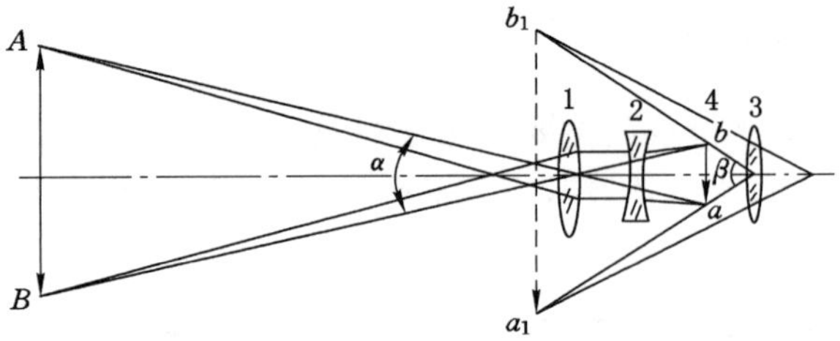

1—物镜；2—对光透镜；3—目镜；4—十字丝平面。

图 2-6　望远镜成像原理

从望远镜内所看到的目标影像的视角与肉眼直接观察该目标的视角之比，称为望远镜的放大率。如图 2-6 所示，从望远镜内看到目标的像所对应的视角为 β，用肉眼看目标所对应的视角可近似地认为是 α，故放大率 $\nu=\beta/\alpha$。DS_3 级水准仪望远镜的放大率一般为 28 倍。

（二）水准器

水准器是用来指示视准轴是否水平或仪器竖轴是否竖直的装置。水准器分为管水准器和圆水准器两种。

（1）管水准器

管水准器亦称水准管，它与望远镜连在一起，用于指示望远镜视准轴是否水平。水准管是把纵向内壁磨成圆弧形的玻璃管，管内装酒精和乙醚的混合液，加热融封冷却后留有一个气泡（见图 2-7）。由于气泡轻，故气泡总是处于管内最高位置。

水准管上一般刻有间隔为 2 mm 的分划线，分划线的中点 O，称为水准管零点（图 2-7）。通过零点作水准管圆弧的纵切线，称为水准管轴（即图 2-7 中的 LL）。当水准管的气泡中点与水准管零点重合时，称为气泡居中。此时，水准管轴 LL 处于水平位置。水准管圆弧 2 mm 所

对的圆心角 τ''（图 2-7）称为水准管分划值。用公式表示为：

$$\tau''=\frac{2}{R}\rho'' \tag{2-10}$$

式中　$\rho''=206265''$；

　　R——水准管圆弧半径，mm。

微倾式水准仪在水准管上方安装一组符合棱镜[图 2-8(a)]。通过符合棱镜的折光作用，使气泡两端的像反映在望远镜旁的符合气泡观察窗中。若气泡两个半像吻合时，则表示气泡居中[图 2-8(b)]。若气泡的两个半像错开，则表示气泡不居中[图 2-8(c)]，这时应转动目镜下方右侧的微倾螺旋，使气泡的像吻合。

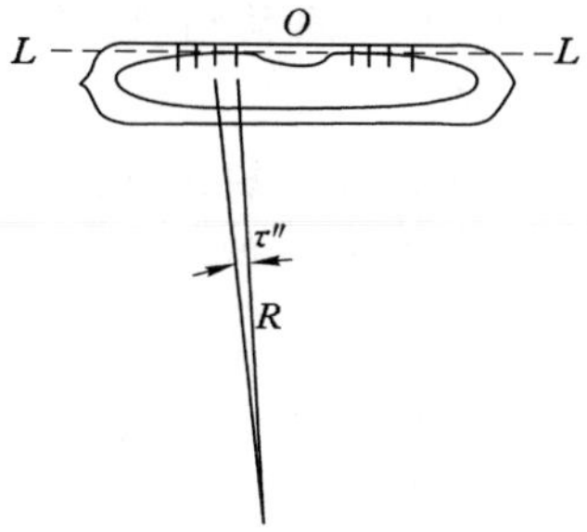

图 2-7　管水准器

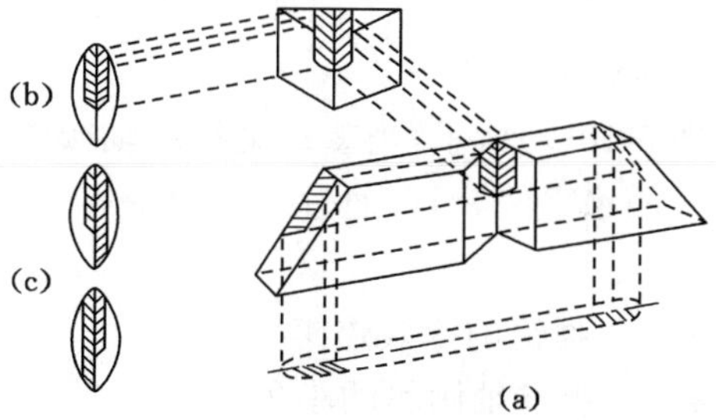

图 2-8　符合棱镜成像

（2）圆水准器

如图 2-9 所示，圆水准器顶面的内壁是球面，其中有圆分划圈，圆圈的中心为水准器的零点。通过零点的球面法线为圆水准轴。当圆水准器气泡居中时，轴线处于竖直位置。当气泡不居中时，气泡中心偏移零点 2 mm，轴线所倾斜的角值，称为圆水准器分划值。由于它的精度较低，只用作仪器的粗略整平。

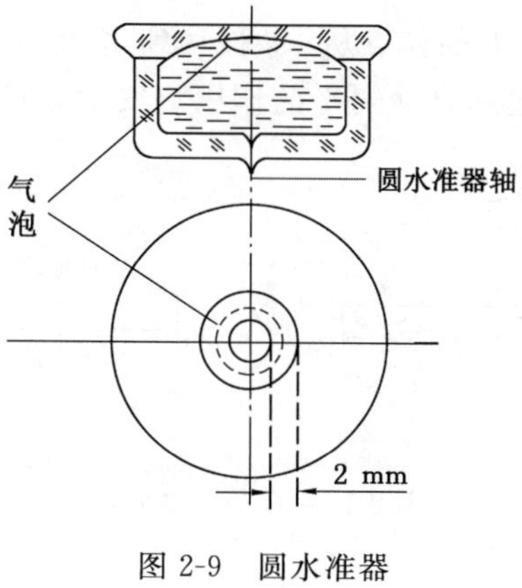

图 2-9　圆水准器

（三）基座

基座的作用是支撑仪器，上部与三脚架连接。它主要由轴座、脚螺旋、底板和三角压板构成（见图 2-4）。

二、自动安平水准仪

（一）自动安平水准仪的特点

自动安平水准仪与普通水准仪相比，其特点是：没有水准管和微倾螺旋，望远镜和支架连成一体；观测时，只需根据圆水准器将仪器粗平，尽管望远镜的视准轴还有微小的倾斜，但可借助一种补偿装置使十字丝读出相当于视准轴水平时的水准尺读数。因此，自动安平水准仪的操作比较方便，有利于提高观测的速度和精度。

（二）安平水准仪的原理

图 2-10 表示自动安平原理，主要可以归纳以下两种：移动十字丝法和移动像点的方法。

（1）移动十字法

如图 2-10(a)所示，当望远镜视准轴倾斜了一个小角 α 时，由水准尺上的 a_0 点过物镜光心 O 所形成的水平线，不再通过十字丝中心 Z_0，而在离 Z_0 为 l 的 Z 点处，显然：

$$l = f\alpha \tag{2-11}$$

式中 f——物镜的等效焦距；

α——视准轴倾斜的小角。

在图 2-10(a)中，若在距十字丝分划板 s 处安装一个补偿器 P，使水平光线偏转 β 角，以通过十字丝中心 Z_0，则：

$$l = s\beta \tag{2-12}$$

$$f\alpha = s\beta \tag{2-13}$$

因此，式(2-13)的条件若能得到保证，虽然视准轴有微小倾斜，但十字丝中心 Z_0 仍能读出视线水平时的读数 a_0，从而达到自动补偿的目的。

（2）移动像点的方法

按照同样的设想，当视线倾斜 α 角时，水平光线通过补偿器后，能相对水平视线按相同方向摆一个 β 角，从而使水平方向上的像点从 Z_0 移动到 Z 处，如图 2-10(b)所示，这时视准轴所截取尺上的读数仍为 a_0，同样起到自动安平的作用。安平条件仍为式(2-11)。

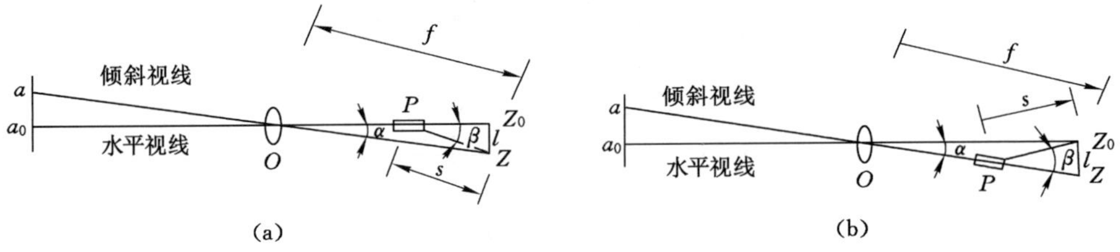

图 2-10　自动安平原理

（三）自动安平补偿器

补偿器是水准仪的核心部分。补偿器的种类很多，常见的有吊丝式、承轴式、簧片式和液体式等多种形式，但一般采用吊挂光学零件的方法，借助重力的作用达到视线自动补偿的目的，从而达到视线自动安平。图 2-11 是 DSZ_3 自动安平水准仪的内部光路结构示意图。它是在对光透镜和十字丝分划板之间安设补偿器，该补偿器是把屋脊棱镜固定在望远镜筒内，在屋脊棱镜的下方，用交叉的金属片吊挂着两个直角棱镜，在重力为 g 的物体作用下，与望远镜作相对偏转，为使吊挂的棱镜尽快停止摆动处于静止状态，还设有阻尼器。

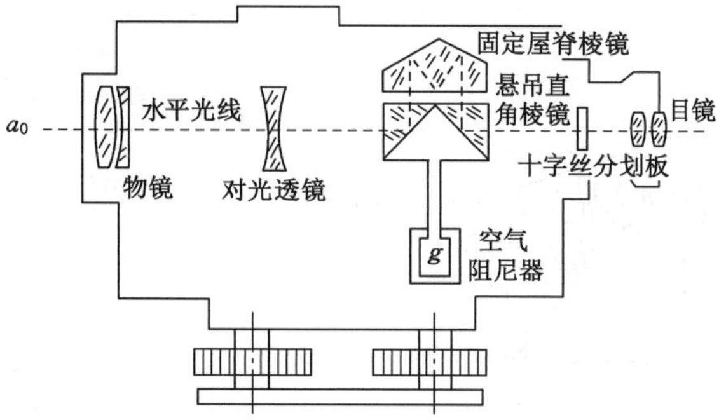

图 2-11 DSZ_3 自动安平水准仪内部光路结构图

如图 2-12 所示，当该仪器处于水平状态，视准轴水平时，尺上的读数 a_0 随着水平光线进入望远镜后，通过补偿器到达十字丝的中心 Z，从而读得视线水平时的读数 a_0。当望远镜倾斜微小的 α 角时，如果倾斜了一个 α 角(图 2-12 中用虚线表示)，则原来的水平光线不经过十字丝中心 Z，而是通过 A 点，所以无法读得视线水平时的读数 a_0。此时，十字丝中心 Z 通过虚线棱镜的反射，在尺上的读数为 a，它并不是视线水平时的读数。

实际上，吊挂的两个直角棱镜在重力作用下并不随望远镜倾斜，而是相对于望远镜的倾斜方向做反向偏转，如图 2-12 中的实线直角棱镜，它相对于虚线直角棱镜偏转了 α 角。这时，原水平光线(粗线表示)通过偏转后的直角棱镜(即起补偿作用的棱镜)的反射，到达十字丝中心 Z，故仍能读得视线水平时的读数 a_0，从而达到补偿的目的。

由图 2-12 可知，当望远镜倾斜 α 角时，通过补偿的水平光线(粗线)与未经补偿的水平光线(虚线)之间的夹角为 β。由于吊挂的直角棱镜相对于倾斜的视准轴偏转了 α 角，反射后的光线便偏转了 2α，通过两个直角棱镜的反射，$\beta=4\alpha$。

图 2-13 是移动十字丝的"补偿"装置，其望远镜视准轴呈竖直状态，十字丝分划板用四根吊丝挂着。当望远镜倾斜时，十字丝分划板将受重力作用而摆动。令 l 为四根吊丝的有效摆动半径长度，设计时使之与物镜焦距 $f_{物}$ 相等。如恰当地选择吊丝的悬挂位置，将能使通过十字丝交点的铅垂线始终通过物镜的光心，即视准轴始终是铅垂位置。如使两个反光镜构成 $45°$ 角，则视准轴经两次反射后射出望远镜的光线必是水平光线。因此，十字丝交点上始终得到水平光线的读数。

三、水准尺和尺垫

水准尺是水准测量的主要工具，在水准测量作业时与水准仪配合使用，缺一不可。水准尺是利用伸缩性小、不易弯曲、质轻且坚硬的材料制成。水准尺按精密程度分为普通水准尺和精密水准尺；按材质分为木制和铝合金制的水准尺；按构造式样有直尺、折尺和塔尺，直尺长度为 3 m，折尺长度为 4 m，塔尺长度为 5 m。其中，直尺又分为单面分划和双面分划两种。塔尺和折尺能伸缩或折叠，携带方便，但接合处容易产生误差，直尺则比较坚固可靠。常用的水准尺有双面尺和塔尺两种。

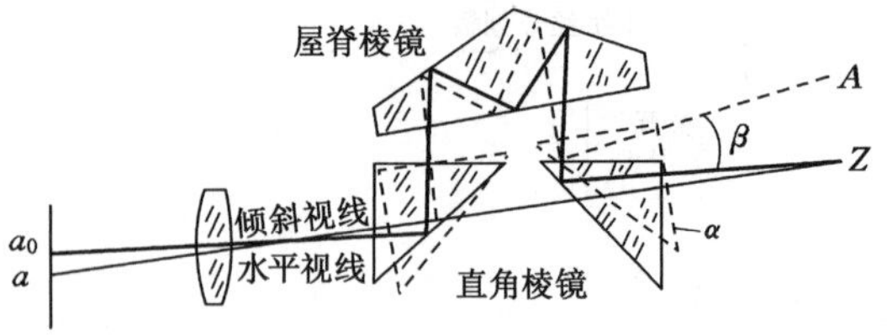

图 2-12　自动安平水准仪棱镜

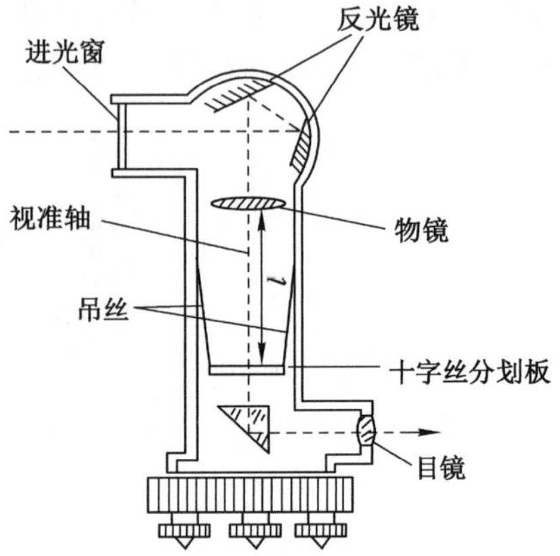

图 2-13　十字丝补偿装置

水准尺是水准测量时使用的标尺。水准仪所附的水准尺是用干燥木料或玻璃钢等制成，长度为 3～5 m，尺上每隔 1 cm 或 0.5 cm 涂有黑白或红白相间的分格，每分米注记数字，如图 2-14 所示。直尺一般为双面尺，多用于三、四等水准测量，要成对使用。其尺的分划一面是黑白相间的，称为黑色面；另一面是红白相间的，称为红色面。一对尺子的黑色分划，其起始数字都是从零开始，而红色面的起始数字分别为 4 687 mm 与 4 787 mm。

尺垫是用生铁铸成的，一般为三角形。中央有一个突起的半球体，如图 2-15 所示。尺垫的作用是防止水准尺的位置和高度发生变化而影响水准测量的精度。

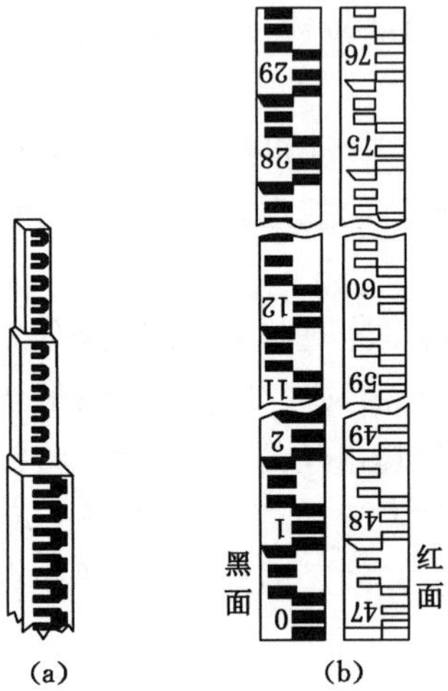

(a)　(b)

图 2-14　水准尺

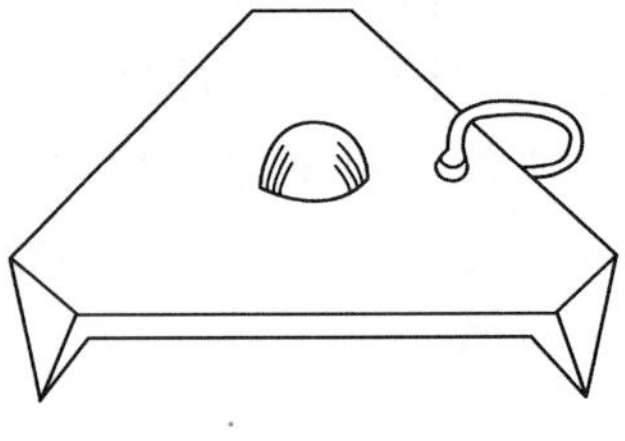

图 2-15　尺垫

四、水准仪的使用

水准仪的使用包括仪器的安置、整平、瞄准水准尺和读数等操作步骤。

(一) 安置水准仪

在安置测量仪器之前，应正确放置仪器的三脚架。松开架腿上的制动螺旋，伸缩架腿，使三脚架头的安置高度约在观测者的胸颈部，旋紧制动螺旋。三脚等距分开，使架头大致水平。三个脚尖在地面的位置，大致呈等边三角形。在泥土地面上，应将三脚架的三个脚尖踩入土中，使脚架稳定；在硬性地面上，也应将三个脚尖与地面踩实。然后从仪器箱中取出测量仪器，放到三脚架头上，一手握住仪器，一手将三脚架上的连接螺旋转入仪器基座的中心螺孔内，使仪器与三脚架连接牢固。

（二）粗略整平

整平是借助圆水准器的气泡居中，使仪器竖轴大致铅垂，从而视准轴粗略水平，如图2-16(a)所示。气泡未居中而位于a处，则先按图上箭头所指的方向用两手相对转动脚螺旋①和②，旋转两个脚螺旋时必须作相对转动，即旋转方向应相反，才能使气泡移到b的位置[图2-16(b)]。再转动脚螺旋③，即可使气泡居中。在整平的过程中，气泡移动的方向与左手大拇指转动脚螺旋时的方向相同，故称左手大拇指规则。

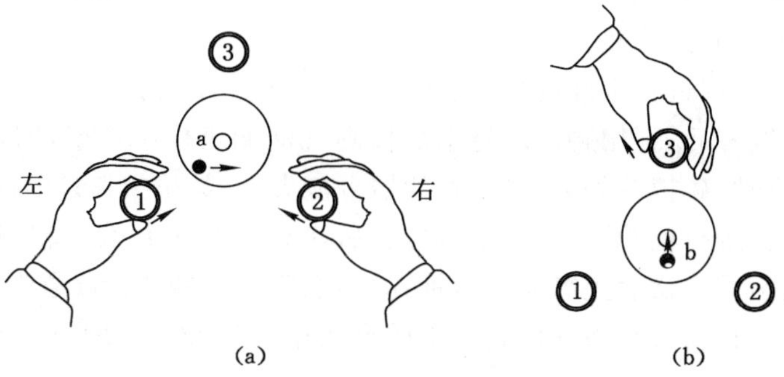

图2-16　圆水准器气泡调整示意图

（三）瞄准水准尺

瞄准是将水准仪的望远镜对准水准尺，进行目镜和物镜调焦，使十字丝和水准尺像十分清晰，消除视差，这样才能精确地在水准尺上读数。具体操作方法如下：瞄准前，先将望远镜朝向明亮的背景，转动目镜对光螺旋，使十字丝清晰可见。再用望远镜上的粗瞄器瞄准水准尺，拧紧制动螺旋。然后从望远镜中观察，若物像不清楚，则转动物镜对光螺旋进行对光，使目标影像清晰。当眼睛在目镜端上下微微移动时，若发现十字丝与目标影像有相对运动，如图2-17(a)所示，说明存在视差现象。产生视差的原因是目标成像的平面与十字丝平面不重合。由于视差的存在会影响正确读数，故应加以消除。消除的方法是交替转动目镜和物镜的对光螺旋仔细对光，直到眼睛上下移动的情况下读数不变为止，如图2-17(b)所示。

（四）精平与读数

精平是转动微倾螺旋使水准管气泡居中，亦即使水准仪的视准轴精密水平。如果用附合水准器，则可通过目镜左方附合气泡观察窗观察气泡影像，右手旋转微倾螺旋，使气泡两端的像吻合，此时可用十字丝的中丝在尺上读数。读数时，应自小向大进行，先估读出毫米数，然后读出全部读数。如图2-18所示，读数分别为1.825和2.273，但习惯上只读1 825、2 273四位数，而不读小数点，即以毫米为单位。

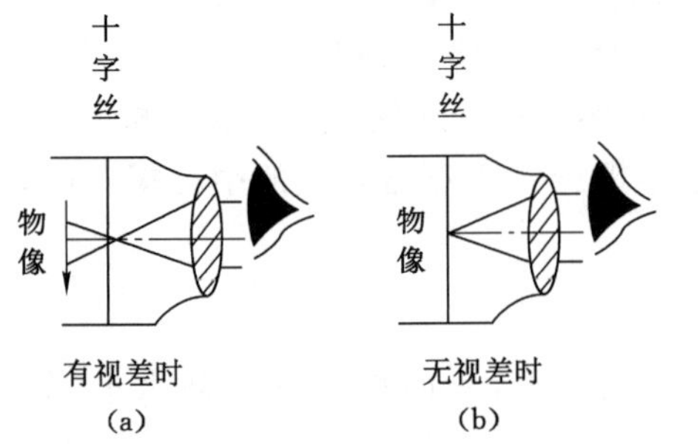

图 2-17　视差

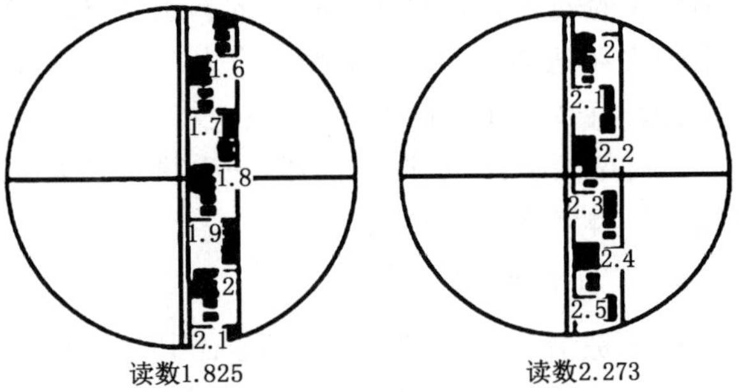

图 2-18　水准尺读数

精平和读数虽是两项不同的操作步骤，但在水准测量施测过程中却把这两项操作视为一个整体。即精平后再读数，读数后还需检查水准管气泡影像是否完全符合。只有这样，才能保证读出的读数是视线水平时的读数。

如使用自动安平水准仪进行水准测量，上述步骤中则省去了“精平”这项操作，使用更为简单方便，即将水准仪安置好后，再用脚螺旋将水准仪圆气泡调至居中位置，即可利用十字丝中丝读取读数。但由于震动、碰撞等外力作用，补偿器可能失灵，甚至损坏。因此，在使用自动安平水准仪前，应对补偿器进行检验，确认补偿器能正常工作。由于补偿器相当于一个重力摆，无论采用何种阻尼装置，重力摆静止需要几秒钟，故照准后过几秒钟再读数为好。若补偿装置失灵，则需要维修仪器。自动安平水准仪装置中的金属吊丝很脆弱，使用时应特别注意保护，防止剧烈震动。

第四节　水准测量的方法及成果整理

一、水准点

为了统一全国的高程系统和满足各种测量的需要，测绘部门在全国各地埋设并测定了很多高程点，这些点称为水准点，简记为 BM。水准测量通常是从水准点开始，进而引测其他点的高程。一、二等水准测量为精密水准测量，三、四等水准测量为普通水准测量(或称等外水准测量)。采用某等级的水准测量方法测出其高程的水准点称为该等级水准点。国家等级水准点如图 2-19(a)所示，一般用石料或钢筋混凝土制成，深埋到地面冻结线以下。在标石的顶面设有用不锈钢或其他不易锈蚀的材料制成的半球状标志。有些水准点也可设置在稳定的墙脚上，称为墙上水准点，如图 2-19(b)所示

建筑工地上的永久性水准点一般用混凝土或钢筋混凝土制成，其式样如图 2-20(a)所示；临时性的水准点可用地面上突出的坚硬岩石或用大木桩打入地下，桩顶钉入半球形铁钉，如图 2-20(b)所示。无论是永久性水准点，还是临时性水准点，水准点标石的埋设地点应选在地基稳固、地点隐蔽、能长期保存而又便于观测之处。标石有顶盖，一般露出地表；但等级较高的水准点应埋设于地表之下，使用时，按指示标记开挖，用后再盖土。埋设水准点后，应绘出水准点附近的草图，在图上还要写明水准点的编号和高程，称为点之记，以便于日后寻找和使用。

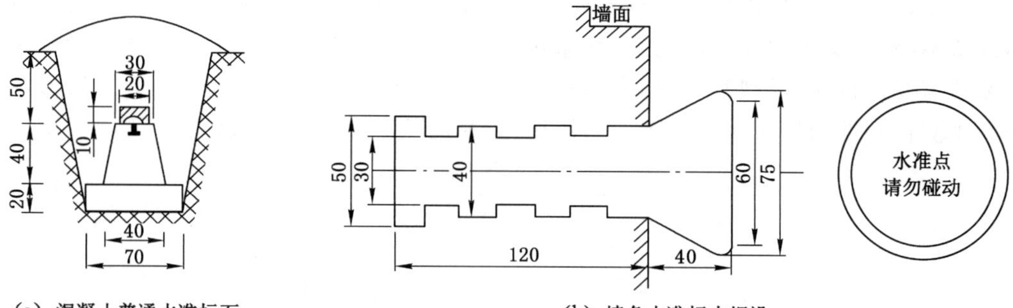

(a) 混凝土普通水准标石 (b) 墙角水准标志埋设

图 2-19 水准点(单位:mm)

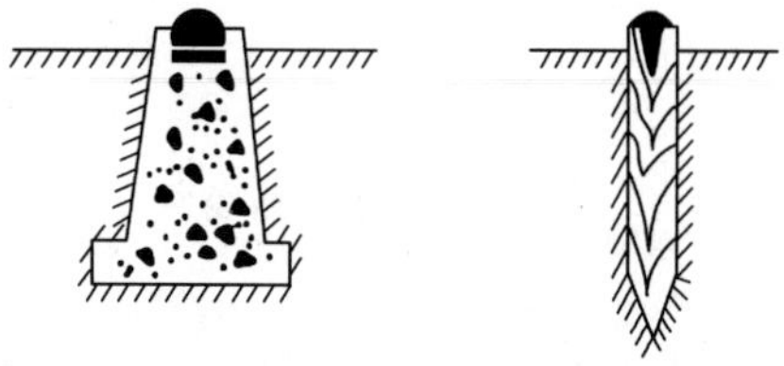

(a) (b)

图 2-20 建筑工地常用水准点

二、水准路线

在水准测量中,通常沿某一水准路线进行施测。进行水准测量的路线称为水准路线。根据测区实际情况和需要,可布置成单一水准路线和水准网。

(一) 单一水准路线

单一水准路线又分为附合水准路线、闭合水准路线和支水准路线。

(1) 闭合水准路线

例如,从某一已知高程的水准点 BM. A 出发,沿高程待定的水准点 1、2、3、4 进行水准测量,最后仍回到 BM. A,称为闭合水准路线,如图 2-21(a)所示。沿这种线路进行水准测量,测得各相邻水准点之间的测段高差的总和在理论上应等于零,可以作为观测正确性的检核。即闭合水准路线的高差观测值应满足条件:

$$\sum h_{\text{理}} = 0 \tag{2-14}$$

(2) 附合水准路线

例如,从已知高程的水准点 BM. A 出发,沿高程待定水准点 1、2、3 的路线进行水准测量,最后附合到另一高程已知的水准点 BM. B,称为附合水准路线,如图 2-21(b)所示。沿这种路线进行的水准测量所测得各相邻水准点间的测段高差总和,应等于两端已知点的高差,可以作为观测正确性的检核。即附合水准路线的高差观测值应满足条件:

$$\sum h_{\text{理}} = H_{\text{终}} - H_{\text{始}} \tag{2-15}$$

(3) 支水准路线

例如，从一个已知高程的水准点 BM. A 出发，沿各高程待定的水准点 1、2 进行水准测量，其路线既不闭合，又不附合，称为支水准路线，如图 2-21(c)所示。支水准路线因为缺少检核，水准测量需要进行往、返观测，往测高差总和与返测高差总和理论上应该相等且符号相反，可以作为观测正确性的检核。即支水准路线往、返测高差总和应满足条件：

$$\sum h_{往} + \sum h_{返} = 0 \tag{2-16}$$

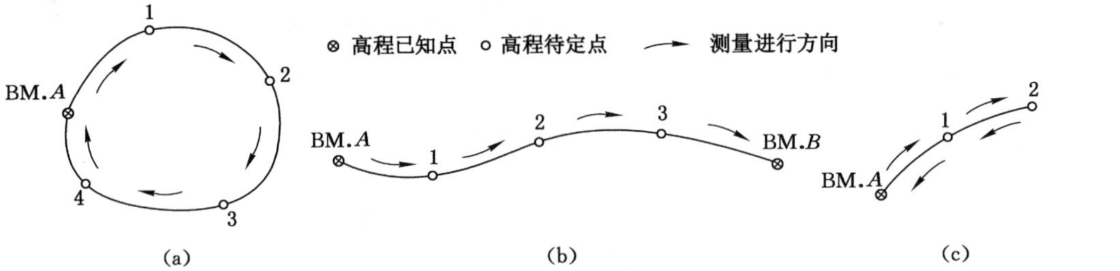

图 2-21　水准路线

(二) 水准网

若干条单一水准路线相互连接构成图 2-22 所示的形状，称为水准网。

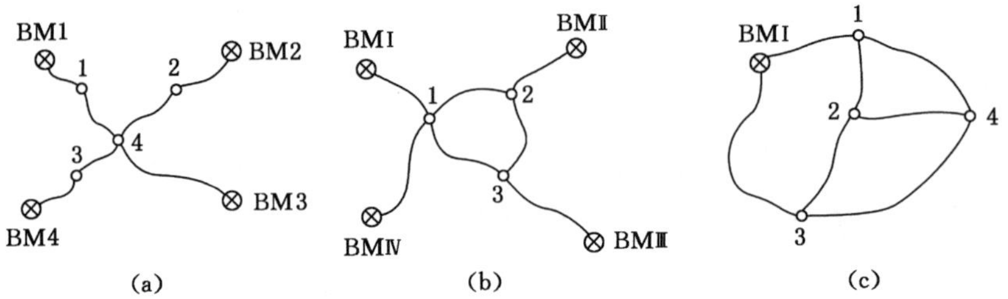

图 2-22　水准网

水准网中单一水准路线相互连接的点称为结点。如图 2-22(a)中的点 4，图 2-22(b)中的点 1、点 2、点 3 和图 2-22(c)中的点 1、点 2、点 3、点 4。

三、水准测量的实施

当欲测的高程点距水准点较远或高差很大时，就需要连续多次安置仪器以测出两点的高差。如图 2-23 所示，水准点 A 的高程为 51.903 m，现拟测量 B 点的高程，其观测步骤如下。

在 A、TP_1 两点上分别立水准尺，在距点 A 和点 TP_1 等距离的 I 处，安置水准仪。用圆水准器将仪器粗略整平和管水准气泡精平后，后视 A 点上的水准尺，读数得 1 339，记入表 2-1 观测点 A 的后视读数栏内。旋转望远镜，前视点 TP_1 上的水准尺，同法读取读数为 1 402，记入表 2-1 的前视读数栏内。后视读数减去前视读数得到高差为 −0.063，记入高差栏内。

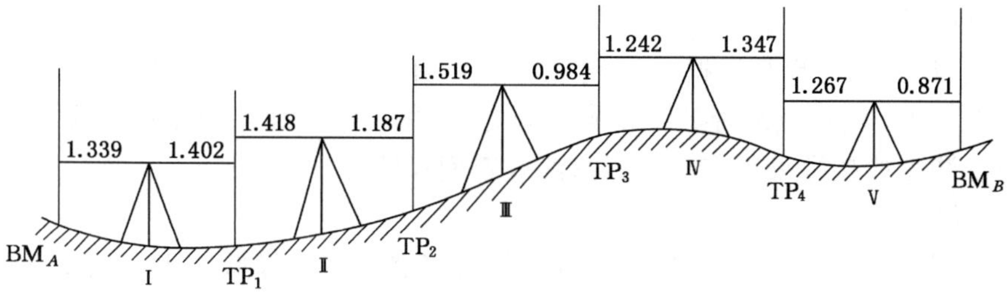

图 2-23 连续水准测量路线

表 2-1 水准测量手簿

日期＿＿＿＿＿＿仪器＿＿＿＿＿＿观测＿＿＿＿＿＿

天气＿＿＿＿＿＿地点＿＿＿＿＿＿记录＿＿＿＿＿＿

测站	测点		水准尺读数/mm		高差/m		高程/m	备注
	后视	前视	后视(a)	前视(b)	+	−		
Ⅰ	BM_A、TP_1		1 339	1 402		0.063	51.906	
Ⅱ	TP_1、TP_2		1 418	1 187	0.231			
Ⅲ	TP_2、TP_3		1 519	0 984	0.535			
Ⅳ	TP_3、TP_4		1 242	1 347		0.105		
Ⅴ	TP_4、TP_5		1 267	0 871	0.396		52.897	
计算校核			$\sum a = 6.785$	$\sum b = 5.791$	$\sum +1.162$	$\sum -0.168$	52.897	

点 TP 上的水准尺不动，把 A 点上的水准尺移到点 TP_2，仪器安置在点 TP_1 和点 TP_2 之间，同法进行观测和计算，依次测到 B 点。

每安置一次仪器，便可测得一个高差，即：

$$\begin{cases} h_1 = a_1 - b_1 \\ h_2 = a_2 - b_2 \\ \quad \cdots\cdots \\ h_5 = a_5 - b_5 \end{cases} \tag{2-17}$$

将各式相加，得：

$$\sum h = \sum a - \sum b \tag{2-18}$$

则 B 点的高程为：

$$H_B = H_A + \sum h \tag{2-19}$$

四、水准测量检核

（一）计算检核

由式(2-19)可知，B 点对 A 点的高差等于各转点之间高差的代数和，也等于后视读数之和减去前视读数之和，故此式可作为计算的检核。

计算检核只能检查计算是否正确，并不能检核观测和记录的错误。

（二）测站检核

如上所述，B 点的高程是根据 A 点的已知高程和转点之间的高差计算而来的，若测错或记错任何一个高差，则 B 点高程就不正确。因此，对每一站的高差均需进行检核，这种检核称为测站检核。测站检核常采用变动仪器高法或双面尺法。

（1）变动仪器高法

此法是在同一个测站上变换仪器高度（一般将仪器升高或降低 0.1 m 左右）进行测量，用测得的两次高差进行检核。如果两次测得的高差之差不超过允许值（例如等外水准允许值为 6 mm），则取其平均值作为最后结果，否则需重测。

（2）双面尺法

用双面尺法进行水准测量时，需用有红、黑两面分划的水准尺，在每一测站上需要观测后视和前视水准尺的红、黑面读数，并需通过规定的检核。在每一测站上，仪器经过粗平后的观测程序如下：

① 瞄准后视点水准尺黑面分划—精平—读数；

② 瞄准前视点水准尺黑面分划—精平—读数；

③ 瞄准前视点水准尺红面分划—精平—读数；

④ 瞄准后视点水准尺红面分划—精平—读数。

对于立尺点而言，其观测程序为“后—前—前—后”；对于尺面而言，其观测程序为“黑—黑—红—红”。

在进行等外水准测量时，若同一水准尺的红面与黑面读数（加尺常数后）之差不超过 4 mm，黑、红面高差之差（在红面所测高差上加或减 100 mm）又不超过 6 mm，则取其平均值作为该测站的观测高差。否则，成果不合格，应重新观测。记录和计算示例列于表 2-2。

用双面尺法进行水准测量，有一套严密的计算检核方法，表 2-2 只列出了其中的一部分。由于双面尺法操作方便、计算规范，所以在水准测量中得到了广泛应用。

五、水准测量成果整理

水准测量的观测和记录需要按水准路线进行成果整理，包括测量记录和计算的复核、高差闭合差的计算、高差的改正和待定点的高程计算。

（一）高差闭合差计算

（1）闭合水准路线

如图 2-21(a)所示，起点和终点为同一水准点（BM. A），路线的高差总和理论上应等于零，因此，高差闭合差为：

$$f_h = \sum h_{测} \tag{2-20}$$

（2）附合水准路线

如图 2-21(b)所示，附合水准路线的起点（BM. A）和终点（BM. B）的高程（$H_{BM.A}$，$H_{BM.B}$）为已知，则水准测量的高差总和应等于两已知点的高差，故其闭合差为：

$$f_h = \sum h_{测} - (H_{BM.B} - H_{BM.A}) \tag{2-21}$$

（3）支水准路线

表 2-2 水准测量记录表(双面尺法)

测站	测点 点号	测点 尺号	后视读数/m	前视读数/m	后视－前视/m	平均高差/m	高程/m	备注
Ⅰ	*A*	05	1.400(黑面) 6.187(红面)		0.833(黑面) 0.932(红面)	＋0.832	16.832	
	1	06		0.567(黑面) 5.255(红面)				
Ⅱ	1	06	1.924(黑面) 6.611(红面)		－0.074(黑面) －0.175(红面)	－0.074		
	2	05		1.998(黑面) 6.786(红面)				
Ⅲ	2	05	1.728(黑面) 6.515(红面)		－0.140(黑面) －0.041(红面)	－0.140		05 号尺的尺常数为 4.787 m,06 号尺的尺常数为 4.687 m
	3	06		1.868(黑面) 6.556(红面)				
Ⅳ	3	06	1.812(黑面) 6.499(红面)		－0.175(黑面) －0.274(红面)	－0.174		
	4	05		1.987(黑面) 6.773(红面)				
Ⅴ	4	05	0.466(黑面) 5.254(红面)		－2.218(黑面) －2.117(红面)	－2.218		
	B	06		2.684(黑面) 7.371(红面)			15.058	
计算检核	① 黑红面读数之差＝黑面读数＋尺常数－红面读数; ② 黑红面所测高差之差＝黑面高差－(红面高差±0.100 m); ③ 平均高差＝[黑面高差＋(红面高差±0.100 m)]/2。							

如图 2-21(c)所示,支水准路线一般需要往、返观测,往测高差和返测高差应绝对值相等且符号相反,故支水准路线往、返观测的高差闭合差为:

$$f_h = \sum h_{往} - \sum h_{返} \tag{2-22}$$

由于测量仪器的精密程度和观测者的分辨能力都有一定的限制,同时还受观测环境的影响,观测值中含有一定范围内的误差是不可避免的。各种水准路线的高差闭合差是水准测量存在观测误差的反映,如果在规定范围内,则认为精度合格,水准测量成果可用;否则,应返工重测,直至符合要求为止。高差闭合差可用来衡量测量成果的精度,它有一个允许值。对于等外水准测量来说,高差闭合差的允许值为:

平地 $$f_{h_{允}} = \pm 40\sqrt{L}\ \text{mm}$$

山地 $$f_{h_{允}} = \pm 12\sqrt{n}\ \text{mm}$$ (2-23)

式中 L——水准路线长度,以千米为单位。

在山地或丘陵地区，当每千米水准路线中安置水准仪的测站数超过 16 站时，允许的高差闭合差可改用下式计算，即：

$$f_{h_{允}} = \pm 12\sqrt{n}\ \text{mm} \tag{2-24}$$

式中 n——水准路线中的测站数。

（二）高差闭合差的分配与高程计算

（1）高差闭合差的分配

当$|f_h| < |f_{h_{允}}|$时，应对 f_h 进行合理分配。支水准路线高差闭合差的分配方法很简单，只要把各段往返高差的绝对值取平均值，并按往测方向取高差的正负号即可。

闭(附)合水准路线高差闭合差的分配，一般是按与测站数成正比将闭合差反号分配到各测段高差中，或按与路线的长度成正比分配闭合差。设第 i 测段的改正数为 v_i，则根据上述法则就有：

$$v_i = -\frac{f_h}{\sum n} n_i \tag{2-25}$$

或

$$v_i = -\frac{f_h}{L} l_i \tag{2-26}$$

式中 $\sum n$—— 所有测段测站数总和；

n_i—— 第 i 测段的测站数；

L—— 水准路线总长，km；

l_i—— 第 i 测段长度，km。

闭合差分配后，可用下式检核计算的正确性：

$$\sum v = -f_h \tag{2-27}$$

（2）高程计算

消除闭合差后，即可根据已知水准点的高程和改正后的高差逐一推算出各水准点的高程。当推求至最后一个已知点时，其推求值应与已知值相等，以此作为高程计算正确性的检核。

当水准路线中的高差闭合差小于允许值时，可以进行高差闭合差的分配、高差改正和高程计算。对于闭合水准路线或附合水准路线，按与距离(或测站数)成正比的原则，将高差闭合差反其符号进行分配，以改正各水准点间测段的高差，使各测段的高差总和满足理论值，然后按改正后的测段高差计算各待定水准点的高程。

图 2-24 为某附合水准路线观测成果略图，BM. A 和 BM. B 为高程已知的水准点，BM_1、BM_2 和 BM_3 为高程待定的水准点，箭头线表示水准测量前进方向，路线上方的数字为观测的测段高差，下方的数字为测段长度。该水准路线的成果整理在表 2-3 中。按式(2-21)计算的高差闭合差为＋37 mm，按式(2-23)计算的允许高差闭合差为＋109 mm，闭合差在允许范围内可以进行闭合差的分配。按路线的高差闭合差(反其符号)除以路线总长，得到每千米的高差改正值为－5 mm/km，乘以各测段长度，得到各测段的高差改正值；按改正后的高差计算各待定水准点的高程。

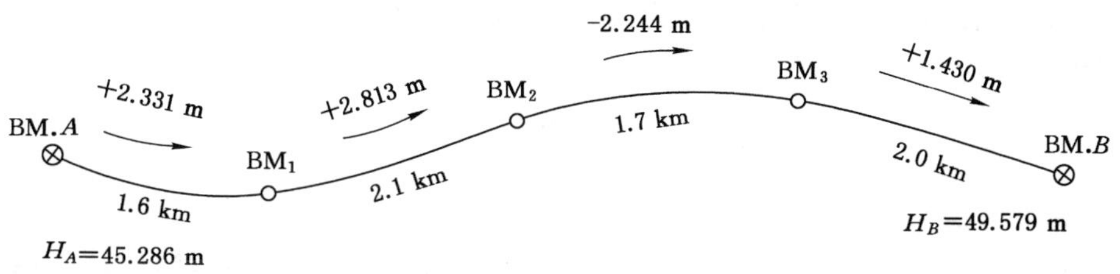

图 2-24 附合水准路线观测成果略图

表 2-3 水准测量成果整理

点号	距离/km	测段观测高差/m	高差改正值/m	改正后高差/m	高程/m
BM. A	1.6	+2.331	−0.008	+2.323	45.286
BM_1	2.1	+2.813	−0.011	+2.802	47.609
BM_2	1.7	−2.244	−0.008	−2.252	50.411
BM_3	2.0	+1.430	−0.010	+1.420	48.159
BM. B					49.579
$\sum$	7.4	+4.330	−0.037	+4.293	

$$\sum h_{理} = H_B - H_A = 49.579 - 45.286 = +4.293\ (\mathrm{m})$$

$$f_h = \sum h - (H_B - H_A) = +4.330 - 4.293 = +0.037\ \mathrm{m} = +37\ (\mathrm{mm})$$

$$f_{h_{允}} = \pm 40\sqrt{L} = \pm 40\sqrt{7.4} = \pm 109\ (\mathrm{mm})$$

$$每千米路线高差改正值 = \frac{f_h}{L} = \frac{-37}{7.4} = -5\ (\mathrm{mm/km})$$

第五节 水准测量误差分析与仪器校正

一、水准测量误差与校正

水准测量的误差来源主要有仪器误差、观测误差和外界条件的影响三个方面。

（一）仪器误差

（1）仪器校正后的 i 角残差

水准管轴与视准轴不平行，虽经校正但仍存在 i 角的残余误差。这种误差与仪器至水准尺的视距成正比，属于系统性误差。若观测时前后视距相等，便可抵消此项误差的影响。

（2）水准尺误差

水准尺由于刻画不准确、尺长变化、弯曲等原因，会造成水准测量误差。因此，水准尺在使用之前应进行检验。

（二）观测误差

（1）水准管气泡的居中误差

设水准管分划值为 τ''，居中误差约为 $0.15\tau''$，采用符合式水准器时，气泡居中精度可提高一倍，则居中误差为：

$$m_{\tau}=\pm\frac{0.15\tau''}{2\rho''}D \tag{2-28}$$

式中　D——水准仪到水准尺的距离。

由上式可知，这种误差随着视距的增大而增大。观测时应使用微倾螺旋使气泡两个半像严格重合。

(2) 估读水准尺的误差

人眼的极限分辨力为 $1'$，设望远镜的放大倍率为 ν，视距为 D，则在水准尺上估读毫米数的误差为：

$$m_{\nu}=\pm\frac{60''}{\nu}\cdot\frac{D}{\rho''} \tag{2-29}$$

(3) 视差的影响

水准测量中视差的影响会给观测结果带来较大的误差。因此，观测前必须反复调节目镜和物镜对光螺旋，使水准尺的分划像与十字丝平面重合。

(4) 水准尺倾斜的影响

水准尺倾斜将使尺上读数增大，为避免这项误差，通常在水准尺上安装圆水准器，以指示水准尺竖直，读数时应取水准尺上的最小读数。

(三) 外界条件的影响

(1) 仪器下沉

由于观测过程中仪器下沉，使视线降低，从而使观测高差产生误差。此种误差可通过采用"后—前—前—后"的观测程序减弱其影响。

(2) 尺垫下沉

如果在转点发生尺垫下沉，将使下一站的后视读数增加，也将引起高差误差。为减少这种误差的影响，除在设置转点时尽量选择土质坚硬的地点安置尺垫并踩实之外，可采用往、返观测取中数的方法减弱其影响。

(3) 地球曲率和大气折光的影响

如图 2-25 所示，由于大地水准面是一个曲面，当水准仪的视线与大地水准面平行(即瞄准尺上的 b 点时)，才能测出 B 点相对于 A 点的高差 h_{AB}。而水准仪提供的是一条水平视线，它在尺上的读数为 b''，其差值为 Δh，此为地球曲率对高差的影响，即：

$$\Delta h=\frac{D^2}{2R}=c \tag{2-30}$$

式中　D——A、B 两点间的距离；

　　　R——地球半径。

实际上，由于大气折光的影响，视线并不水平，而是一条曲线。当读数为 b 时，与水平视线读数相差一个 γ 值。由实验得知，曲线的半径大致为地球半径的 6～7 倍，则其折光量的大小对水准尺读数产生的影响为：

$$\gamma=\frac{D^2}{2\times 7R} \tag{2-31}$$

综合地球曲率和大气折光的影响，用 f 表示为：

$$f=c-\gamma=\frac{D^2}{2R}-\frac{D^2}{14R}\approx 0.43\frac{D^2}{R} \tag{2-32}$$

如果使前后视距 D 相等，则由式(2-32)可知，地球曲率和大气折光的影响将得到消除或大大减弱。

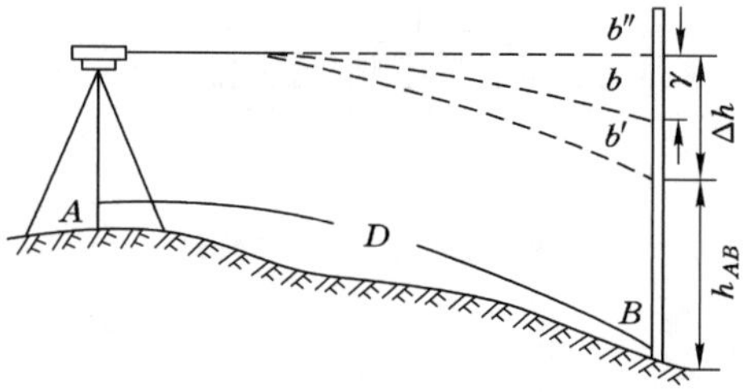

图 2-25　地球曲率和大气折光的影响

(4) 温度影响

当烈日照射到水准管时，由于水准管本身和管内液体温度升高，气泡向着温度高的方向移动，从而影响仪器水平，产生气泡居中误差。因此，观测时要用伞遮住仪器，避免阳光直射。

二、微倾式水准仪的检验与校正

水准仪在使用之前，应先进行检验和校正。水准仪检校的目的是保证水准仪各轴系之间满足应有的几何关系。下面分别介绍微倾式水准仪和自动安平水准仪的检验与校正方法。

(一) 微倾式水准仪应满足的几何条件

(1) 圆水准器轴 $L'L'$ 应平行于仪器竖轴 VV(图 2-26)

满足此条件的目的是当圆水准器气泡居中时，仪器竖轴即处于竖直位置。这样，仪器转动到任何方向，管水准器的气泡都不至于偏差太大，调节水准管气泡居中就很方便。

(2) 十字丝的横丝应垂直于仪器竖轴

十字丝的中丝(横丝)应垂直于仪器的竖轴，这样，在水准尺上进行读数时，可以用横丝的任何部位读数，可不必用十字丝的交点而用交点附近的横丝进行读数，故可提高观测速度。

(3) 水准管轴 LL 应平行于视准轴 CC

如图 2-26 所示，当此条件满足时，水准管气泡居中，水准管轴水平，视准轴处于水平位置。如果管水准器轴在竖直面内不平行于视准轴，说明两轴存在一个夹角 i。当管水准气泡居中时，管水准器轴水平，而视准轴相对于水平线就倾斜了 i 角。

在水准测量工作开始的第一周内应每天测定一次 i 角，i 角稳定后，可以每隔 15 d 测定一次，这项检验校正要反复进行，直至 i 角误差小于 20″为止。

(二) 微倾式水准仪的检校

(1) 圆水准器轴平行于仪器竖轴的检校

检验：如图 2-27(a)所示，用脚螺旋使圆水准器气泡居中，此时圆水准器轴 $L'L'$ 处于竖直位置。假设竖轴 VV 与 $L'L'$ 不平行，且交角为 α，则此时竖轴 V 与竖直位置偏差 α 角。将望远镜绕竖轴旋转 180°，如图 2-27(b)所示，圆水准器转到竖轴的另一侧，这时 $L'L'$ 不但不竖直，而

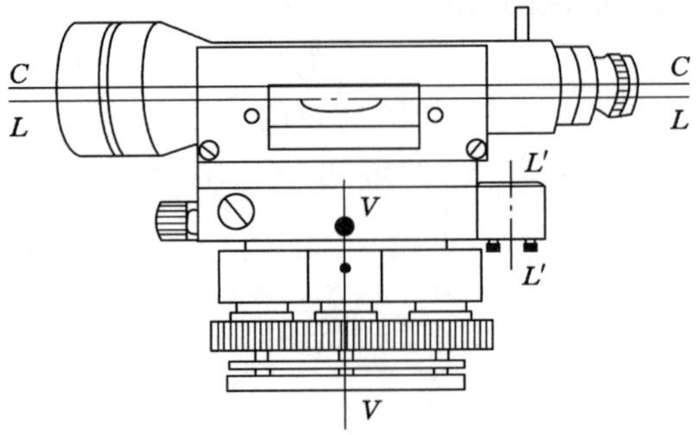

图 2-26 水准仪的轴线

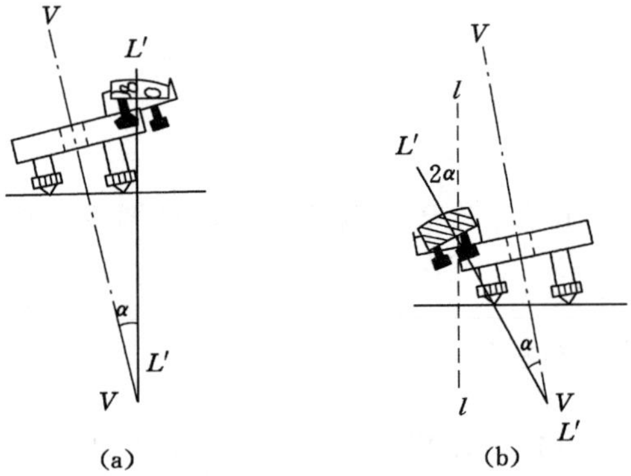

图 2-27 圆水准器轴不平行于仪器竖轴

且与竖直线 ll 的交角为 2α。显然气泡不再居中,气泡偏移的弧度所对应的圆心角等于 2α,气泡偏移的距离为仪器旋转轴与圆水准器轴交角的两倍。

校正:通过检验证明 $L'L'$ 与 VV 不平行,则需校正。校正时可用校正针分别拨动圆水准器下角的三个校正螺丝(图 2-28),使气泡向居中位置移动偏离的一半,如图 2-29(a)所示,这时,圆水准器轴 $L'L'$ 与 VV 平行。然后,再用脚螺旋使气泡完全居中,竖轴 VV 则处于竖直状态,见图 2-29(b)。这项检验校正工作需要反复进行数次,直到仪器旋到任何位置圆水准器气泡都居中为止,最后旋紧固定螺丝。

(2) 十字丝横丝垂直于仪器竖轴的检校

检验:如图 2-30(a)所示,选择一目标 M,然后固定制动螺旋,转动微动螺旋。如标志点 M 始终在横丝上移动,则说明条件满足。否则,如图 2-30(b)所示,则需校正。

校正:松开十字丝分划板座的固定螺丝,如图 2-31 所示,转动十字丝分划板座,使其满足条件,此项校正也需反复进行。

(3) 视准轴平行于水准管轴的检校

检验:如图 2-32 所示,假设视准轴与水准管轴不平行,它们之间的夹角为 i。当水准管气泡居中,即水准管轴水平时,视线倾斜 i 角。图中当视线上倾时,由于 i 角对标尺读数的影响与距离成正比,当前后视距相等时(即 $D_A=D_B$),i 角影响得以抵偿,则正确高差为:

$$h_{AB}=a_1-b_1 \tag{2-33}$$

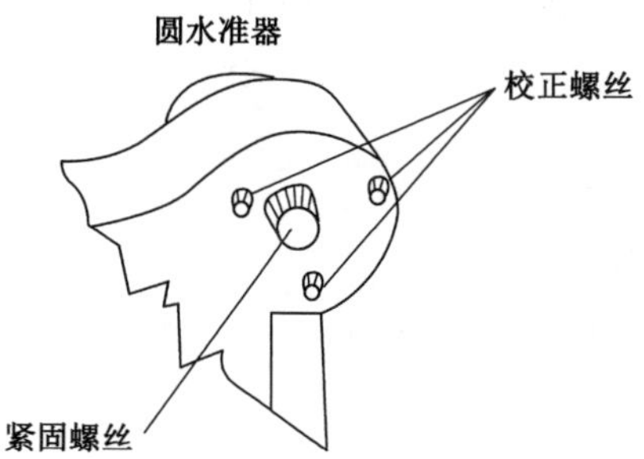

图 2-28　圆水准器校正螺丝

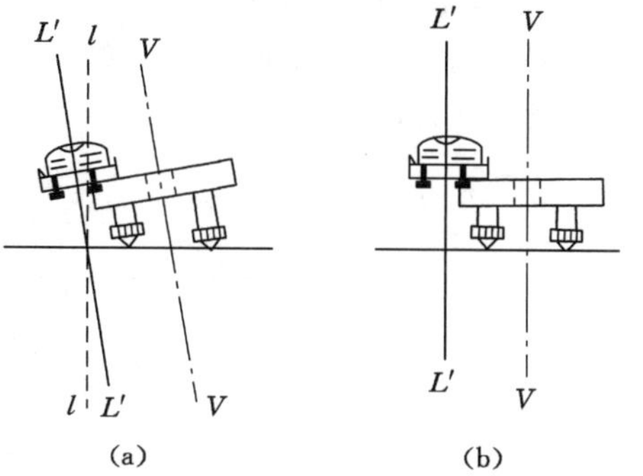

图 2-29　圆水准器的校正

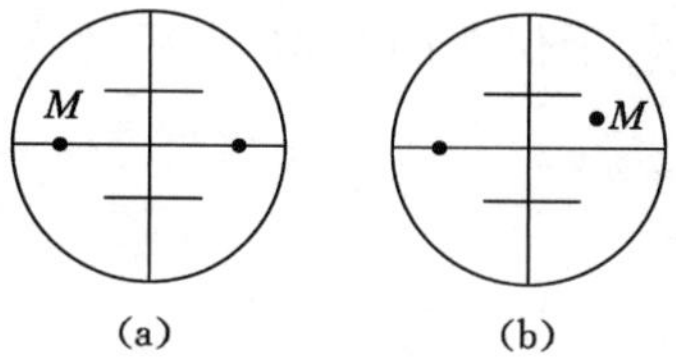

图 2-30　十字丝横丝垂直于仪器竖轴原理

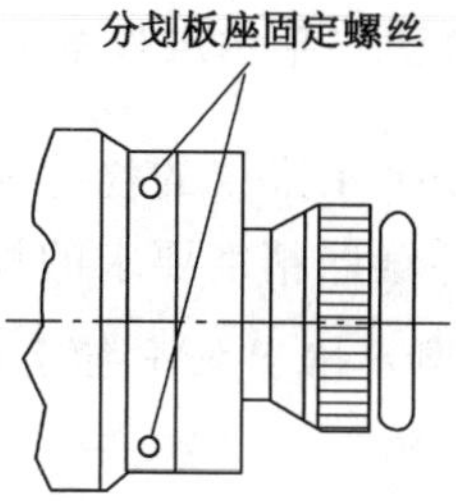

图 2-31　十字丝分划板座固定螺丝

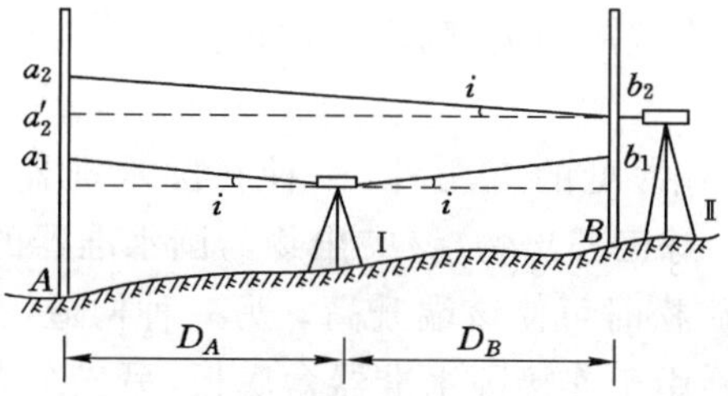

图 2-32　水准管轴平行于视准轴的检验

先将仪器置于两水准尺中间等距处，测得两立尺点正确高差。然后将仪器安置于 A 点或 B 点附近(3 m 左右)，如将仪器搬至 B 点附近，则读得 B 尺上读数为 b。因为此时仪器离 B 点很近，i 角的影响很小，可忽略不计，故认为 b 为正确的读数。可计算出 A 尺上应读得的正确读数 a'_2(即视线水平时的读数)为：

$$a'_2 = b_2 + h_{AB} \tag{2-34}$$

然后瞄准 A 尺读得读数 a_2，若 $a_2 = a'_2$，则说明条件满足。否则存在 i 角，其值为：

$$i'' = \frac{\Delta a}{D_{AB}} \rho'' \tag{2-35}$$

式中，$\Delta a = a_2 - a'_2$。

对于 DS_3 水准仪，i 值应小于 20″。如果超限，则需校正。

校正:转动微倾螺旋,使中丝读数对准 a'_2,此时视准轴处于水平位置,但水准气泡却偏离了中心。拨动水准管上下两个校正螺丝(图 2-33),一松一紧,直至气泡居中(符合水准器两端气泡影像重合)为止。

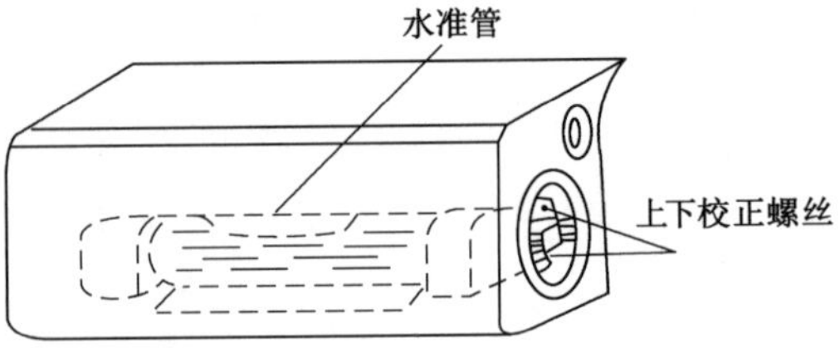

图 2-33　水准管校正螺丝

三、自动安平水准仪的检验与校正

自动安平水准仪的检验和校正包括圆水准器轴平行于仪器的竖轴、十字丝横丝垂直于仪器竖轴及补偿器精度要求的检验与校正。

(一) 圆水准器轴平行于仪器的竖轴的检验与校正

(1) 目的

使圆水准轴平行于仪器的竖轴,即当圆水准器气泡居中时,竖轴位于铅垂位置。

(2) 检验方法

旋转脚螺旋使圆水准气泡居中,然后将仪器上部绕竖轴旋转 180°,若气泡居中,则表示圆水准器轴已平行于竖轴,若气泡偏离中央,则需要校正。

(3) 校正

圆水准器校正装置的构造常见的有两种:一种在圆水准器盒底有三个校正螺旋,如图 2-34(a)所示,盒底中央设置一球面凸出物,该突出物与圆水准器的底板相接,当旋紧校正螺旋时,可使水准器的该端降低,旋松时可使该端升高。另一种构造,在盒底可见到四个螺旋,如图 2-34(b)所示,中间较大的螺旋用于连接圆水准器盒底板,另三个为校正螺旋,它们顶住圆水准器的底板。当旋紧某一校正螺旋时,水准器该端升高,旋松时则该端下降,气泡移动方向与第一种相反。校正时,无论哪一种构造,当需要旋紧某一校正螺旋时,必须先旋松另两个螺旋,校正完毕时,必须使三个校正螺旋都处于旋紧状态。

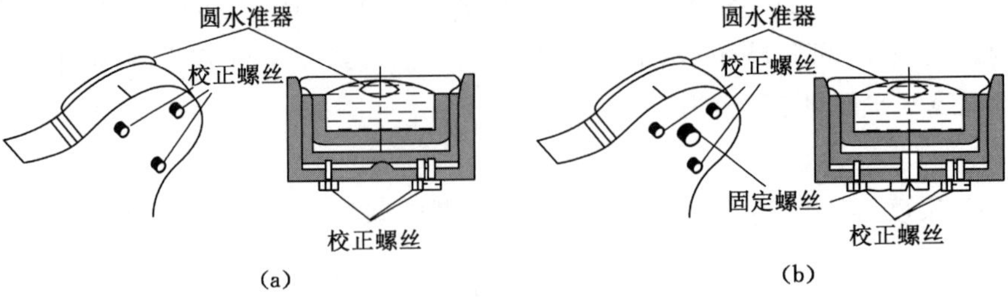

图 2-34　圆水准器校正

（二）十字丝横丝垂直于仪器竖轴的检验与校正

（1）目的

使十字丝的横丝垂直于竖轴，这样，当仪器粗略整平后，横丝基本水平，用横丝上任意位置截取的读数均相同。

（2）检验

安置仪器后，先将横丝一端照准一个远处明显的点状目标 P，如图 2-35(a)所示。然后固定制动螺旋，转动微动螺旋，如果标志点 P 不离开横丝，如图 2-35(b)所示。则说明横丝垂直竖轴，不需要校正。否则，如图 2-35(c)、(d)所示，则需要校正。

（3）校正

校正方法因十字丝分划板座装置的形式不同而异。打开十字丝分划板的护罩，如图 2-35(e)所示，用螺丝刀松开四个压环螺丝，如图 2-35(f)所示。按横丝倾斜的反方向转动十字丝组件，反复检验。如果目标 P 始终在十字丝横丝上移动，表示横丝已经水平，则校正完成。最后应旋紧被松开的四个压环螺旋。也有卸下目镜处的外罩，用螺丝刀松开分划板座的固定螺丝，拨正分划板座的十字丝组件。

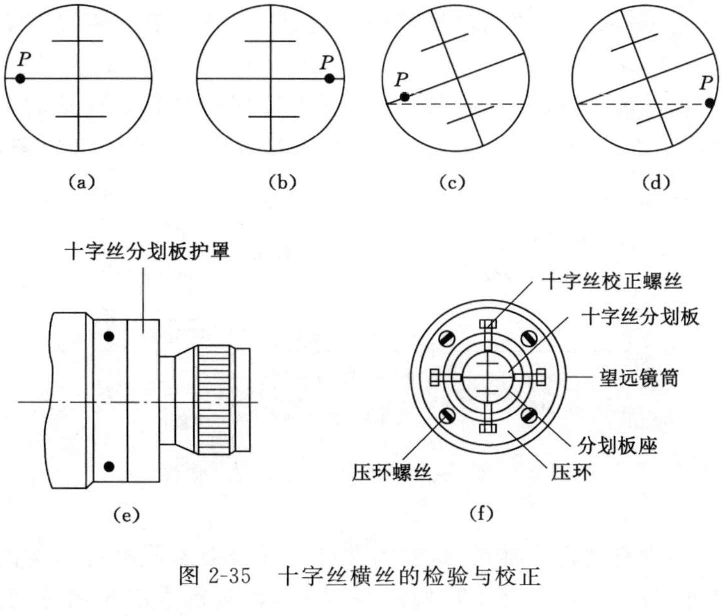

图 2-35　十字丝横丝的检验与校正

（三）补偿器的精度

自动安平水准仪只有在补偿范围内，才能起到补偿的作用，所以必须符合补偿器的精度要求。

将水准仪安置在一点，在离仪器约 50 m 处立一水准尺。安置仪器时使其中两个脚螺旋的连线垂直于仪器到水准尺连线的方向。用圆水准器整平仪器，读取水准尺上的读数。旋转视线方向上的第三个脚螺旋，让气泡中心偏离水准器零点少许，使竖轴向前稍倾斜，读取水准尺上的读数。然后再次旋转这个脚螺旋，让气泡中心向相反方向偏离零点并读数。重新整平仪器，用位于垂直于视线方向的两个脚螺旋，先后使仪器向左右两侧倾斜，分别在气泡的中心稍偏离零点后读数。如果仪器竖轴向前后左右倾斜时所得的读数与仪器整平时所得的读数之差不超过 2 mm,则可认为补偿器工作正常,否则应检查原因或送工厂修理。检验时圆水准器气泡偏离的大小,应根据补偿器的工作范围及圆水准器的分划值来决定。例如补偿工作范围为±5′,圆水准器的分划值为 8′/2 mm 弧长所对之圆心角值,则气泡偏离零点不应超过 5/8×2=1.2(mm)。补偿器工作范围和圆水准器的分划值在仪器说明书中均可查得。

第六节 精密水准仪及使用

一、精密光学水准仪

精密水准仪主要用于国家一、二等水准测量和高精度的工程测量中,如建筑物的沉降观测及大型设备的安装等测量工作。

精密水准仪的构造与普通水准仪基本相同,也是由望远镜、水准器和基座三部分组成。其不同之处是水准管分划值较小,一般为 1″/2 mm;望远镜的放大率较大,一般在 40 倍以上;望远镜的孔径大,亮度高,仪器结构稳定,受温度的变化影响小,等等。

为了提高读数精度,采用光学测微器读数装置(图 2-36),测微装置主要由平行玻璃板、测微分划尺、传动杆、测微螺旋和测微读数系统组成。测微分划尺上刻有 100 个分划,在另设的固定棱镜上刻有指标线,可通过目镜旁的测微读数显微镜读数。移动的数值可由测微尺读数反映出来,当视线上下移动为 5 mm(或 1 cm 时),测微尺恰好移动 100 格,即测微尺最小格值为 0.05 mm(或 0.1 mm)。

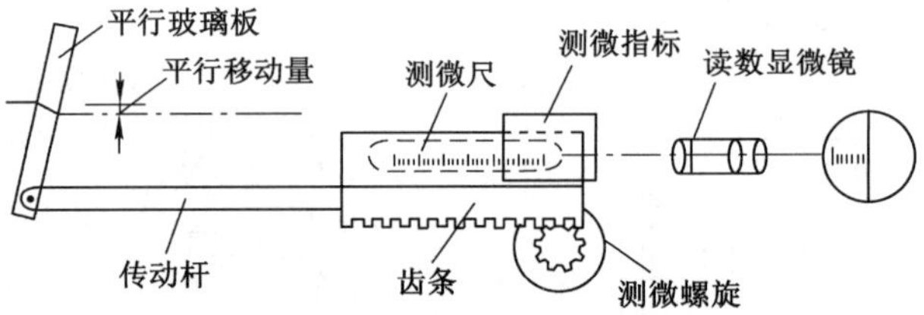

图 2-36 水准仪的平行玻璃测微装置

精密水准仪必须配有精密水准尺,这种水准尺一般是在木质尺身的槽内安装一根因瓦合金带,带上标有刻度,数字注在木尺上。如图 2-37 所示,精密水准尺的分划值有 1 cm 和 0.5 cm 两种,它须与精密水准仪配套使用。精密水准尺上的注记形式一般有两种:一种是尺身上刻有左右两排分划,右边为基本分划,左边为辅助分划,基本分划的注记从零开始,辅助分划的注记从某一常数 K 开始,K 称为基辅差。另一种是尺身上两排均为基本分划,其最小分划为 10 mm,但彼此错开 5 mm,所以分划的实际间隔为 5 mm。尺身一侧注记米数,另一侧注记分米数。尺身标有大、小三角形,小三角形表示半分米处,大三角形表示分米的起始线。这种水准尺上的注记数字比实际长度增大了一倍,即 5 cm 注记为 1 dm,因此使用这种水准尺进行测量时,要将观测高差除以 2 才是实际高差。

精密水准仪的操作方法与一般水准仪基本相同,不同之处是用光学测微器能测出不足一个分格的数值。即在仪器精平后,十字丝横丝往往不会恰好对准水准尺上某一整分划线,这时

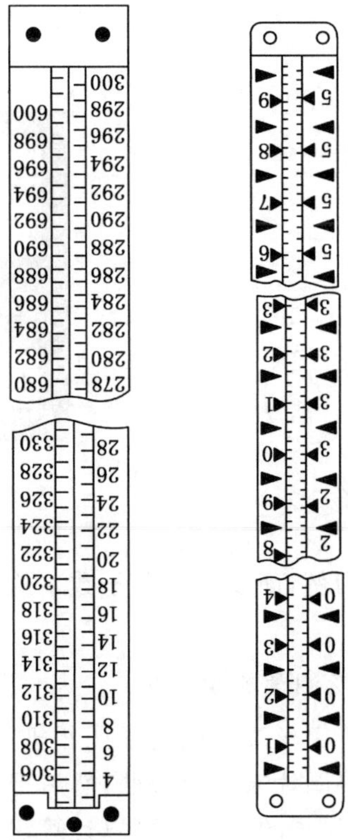

(a)　　(b)

图 2-37　精密水准尺

就要转动测微轮使视线上、下平行移动，十字丝的楔形丝正好夹住一个整分划线。如图 2-38 所示，被夹住的分划线读数为 0.97 m。此时视线上下平移的距离则由测微器读数窗中读数读出，其读数为 1.50 mm。所以水准尺的全读数为 0.97+0.001 5=0.971 5 m，由于该尺注记扩大了一倍，故实际读数是全读数除以 2，即 0.485 75 m。

图 2-39 是 N_3 水准仪的视场图，楔形丝夹住的读数为 1.48 m，测微尺读数为 65 mm，所以全读数为 1.486 5 m。由于尺上注记并未扩大，故该读数即为实际读数而无须除以 2。

二、电子水准仪

1990 年，瑞士威特厂研制出世界上第一台电子数字式水准仪 NA2000，从而拉开了电子水准仪发展的序幕。1991 年底，瑞士威特厂又推出了可用作精密水准测量的 NA3000 电子水准仪；1994 年，德国的卡尔·蔡司厂和日本的拓普康厂也分别将研制的该类产品 DiNi10 和 DiNi20 及 DL-101 和 DL-102 投入市场。

电子水准仪的主要优点是：操作简捷、自动观测和记录，并立即用数字显示测量结果。整个观测过程在几秒钟内即可完成，从而大大减少观测错误和误差。另外，仪器还附有数据处理器及与之配套的软件，从而可将观测结果输入计算机进行后处理，实现测量工作自动化和流水线作业，大大提高功效。可以预言，电子水准仪将成为水准仪研制和发展的方向，随着价格的降低必将日益普及开来，成为光学水准仪的换代产品。

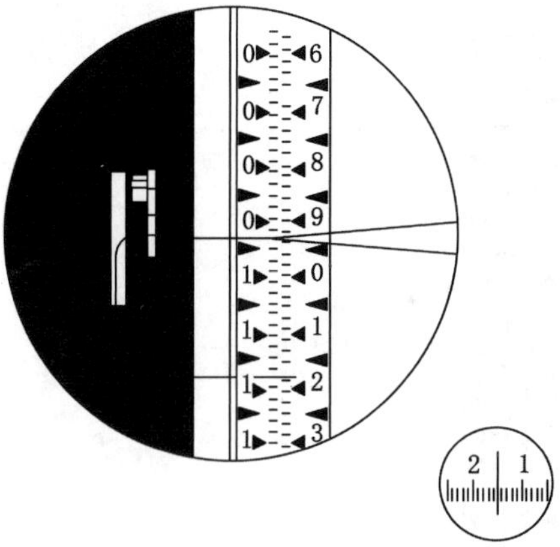

图 2-38　精密水准仪的视场

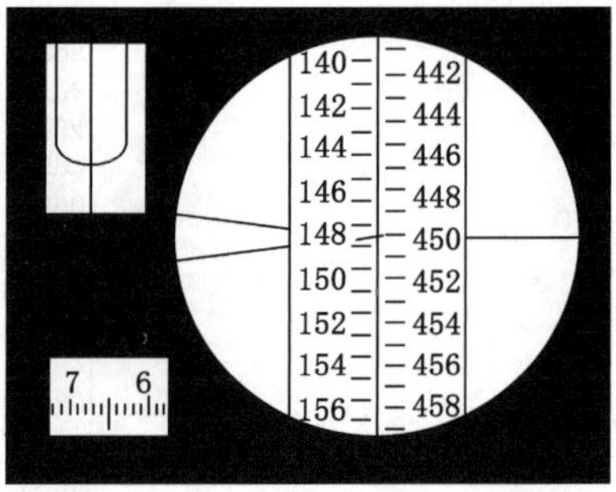

图 2-39　N_3 水准仪的视场图

下面以 NA2000 电子水准仪为例，简要介绍电子数字式水准仪的测量原理和仪器性能及使用方法。

（一）电子数字水准仪的构造及测量原理简介

电子水准仪是利用仪器里的十字丝瞄准的电子照相机。按下 Measure 测量键时，仪器就会把瞄准并调焦好的尺子上的条码图片来一个快照，然后把它和仪器内存中的同样尺子条码图片进行比较和计算。这样，一个尺子的读数就可以计算出来并且保存在内存中。电子数字水准仪具有与传统水准仪相同的光学和机械零件，因此它同样可作为光学水准仪使用。图 2-40 为电子水准仪的外观图，图 2-41 是 NA2000 的机构光学结构示意图。

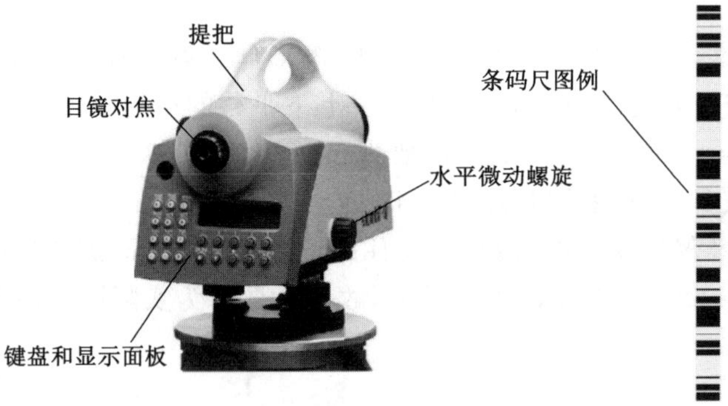

图 2-40　电子水准仪外观图

与电子水准仪配套使用的是一面印有条码图案、另一面印有普通标尺分划的水准标尺，如图 2-42 所示。在 NA2000 中标尺代码的像经过分光镜成像在行阵探测器上，分光镜将入射的光线分离成红外光部分和可见光部分。这样，一方面光的功率不会损害观测员，另一方面可以给红外波段有最大灵敏度的行阵传感器提供足够的光强度。此外，调焦透镜的位置由所谓的调焦发送器采集。同样，测量时自动安平补偿器的功能也用电子位置探测器监视。

NA2000 电子数字水准仪的测量原理是将水准标尺代码的影像由行阵传感器接收，并将接收到的代码图像通过数字图像处理器将图像数字化，并用相关方法处理信号模型。即将仪

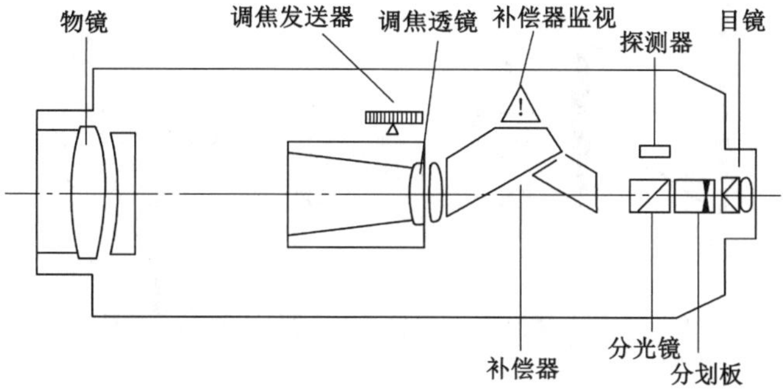

图 2-41　NA2000 的机构光学结构图

图 2-42　电子水准仪的条码图案

器“已知的”代码同行阵传感器上成像构成的信号进行比较，找到其测量信号与参考信号相关的最优值。运用数字水准仪相关方法时需要优化两个参数，即“高”和“比例”。一方面仪器与标尺的高差表现为代码标尺像的位移，另一方面代码成像的比例是与仪器到标尺的距离成一定的函数关系变化的。图 2-43 表示测量范围内相关函数的典型函数关系曲线，测量信号与参考信号相关的最优的地方就是要识别出函数曲线的明显峰值，由最大坐标确定仪器到标尺的距离和二者之间的高差。为了找到相关函数的最大坐标，必须在整个测量范围内(即仪器到标尺的最小视距 1.8 m 和最大视距 100 m 之间及仪器中心与标尺代码的最小和最大相对高差 0～4.05 m 之间)进行系统搜索。为了减少计算次数，仪器采用粗优化和精优化的方法先近似确定视线高和成像比例(即在距离—高度格网中探寻相关峰值的近似坐标)，再由行阵探测器上代码的精确位置和比例由计算机确定最终标尺的读数和到仪器的距离，并由显示器显示出测量结果。图 2-44 是 NA2000 电子数字水准仪数字化图像处理的示意图。

图 2-43　测量范围内相关函数的典型函数关系曲线图

(二) NA2000 的性能指标及操作简介

该仪器的高程分辨率为 0.1 mm，距离分辨率为 0.01 m。当视距小于 50 m 时，1 km 双程水准测量的标准偏差为：目视读数 $g=2.0$ mm；数字读数 $g=1.5$ mm，内部电池供电时间为 8 h，仪器总重(含电池)为 2.5 kg。仪器对水准标尺照准的影响和调焦对测量结果精度的影响

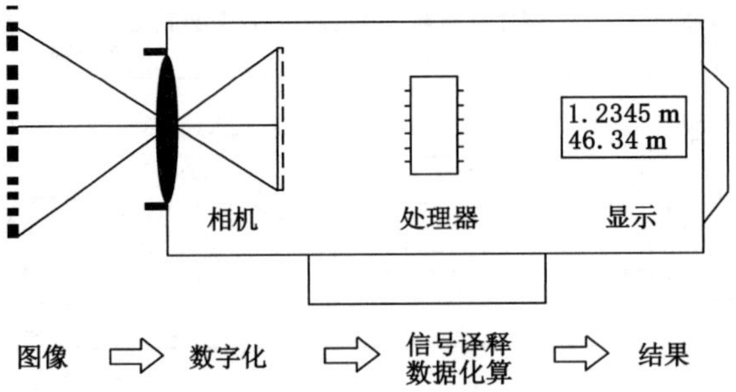

图 2-44　NA2000 电子数字水准仪数字化图像处理图

很小，甚至当水准标尺绕垂线转动 45°后仍可进行观测。当然，好的调焦可以缩短测量时间。对数字水准仪来说，大气扰动也会使标尺像抖动而大大减小对比度，并且引起标尺像局部扭曲；补偿器的振动，其影响与大气扰动相同。但是与传统方法比较，由于 NA2000 是对整个标尺截距取平均，因此相对来说此项误差要小得多。同样，标尺分划误差的影响也会因此而减小，如在隧洞或夜间观测时用人工照明进行测量，要求光源的光谱分布与日光相似。另外，观测中如标尺代码被局部遮挡不大于 30%，仍可进行观测。

仪器用 15 个键的键盘和安装在侧面的测量键来操作。有两行 LCD 显示器提示使用者并为其显示测量结果和系统的状态。观测时只需照准目标（标尺），按下测量键后 3～4 s 即显示出测量结果。其测量结果可储存在仪器内或通过电缆连接存入机内记录器中，观测速度比传统的测量方法提高了 1.5 倍。

第三章　角度测量与经纬仪

第一节　水平角与垂直角观测原理

在确定地面点的位置时，常常要进行角度测量。角度测量是确定地面点位的基本测量工作之一，分为水平角观测和垂直角观测。前者用于测定点的平面位置，后者用于测定高程或将倾斜距离化为水平距离。角度测量最常用的仪器是经纬仪或全站仪。

一、水平角观测原理

水平角是空间两相交直线在水平面上的投影所构成的角度。如图 3-1 所示，A、B、C 为地面上任意三点，连线 BA、BC 沿铅垂线方向投影到水平面 H 上，得到相应的 A_1、B_1、C_1 点，则直线 B_1A_1 与直线 B_1C_1 的夹角 β，或分别过 BA、BC 的铅垂面所夹的二面角，即为 BA 与 BC 两方向线间的水平角。

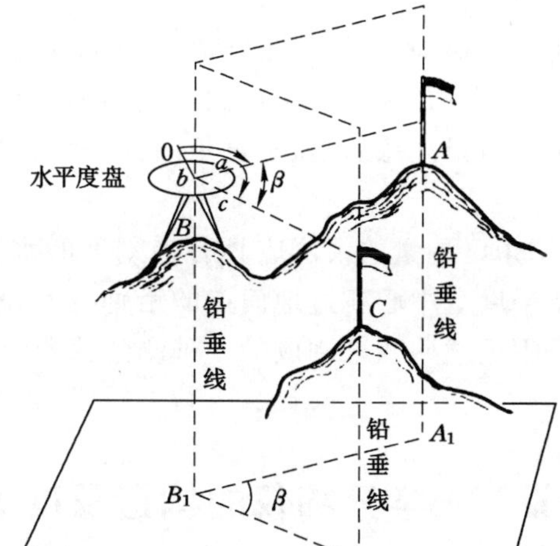

图 3-1　地面点间的水平角

为了测定水平角，在角顶点 B 的铅垂线上安置一架经纬仪。仪器有一个能水平安置的刻度圆盘——水平度盘，度盘上有 0°～360°的刻度，其中心位于测站的铅垂线上。经纬仪的望远镜不但可以在水平方向旋转，还可以在铅垂面内旋转。通过望远镜分别瞄准高低不同的目标 A 和 C，在水平度盘上的读数分别为 a 和 c，则水平角 β 为这两个读数之差，即：

$$\beta = c - a \tag{3-1}$$

二、垂直角观测原理

在同一铅垂面内，某方向的视线与水平线的夹角称为垂直角，角值范围为 0°～±90°，$\alpha=0°$为水平线。垂直角有仰角和俯角之分。视线在水平线以上，称为仰角，取正号，如图 3-2(a)中的 α_A，角值为 0°～+90°；视线在水平线以下，称为俯角，取负号，如图 3-2 中的 α_C，角值为 −90°～0°。视线与向上的铅垂线天顶方向之间的夹角 z 称为天顶距，角值范围为 0°～180°。$z=90°$为水平线，$z<90°$为仰角，$z>90°$为俯角。垂直角与天顶距的关系为：

$$\alpha=90°-z \tag{3-2}$$

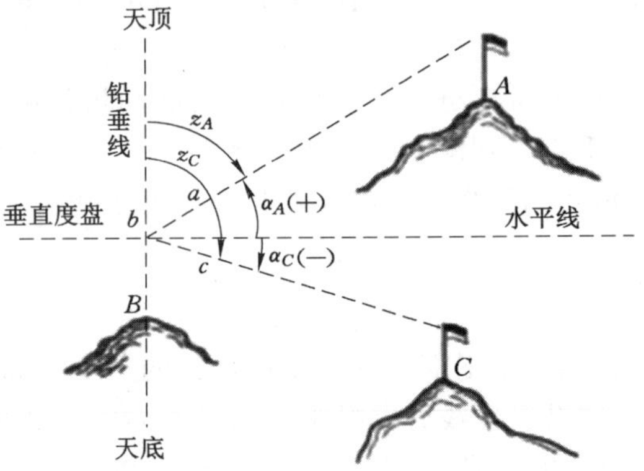

图 3-2　垂直角

竖直角测量与水平角测量一样，其角值也是度盘上两个方向读数之差。不同的是竖直角的两个方向中，必有一个是水平方向。因此，在观测竖直角时，只观测目标点一个方向并读数就可算得该目标点的竖直角。值得注意的是，竖直角的大小随仪器架设的高度和瞄准目标的高度而改变。

根据上述测角原理，用于角度测量的仪器应具有带刻度的水平度盘、竖直度盘，以及瞄准设备、读数设备等，并要求水平度盘中心在过地面点的铅垂线上，瞄准设备能瞄准方向不同、高低不一的目标。经纬仪就是根据这些要求制成的一种测角仪器，它既可以测水平角，又可以测竖直角。

第二节　光学经纬仪的构造及度盘读数

一、经纬仪的分类

我国生产的经纬仪按精度可分为 DJ_{07}、DJ_1、DJ_2、DJ_6、DJ_{15} 和 DJ_{60} 等型号，其中“D”“J”分别为“大地测量”“经纬仪”的汉语拼音第一个字母；07、1、…、60 表示仪器的精度等级即“一个测回水平方向的观测中误差”，单位为秒。“DJ”常简写为“J”。

经纬仪分为光学经纬仪和电子经纬仪两类。光学经纬仪利用几何光学器件的放大、反射、折射等原理进行度盘读数；电子经纬仪则利用物理光学器件，电子器件和光电转换原理显示度盘读数。二者在机械结构上基本相同。电子经纬仪后来又增加光电测距、电子微处理等功能，发展成为能测角、测距和对观测数据进行初步处理的电子全站仪(简称全站仪)。

全站仪是一种可以同时进行角度测量和距离测量的现代测绘仪器,目前已基本取代了电子经纬仪,在生产上得到了广泛的应用。而光学经纬仪目前仍是工程测量中常用的一种测角仪器。下面重点介绍工程测量中常用的 DJ_6 光学经纬仪。

二、DJ_6 光学经纬仪

(一) DJ_6 光学经纬仪基本结构

图 3-3 所示为一种 DJ_6 光学经纬仪。不同型号的光学经纬仪,其外形和各螺旋的形状、位置不尽相同,但基本结构相同,一般都包括照准部、水平度盘和基座三大部分。

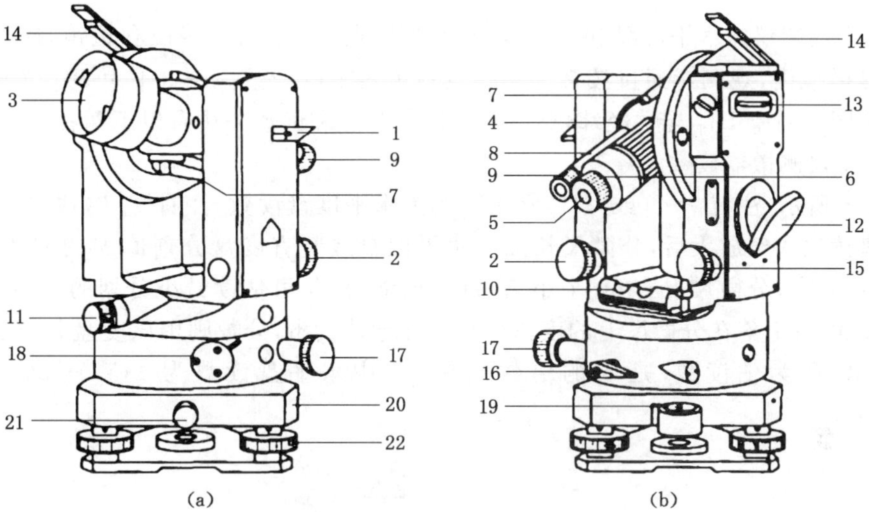

1—望远镜制动螺旋;2—望远镜微动螺旋;3—物镜;4—物镜调焦螺旋;5—目镜;6—目镜调焦螺旋;7—瞄准器;8—度盘读数显微镜;9—度盘读数显微镜调焦螺旋;10—照准部水准管;11—光学对中器;12—度盘照明反光镜;13—竖盘指标水准管;14—竖盘指标水准管观察反射镜;15—竖盘指标水准管微动螺旋;16—水平制动螺旋;17—水平微动螺旋;18—水平度盘变换手轮;19—基座圆水准器;20—基座;21—轴座固定螺旋;22—脚螺旋。

图 3-3 DJ_6 光学经纬仪结构图

(1) 照准部

照准部主要由望远镜、支架、旋转轴(竖轴)、望远镜制动螺旋、望远镜微动螺旋、照准部制动螺旋、照准部微动螺旋、水平度盘、竖直度盘、读数设备、水准管和光学对中器等组成。望远镜用于瞄准目标,其构造与水准仪相同。望远镜与横轴固连在一起,安放在支架上,望远镜可绕仪器横轴作上下转动,视准轴所扫出的面为一竖直面。望远镜制、微动螺旋用于控制望远镜的上下转动。竖直度盘固定在望远镜横轴的一端,随同望远镜一起转动,用于观测竖直角。借助支架上的竖盘指标,水准管微动螺旋可调节竖盘指标水准管气泡居中,以安置竖盘指标于正确位置。读数设备包括读数显微镜以及光路中一系列光学棱镜和透镜。仪器的竖轴处在管状轴套内,可使整个照准部绕仪器竖轴做水平转动。照准部制、微动螺旋用于控制照准部水平方向转动。水准器用于精确整平仪器,光学对中器用于调节仪器使水平度盘中心与地面点位于同一铅垂线上。

(2) 水平度盘

经纬仪的水平度盘和垂直度盘用光学玻璃制成，度盘通常按顺时针方向刻有 0°～360°的等角距分划线。水平度盘装置在纵轴套外围，与基座相对固定，不随照准部一起转动，但是可以通过水平度盘位置变换轮使它转动任意角度；垂直度盘以横轴为中心，并与横轴固连，随望远镜一起转动。度盘配置后应及时盖好护盖，以免作业中碰动。

(3) 基座

经纬仪基座有轴座、脚螺旋、底板和三角压板。它与水准仪基座的构成和作用基本相同，但经纬仪基座上还有一个轴座固定螺旋，用于将照准部和基座固连在一起。正常观测时，轴座固定螺旋必须拧紧固定。

(二) DJ_6 光学经纬仪读数

DJ_6 光学经纬仪的水平度盘和竖直度盘分划线通过一系列的棱镜和透镜，成像于望远镜旁的读数显微镜内，观测者通过读数显微镜读取度盘上的读数。图 3-4 为 DJ_6 光学经纬仪读数系统光路图。对于 DJ_6 光学经纬仪，常用的读数装置和读数方法有以下两种。

(1) 分微尺测微器读数

如图 3-5 所示，注有“—”(或“H”“水平”)的为水平度盘读数，注有“⊥”(或“V”“竖直”)的为竖直度盘读数。经放大后，分微尺长度与水平度盘或竖直度盘分划值 1°的成像宽度相等。分微尺长度为 1°，分微尺上有 60 个小格，每一小格为 1′，可估读最小分划的 1/10，即 0.1′＝6″。读数时，度数由落在分微尺上的度盘分划线注记数读出，分数则用该度盘分划线在分微尺上直接读出，秒为估读数，是 6 的倍数。图 3-5 中水平盘读数为 115°03′36″，竖盘读数为 72°51′00″。

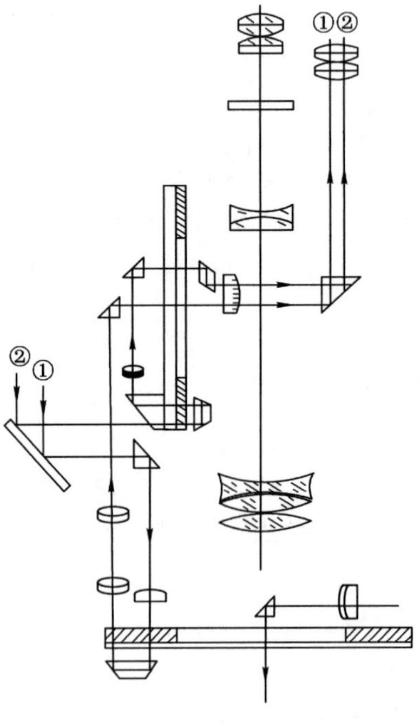

图 3-4　DJ_6 光学经纬仪光路图

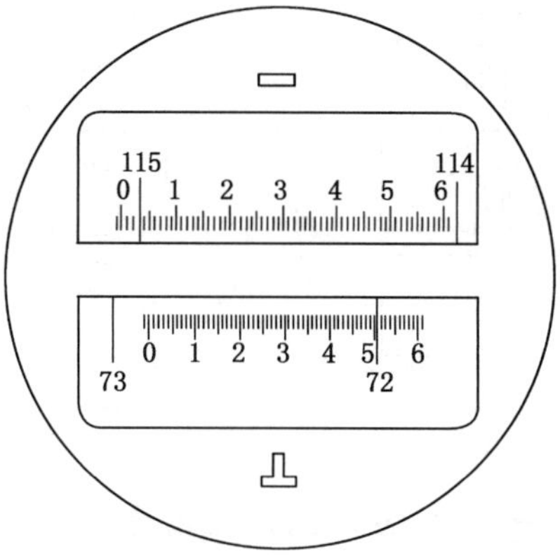

图 3-5　分微尺测微器读数窗

（2）单平板玻璃测微器读数

单平板玻璃测微器是利用一块平板玻璃与测微尺连接，转动测微轮，平板玻璃和测微尺绕同一轴转动。平板玻璃转动一个角度后，水平度盘（或竖直度盘）分划线的影像也就平行移动一微小距离，移动量的大小 α 在测微尺上读出，如图 3-6 所示。

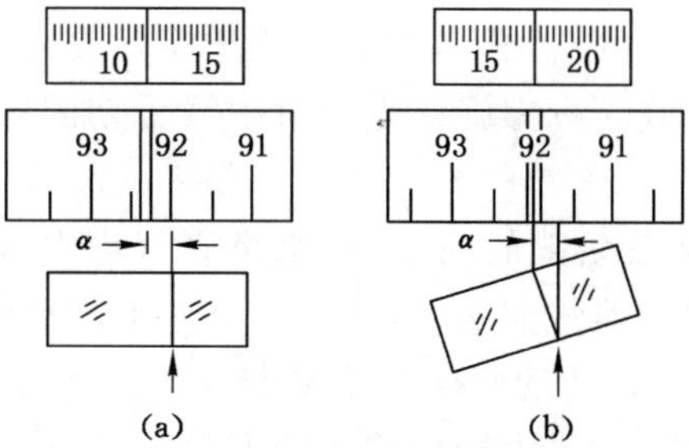

图 3-6　单平板玻璃测微器

图 3-7 为单平板玻璃测微器读数窗的影像，下窗为水平度盘影像，中窗为竖直度盘影像，上窗为测微尺影像。度盘最小分划为 30′，测微尺总长与度盘最小分划值相同。读数时转动测微轮，使度盘某一分划线精确地夹在双指标线中央，先读出度盘分划线的读数，再依指标线在测微尺上读出小于 30′的余数，两者之和即为读数结果。如图 3-7（a）的竖直度盘读数为 92°＋17′30″＝92°17′30″，图 3-7（b）的水平度盘读数为 4°42′00″。

三、DJ_6 光学经纬仪的使用

（一）安置仪器

经纬仪测量角度时，首先应将仪器安置在测站点（角顶点）的铅垂线上，包括对中和整平两项工作。

对中的目的是使仪器竖轴（或水平度盘中心）位于过测站点的铅垂线上。方法有垂球对中和光学对中两种。

整平的目的是使仪器的竖轴竖直，从而使水平度盘和横轴处于水平位置，竖直度盘位于铅

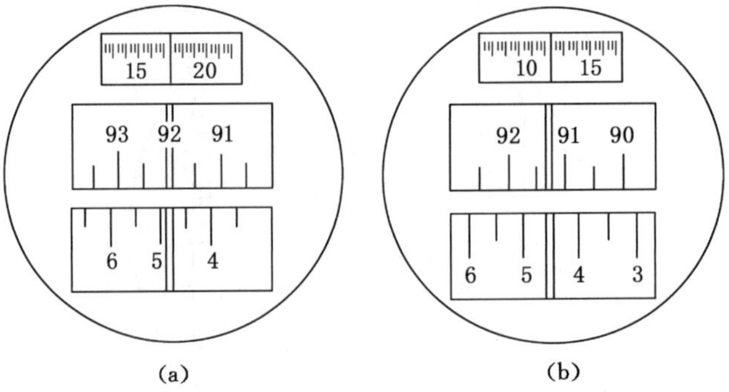

图 3-7　单平板玻璃测微器读数窗

垂平面内。整平分粗略整平和精确整平。

由于对中和整平两项工作相互影响，在安置经纬仪时，应同时满足既对中又整平这两个条件。下面分别介绍两种不同对中方法的经纬仪安置步骤。

(1) 使用光学对中法安置经纬仪

① 粗略对中：打开三脚架，使其高度适中，分开大致呈等边三角形，将三脚架放置在测站点上，使架头大致水平。将仪器放置在三脚架架头上，旋紧中心连接螺旋，调节三个脚螺旋至适中部位。移动三脚架使光学对中器分划圈圆心或十字丝交点大致对准地面标志中心，踩紧三脚架并使架头基本水平，再旋转脚螺旋使光学对中器分划圈圆心或十字丝交点对准测站点标志中心。

② 粗略整平：升降三脚架三条腿的高度，使水准管气泡大致居中。对于有圆水准器的仪器，可通过升降脚架腿使圆水准器气泡居中，达到粗略整平的目的。

③ 精确整平：如图 3-8 所示，转动照准部使水准管平行任意一对脚螺旋连线，对向旋转这两只脚螺旋使水准管气泡居中，左手大拇指移动的方向为气泡移动的方向；然后将照准部转动 90°，旋转第三只脚螺旋，使水准管气泡居中，反复调节，直到照准部转到任何方向，水准管气泡均居中为止。

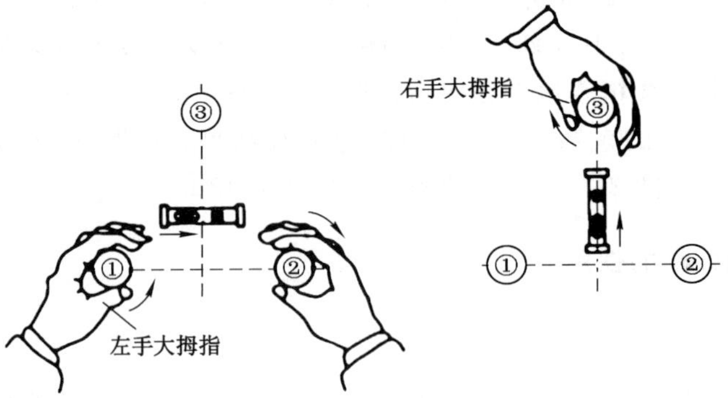

图 3-8　照准部水准管整平

④ 精确对中并精确整平后重新检查对中，如有少许偏离，可稍松开中心连接螺旋，在架头上平移仪器，使其精确对中后，及时拧紧中心连接螺旋，重新进行精确整平。

由于对中和整平相互影响，需要反复操作，最后满足既对中又整平的要求。

(2) 使用垂球对中法安置经纬仪

先张开三脚架置于测站点上，使其高度适中，在连接螺旋上挂上垂球，调整垂球线的长度，使垂球尖略高于测站点。

① 对中：移动三脚架使垂球尖大致对准测站点，架头大致水平，并将三脚架的各脚稳固地踩入土中，再将仪器连接到脚架上。若此时垂球尖偏离测站点较大，则需平移脚架，使垂球尖大致对准测站点，再踩紧脚架；若偏离较小，可稍松开中心连接螺旋，在架头上平移仪器，对中后及时旋紧中心连接螺旋。

② 整平：转动照准部，调节脚螺旋使照准部水准管气泡在相互垂直的两个方向上居中，达到精确整平的目的。

整平工作需要反复进行，直至水准管气泡在任何方向都居中为止。

垂球对中法受风力的影响很大，操作不方便，且精度较低，对中误差一般为 3 mm。光学对中不受风力影响，且精度较高，对中误差一般为 1 mm。

(二) 瞄准目标

测角时的照准标志，一般是竖立于测点的标杆、测钎、垂球线或觇牌，如图 3-9 所示。测量水平角时，以望远镜的十字丝竖丝瞄准照准标志，并尽量瞄准标志底部；而竖直角测量时，一般以望远镜的十字丝中横丝切标志的顶部。

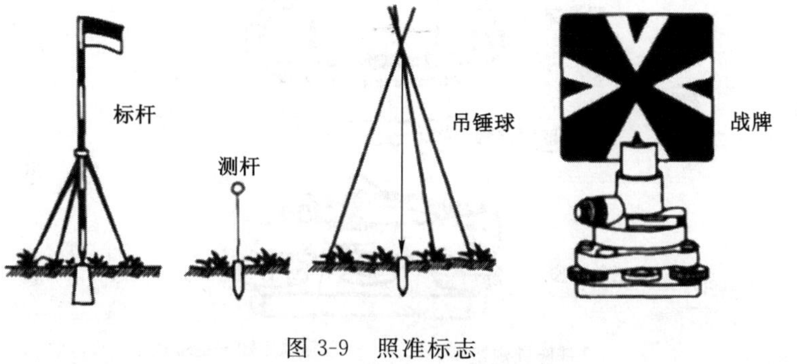

图 3-9　照准标志

瞄准时，先松开望远镜制动螺旋和照准部制动螺旋，将望远镜朝向白色或明亮的背景(如白墙或天空，但不能对准太阳)，调节目镜调焦螺旋使十字丝清晰，然后利用望远镜上的瞄准器，使目标位于望远镜视场内，固定望远镜和照准部制动螺旋，调节物镜调焦螺旋使目标影像清晰，上下或左右移动眼睛，观察目标像与十字丝之间是否有相对移动，如有移动，则存在视差，说明目标与十字丝成像不在同一平面上，需要重新进行目镜和物镜的调焦，直至消除视差为止。水平角观测时，转动望远镜和照准部微动螺旋，使十字丝竖丝的单丝平分目标或双丝夹准目标，如图 3-10(a)、(b)所示，垂直角观测时，使十字丝中丝横切目标，如图 3-10(c)所示。

(三) 读数

读数时先打开度盘照明反光镜，调整反光镜的角度和方向，使读数窗亮度适中，旋转读数显微镜的目镜使刻划线清晰，然后读数。

在水平角测量中，为了角度计算方便或减少度盘刻划误差的影响，通常需要将起始方向的水平度盘读数配置为 0°00′00″或某一预定值位置，此项工作称为配置度盘(配度盘)。

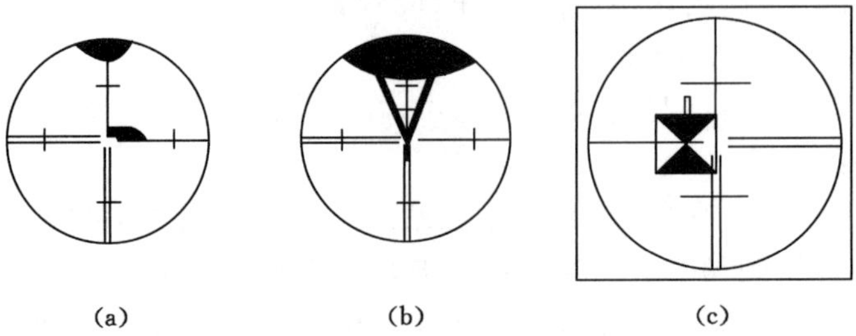

图 3-10　瞄准目标

第三节　电子经纬仪的构造及度盘读数

一、电子经纬仪的构造

各种型号的电子经纬仪的构造大致相同，主要由基座和照准部两部分组成，如图 3-11 所示。

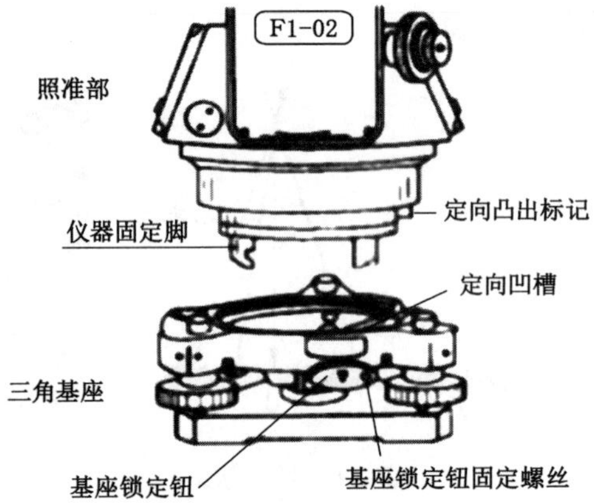

图 3-11　电子经纬仪的构造图

(1) 基座

基座用来支承整个仪器，并借助中心螺旋使经纬仪与脚架结合。其上有三个脚螺旋，用来整平仪器。竖轴轴套与基座固连在一起。拧紧基座连接螺旋后，可将照准部固定在基座上，使用仪器时，切勿松动该螺旋，以免照准部与基座分离而坠落。

(2) 照准部

照准部的旋转轴插在竖轴轴套内旋转，其几何中心线称竖轴。照准部上有支架、望远镜旋转轴颈、望远镜、横轴、望远镜制动螺旋、望远镜微动螺旋、竖直度盘。

照准部在水平方向的转动，由水平制动螺旋、水平微动螺旋控制；望远镜在纵向的转动，由望远镜制动螺旋、望远镜微动螺旋控制；照准部上有管状水准器，用以整平仪器。

二、电子经纬仪的使用

（一）开机

图 3-12 为 ET-02 电子经纬仪，其各部件名称已注记在图中。仪器面板如图 3-13 所示，右上角的[PWR]键为电源开关键。当仪器处于关机状态时，按下该键 2 s 后可打开仪器电源；当仪器处于开机状态时，按下该键 2 s 后可关闭仪器电源。仪器在测站上安置好后，打开仪器电源时，在显示窗中字符“HR”的右边显示当前视线方向的水平度盘读数，在显示窗中字符“V”的右边将显示“OSET”字符，它提示用户应指示竖盘指标归零，如图 3-14 所示。将望远镜置于盘左位置，向上或向下转动望远镜，当其视准轴通过水平视线位置时，显示窗中字符“V”右边的字符“OSET”将变成当前视准轴方向的竖直度盘读数值，即可进行角度测量。

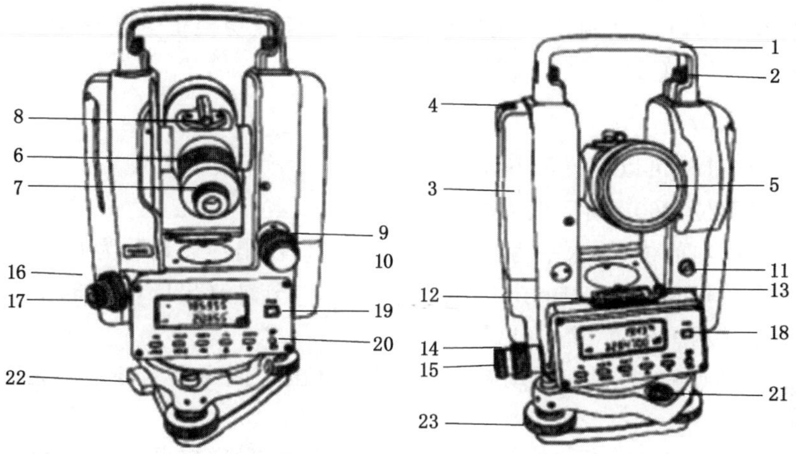

1—手柄；2—手柄固定器；3—电池盒；4—电池盒按钮；5—物镜；6—物镜调焦螺旋；7—目镜调焦螺旋；8—光学瞄准器；9—望远镜制动螺旋；10—望远镜微动螺旋；11—光电测距仪数据接口；12—管水准器；13—管水准器校正螺丝；14—水平制动螺旋；15—水平微动螺旋；16—光学对中器物镜调焦螺旋；17—光学对中器目镜调焦螺旋；18—显示器；19—电源开关键；20—显示窗照明开关键；21—圆水准器；22—轴套固定锁；23—脚螺旋。

图 3-12　ET-02 电子经纬仪

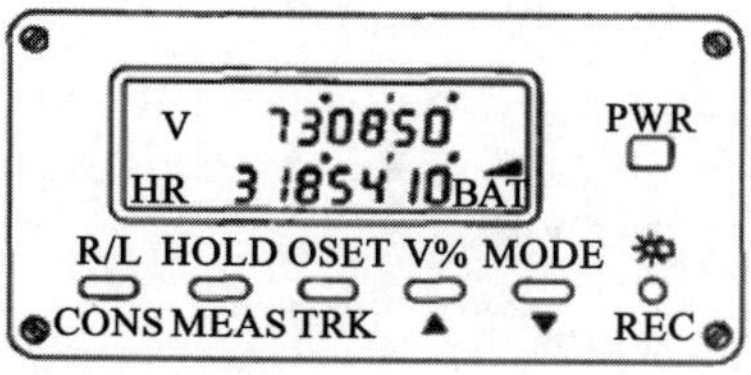

图 3-13　电子经纬仪操作面板

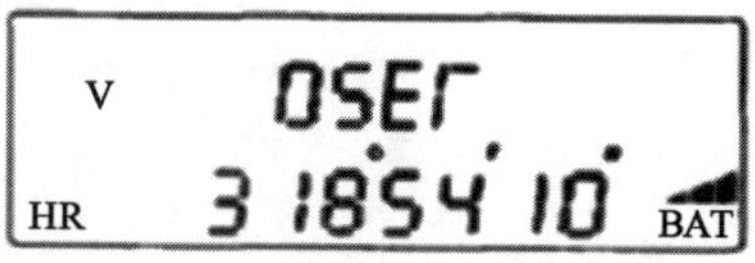

图 3-14　电子经纬仪开机显示内容

（二）键盘功能

除了电源开关键[PWR]，其余 6 个键都具有两种功能。一般情况下，仪器执行按键上方注记文字的第一功能（测角操作），如果先按[MODE]键，然后再按其余各键，则执行按键下方所注记文字的第二功能（测距操作）。下面只介绍第一功能键的操作。

[R/L]键：显示右旋/左旋水平角选择键，按[R/L] 键，可以使仪器在右旋和左旋之间切换。右旋等价于水平度盘为顺时针注记，左旋等价于水平度盘为逆时针注记。打开仪器电源时，仪器自动处于右旋状态，此时显示窗水平度盘读数前的字符为“HR”，表示右旋；按[R/L]键，仪器处于左旋，显示窗水平度盘读数前的字符为“HL”。

[HOLD]键：水平度盘读数锁定键。连续按该键两次，当前的水平度盘读数被锁定，此时转动照准部时，水平度盘读数值保持不变，再按一次[HOLD]键则解除锁定。该功能可以将所照准目标方向的水平度盘读数设置为已知角度值。其操作方法是，先转动照准部，当水平度盘读数接近已知角度值时，旋紧水平制动螺旋，转动水平微动螺旋，使水平度盘读数精确地等于已知角度值；连续按[HOLD]键两次，锁定水平度盘读数，精确照准目标后，再按一次[HOLD]键解除锁定，即完成水平度盘设置工作。

[OSET]键：水平度盘置零键。连续按该键两次，当前视线方向的水平度盘读数被置零。

[V%]键：竖直角以角度制显示或以斜率百分比显示切换键。按该键，可以使显示窗中“V”字符后竖直角以角度制显示或以斜率百分比显示。

（三）仪器的设置

ET-02 电子经纬仪可以设置如下内容：

① 角度测量单位：360°（出厂设为 360°）。

② 竖直角 0 方向的位置：水平为 0°或天顶为 0°（仪器出厂设天顶为 0°）

③ 自动断电关机时间为：30 min（分钟）或 10 min（分钟）（出厂设为 30 min）。

④ 角度最小显示单位：1″或 5″（出厂设为 1″）。

⑤ 竖盘指标零点补偿选择：自动补偿或不补偿（出厂设为自动补偿），无自动补偿的仪器此项无效。

⑥ 水平角读数经过 0°、90°、180°、270°象限时蜂鸣或不蜂鸣（出厂设为蜂鸣）。

⑦ 选择不同类型的测距仪连接（出厂设置为与南方测绘公司的 ND3000 红外测距仪连接）。

如果用户要修改上述仪器设置内容，可以在关机状态，按住[CONS]键不放，再按住[PWR]键 2 s 打开电源开关，至三声蜂鸣后松开[CONS]键。仪器进入初始设置模式状态，显示窗显示内容见图 3-15 所示。其中，第二行 8 个数位所表示的初始设置意义，如图 3-16 所示。

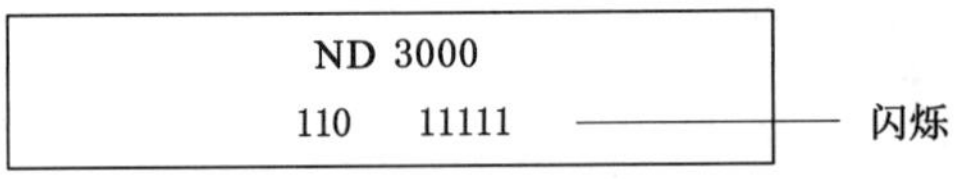

图 3-15 电子经纬仪开机设置显示内容

电子经纬仪在开机后，按[MEAS]或[TRK]键可使闪烁的光标向左或向右移动到要改变的数字位，按▲或▼键可使闪烁的数字在 0 与 1 之间变化，该数字所代表的设置内容在显示器上以字符代码的形式予以提示。设置完成后按[CONS]键予以确认，即可退出设置状态，返回正常测量模式。

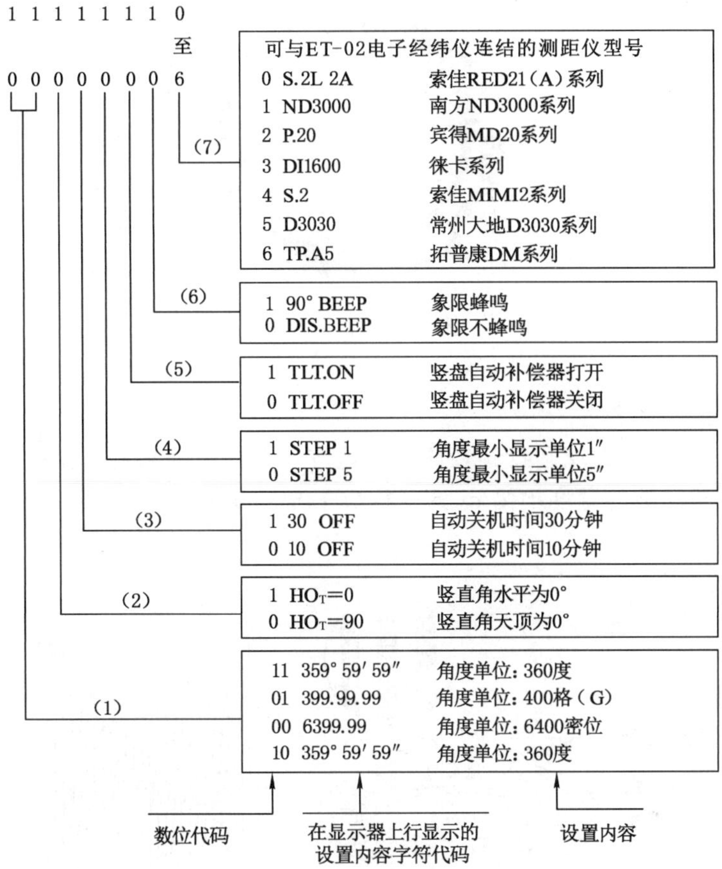

图 3-16　电子经纬仪的设置内容

三、电子经纬仪的读数系统

电子经纬仪的读数系统采用了电子测角系统和液晶显示。

电子测角系统从度盘上取得电信号，再转换成数字，并将测量结果储存在微处理器内，根据需要自动显示在显示屏上，实现了读数的自动化和数字化。

四、电子经纬仪的测角原理

电子经纬仪的测角系统有三种：编码度盘测角系统、光栅度盘测角系统和动态测角系统。

（一）编码度盘测角原理

编码度盘属于绝对式度盘，即度盘的每一个位置均可读出绝对的数值。如图 3-17 所示为一编码度盘。整个圆盘被均匀地分成 16 个扇形区间，每个扇形区间由里到外分成四个环带，称为四条码道。图中黑色部分表示透光区，白色部分表示不透光区。透光表示二进制代码“1”，不透光表示“0”。这样通过各区间的四条码道的透光和不透光，即可由里向外读出四位二进制数来。利用这样一种度盘测量角度，关键在于识别照准方向所在的区间。例如，已知角度的起始方向在区间 1 内，某照准方向在区间 8 内，则中间所隔六个区间所对应的角值即为该角角值。

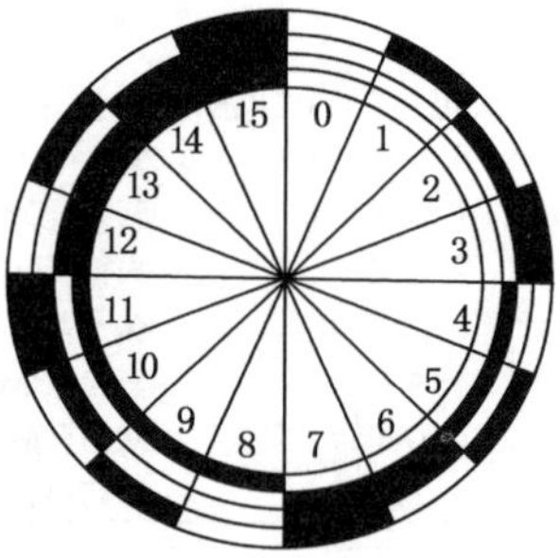

图 3-17　编码度盘

（二）光栅度盘测角原理

如图 3-18(a)所示，在玻璃圆盘的径向均匀地按一定的密度刻划有交替的透明与不透明的辐射状条纹，条纹与间隙的宽度均为 a，这就构成了光栅度盘。

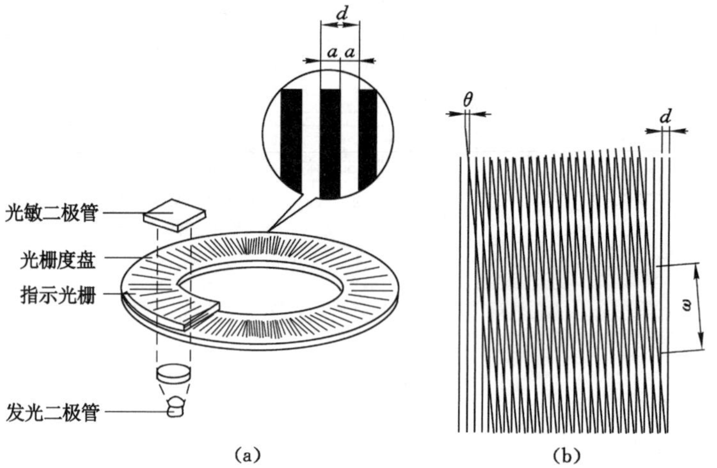

图 3-18　光栅度盘测角原理

如图 3-18(b)所示，如果将两块密度相同的光栅重叠，并使它们的刻线相互倾斜一个很小的角度 θ，就会出现明暗相间的条纹，这种条纹称莫尔条纹。莫尔条纹的特性是：两光栅的倾角 θ 越小，相邻明、暗条纹间的间距 ω（简称纹距）就越大，其关系为：

$$\omega = \frac{d}{\theta}\rho' \tag{3-3}$$

式中，θ 的单位为（$'$），$\rho'=3\ 438$。例如，当 $\theta=20'$时，$\omega=172d$，即纹距 ω 比栅距 d 大 171 倍。这样，就可以对纹距进一步细分，以达到提高测角精度的目的。

当两光栅在与其刻线垂直的方向相对移动时，莫尔条纹将作上下移动。当相对移动一条刻线距离时，莫尔条纹则上下移动一周期，即明条纹正好移到原来邻近的一条明条纹上。

为了在转动度盘时形成莫尔条纹，在光栅度盘上安装有固定的指示光栅。指示光栅与度盘下面的发光管和上面的光敏二极管固连在一起不随照准部转动。光栅度盘与全站仪的照准部固连在一起，当光栅度盘与照准部一起转动时，即形成莫尔条纹。

随着莫尔条纹的移动，光敏二极管将产生按正弦规律变化的电信号，将此电信号整形，可变为矩形脉冲信号，对矩形脉冲信号计数即可求得度盘旋转的角值。

测角时，在望远镜瞄准起始方向后可使仪器中心的计数器为 0°（度盘置零）。在度盘随望远镜瞄准第二个目标的过程中，对产生的脉冲进行计数，并通过译码器化算为度、分、秒送至显示窗口显示出来。

（三）动态测角原理

如图 3-19 所示，度盘刻有 1 024 个分划，每个分划间隔包括一条刻线和一个空隙（刻线不透光，空隙透光），其分划值为 φ。测角时度盘以一定的速度旋转，因此称为动态测角。度盘上装有两个指示光栏，L_S 为固定光栏，L_R 可随照准部转动，为可动光栏。两光栏分别安装在度盘的内、外缘。测角时，可动光栏 L_R 随照准部旋转，L_S 和 L_R 之间构成角度 φ。度盘在电动机带动下以一定的速度旋转，其分别被光阑上 L_S 和 L_R 扫描而计取两个光栏之间的分划数，从而求得角度值。

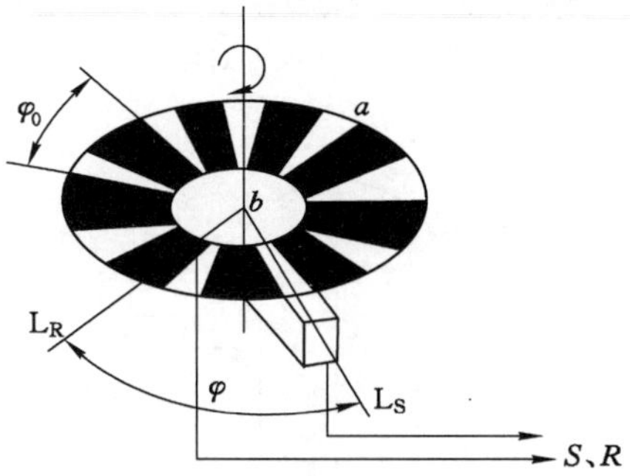

图 3-19 动态测角原理

第四节 水平角观测

一、仪器的安置、对中和整平

（一）仪器的安置

在地面放置三脚架，架设脚架头至适当高度，以方便观测操作。将垂球挂在三脚架的挂钩上，使脚架头尽量水平地移动脚架位置并让垂球粗略对准地面测量中心，然后将脚尖插入地面使其稳固，检查脚架各固定螺丝固紧后，将仪器置于脚架头上并用中心连接螺丝连接固定。

（二）仪器的对中

对中的目的是将经纬仪的纵轴安置到测站点中心的铅垂线上。操作方法如下：按观测者的身高调整好脚架腿的长度，张开三脚架，使三个脚尖的位置大致与地面的测站点等距离，并使三脚架头大致水平，如图 3-20 所示。从仪器箱中取出经纬仪，放到三脚架头上，一手握住经纬仪把手，一手将三脚架上的连接螺旋旋入经纬仪基座中心螺孔，然后用垂球或经纬仪的光学对中器对中，如图 3-21 所示。

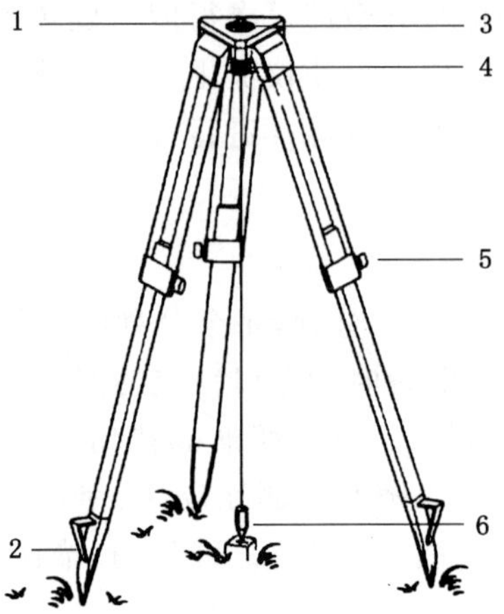

1—三脚架头；2—三脚架脚尖；3，4—连接螺旋；5—脚架腿伸缩制动螺旋；6—垂球。

图 3-20 垂直对中

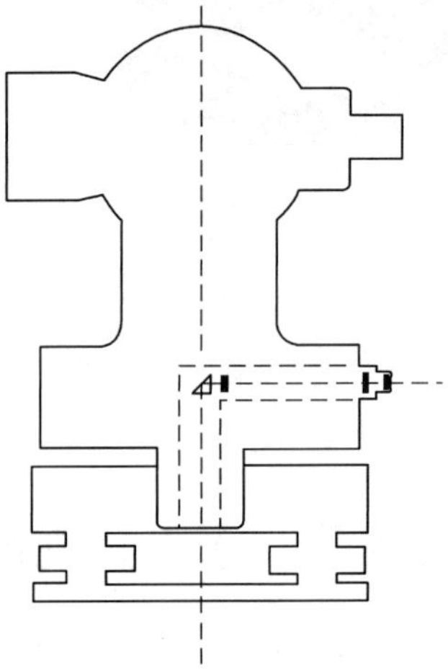

图 3-21 光学对中

(1) 用垂球对中

把垂球挂在连接螺旋中心的挂钩上，调节垂球线长度，使垂球尖离地面点约 5 mm。如果与地面点中心的偏差较大，可平移三脚架，使垂球尖大致对准地面点中心，将三脚架的脚尖踩入土中(在硬性地面上，则用力踩紧一下)，使三脚架稳定。当垂球尖与地面点中心偏差不大时，可稍放松连接螺旋，在三脚架头上移动仪器，使垂球尖对准地面点，然后将连接螺旋转紧。用垂球对中的误差应小于 2 mm。

(2) 用光学对中器对中

光学对中器也是一个小望远镜，操作如下：

① 调整仪器三个脚螺旋使圆水准器气泡居中。通过对中器目镜观察，调整目镜环，使对中分划标记清晰。

② 调整对中器的调焦手轮，直至地面测量标志中心清晰并与对中分划标记在同一成像平

面内。

③ 松开脚架中心螺丝(松至仪器能移动即可),通过光学对中器观察地面标志,小心地平移仪器(勿旋转),直到对中十字丝(或圆点)中心与地面标志中心重合。

④ 调整脚螺旋,使圆水准器的气泡居中。

⑤ 通过光学对中器,观察地面标志中心是否与对中器中心重合,否则重复③和④操作,直至重合为止。

⑥ 确认仪器对中后,将中心螺丝旋紧固定好仪器。

光学对中的精度比垂球对中的精度高。在风力较大的情况下,垂球对中的误差将会较大,这时应使用光学对中法安置仪器。

(三) 仪器的整平

整平是利用基座上三个脚螺旋(或称整平螺旋)使照准部水准管气泡居中,从而使竖轴竖直和水平度盘水平,操作方法如下:

① 松开水平制动螺旋,转动照准部使水准管大致平行于任意两个脚螺旋,如图 3-22(a)所示,两手同时向内或向外转动脚螺旋,使气泡严格居中。气泡移动方向与左手大拇指转动方向相一致。

② 将照准部旋转约 90°,如图 3-22(b)所示,旋转另一个脚螺旋,使气泡严格居中。

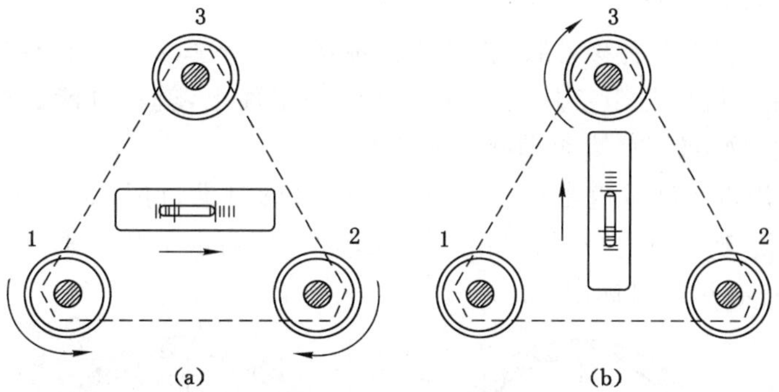

图 3-22　转动脚螺旋整平仪器

经过以上操作重复 1～2 次,如果水准管操作正确,则照准部旋转到任何位置时,水准管气泡总是居中的,其允许偏差应小于 1 格。

二、照准标志及瞄准方法

角度观测时,地面的目标点上必须设立照准标志后才能进行瞄准。照准标志一般是竖立于地面点上的标杆、测钎或架设于三脚架上的觇牌,如图 3-23 所示。标杆适用于离测站较远的目标,测钎适用于较近的目标,觇牌为较理想的照准标志,远近都适用。

用望远镜瞄准目标的方法和步骤如下:

① 目镜调焦:将望远镜对向白色或明亮背景(例如白墙或天空),转动目镜调焦螺旋,使十字丝最清晰。

② 寻找目标:松开水平和垂直制动螺旋,通过望远镜上的瞄准器大致对准目标,然后拧紧水平和垂直制动螺旋。

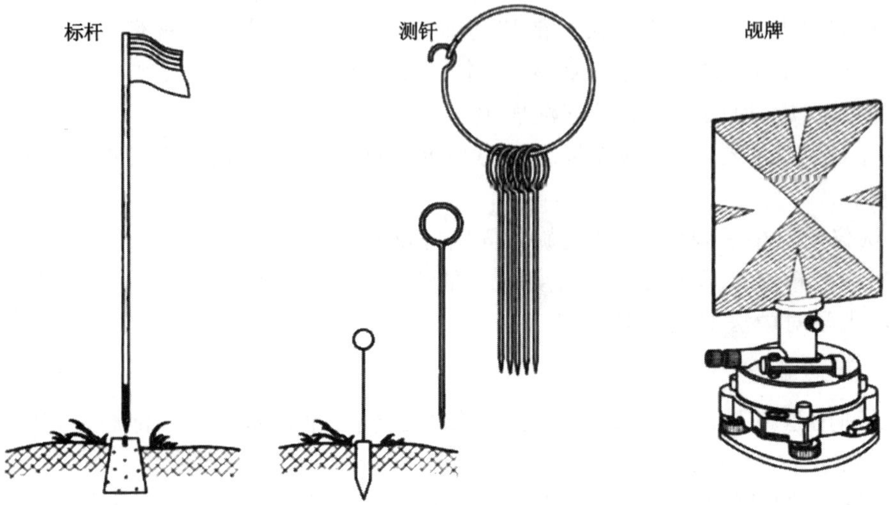

图 3-23　照准标志

③ 物镜调焦:转动物镜调焦环,使目标的像最清晰,旋转水平或垂直微动螺旋,使目标像靠近十字丝,如图 3-24(a)所示。

④ 消除视差:上下或左右移动眼睛,观察目标像与十字丝之间是否有相对移动;发现有移动,则存在视差,说明目标与十字丝的成像不在同一平面上,就不可能进行精确的瞄准目标。因此,需要重新进行物镜调焦,直至消除视差为止。

⑤ 精确瞄准:用水平和垂直微动螺旋使十字丝精确对准目标,如图 3-24(b)所示;观测水平角时,以纵丝对准;观测垂直角时,以横丝对准;同时观测水平角和垂直角时,二者必须同时对准,即以十字丝中心对准目标中心.

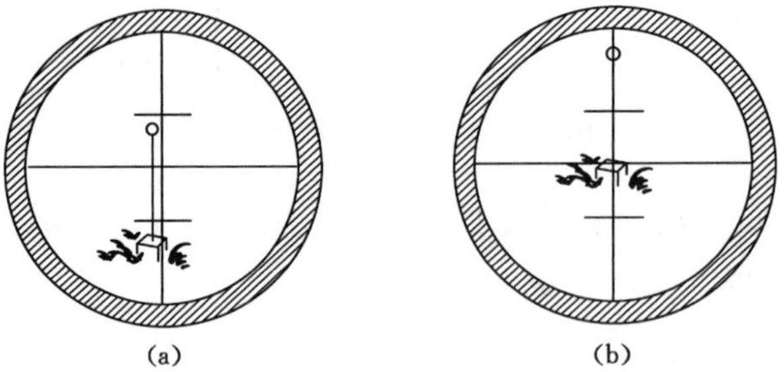

图 3-24　瞄准目标

三、水平角观测方法

水平角的观测方法一般根据目标的多少而定,常用的方法有测回法和方向观测法两种。

(一) 测回法

如图 3-25 所示,A、O、B 分别为地面上的三点,欲测定 OA 与 OB 之间的水平角,采用测回法观测,其操作步骤如下:

① 将经纬仪安置在站点 O 上，并对中、整平。

② 盘左位置（竖盘在望远镜目镜端的左边，又称为正镜），瞄准目标 A，将水平度盘配置在 $0°00'$ 或稍大于 $0°$ 的位置，读取读数 $a_{左}$ 并记入手簿；顺时针旋转照准部，瞄准目标 B，读数并记录 $b_{左}$，则上半测回角值 $\beta_{左}=b_{左}-a_{左}$

③ 倒转望远镜成盘右位置（竖盘在望远镜目镜端的右边，又称为倒镜），瞄准目标 B，读得 $b_{右}$ 并记入手簿；逆时针方向旋转照准部，瞄准目标 A，读数并记录 $a_{右}$，则下半测回角值 $\beta_{右}=b_{右}-a_{右}$。

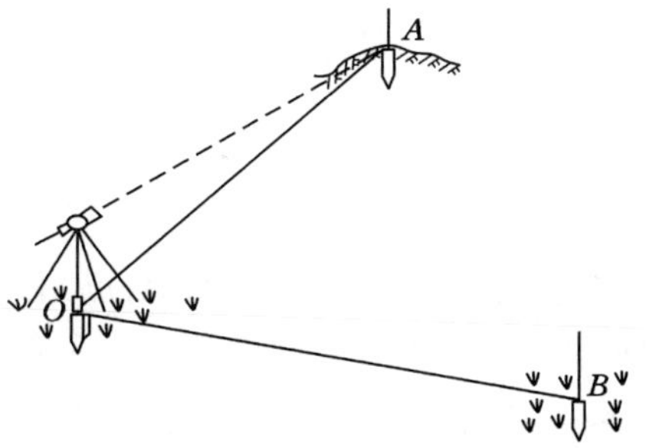

图 3-25　测回法测水平角

上、下半测回构成一个测回。表 3-1 为测回法观测记录格式。对于 DJ_6 光学经纬仪，若上、下半测回角度之差 $\Delta\beta=\beta_{左}-\beta_{右}\leqslant\pm40''$，则取 $\beta_{左}$、$\beta_{右}$ 的平均值作为该测回的角值，即 $\beta=\dfrac{\beta_{左}+\beta_{右}}{2}$。此法适用于观测两个目标所构成的单角。

表 3-1　测回法观测手簿

作业日期＿＿＿＿＿＿仪器型号＿＿＿＿＿＿观测者＿＿＿＿＿＿

天　　气＿＿＿＿＿＿成　　像＿＿＿＿＿＿记录者＿＿＿＿＿＿

测站	竖盘位置	目标	水平度盘读数 /(° ′ ″)	半测回角值 /(° ′ ″)	一测回角值 /(° ′ ″)	各测回平均值 /(° ′ ″)
O	左	A	0 01 54	84 08 06	84 08 00	
		B	84 10 00			
	右	A	180 01 24	84 07 54		
		B	264 09 18			

在测回法测角中，仅测一个测回可以不配置度盘起始位置。但为了计算的方便，可将起始目标读数配置在 0°或稍大于 0°处。在需要对某角度测多个测回时，为了减小水平度盘分划误差的影响，各测回盘左起始方向（零方向）应根据测回数 n，按 $180°/n$ 的间隔变换度盘位置。

（二）方向观测法

在一个测站上需要观测的方向为三个或三个以上时，采用方向观测法，又称为全圆测回法。如图 3-26 所示，O 为测站点，A、B、C、D 为四个目标点，欲测定测站点 O 到 A、B、C、D 各方向之间的水平角，采用方向观测法，其步骤如下。

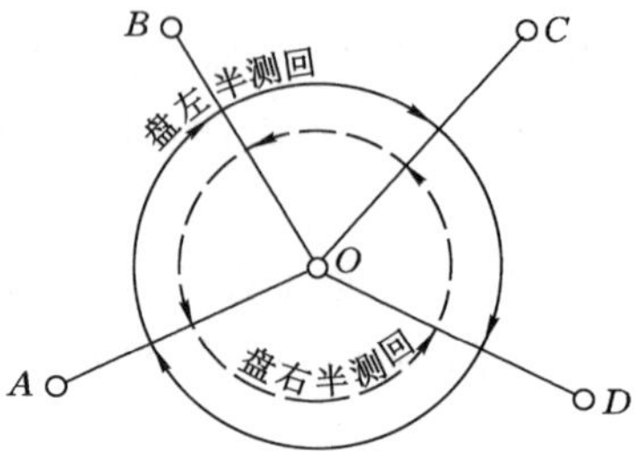

图 3-26　方向观测法测水平角

(1) 观测步骤

① 将经纬仪安置于测站点 O，对中、整平。

② 盘左位置：选定一距离较远、目标明显的点（如 A 点）作为起始方向，将水平度盘读数配置在稍大于 0°处，读取此时的读数；松开水平制动螺旋，顺时针方向依次照准 B、C、D 三个目标点读数；最后再次瞄准起始点 A 并读数，称为归零。每观测一个方向均将度盘读数计入表 3-2 的方向观测法手簿。以上称为上半测回。两次瞄准 A 点的读数之差称为"归零差"，其值应满足表 3-3 中的限差要求，否则应重测。

③ 倒转望远镜成盘右位置：先瞄准起始目标 A，并读数；然后按逆时针方向依次照准 D、C、B、A 各目标，并读数。以上称为下半测回，其归零差仍应满足规定要求。上、下半测回构成一个测回。

(2) 记录、计算

① 记录：表 3-2 为方向观测法手簿。盘左各目标的读数按从上往下的顺序记录，盘右各目标读数按从下往上的顺序记录。

② 两倍照准误差 $2c$ 的计算：按下式依次计算表 3-2 中各目标的 $2c$ 值：

$$2c = \text{盘左读数} - (\text{盘右读数} \pm 180°) \tag{3-4}$$

对于同一台仪器，在同一测回内，各方向的 $2c$ 值应为一个定值。若有变化，其变化值不应超过表 3-3 中规定的范围。

③ 平均读数的计算：按式(3-5)依次计算各方向平均读数，即以盘左读数为准，将盘右读数加或减 180°后和盘左读数取平均。

$$\text{平均读数} = \frac{\text{盘左读数} + (\text{盘右读数} \pm 180°)}{2} \tag{3-5}$$

起始方向有两个平均读数值，应再次取平均作为起始方向的平均读数。

④ 归零方向值的计算：在同一测回内，分别将各方向的平均读数减去起始目标的平均读数，得一测回归零后的方向值。起始方向的归零方向值必须为 $0°00'00''$。

⑤ 各测回平均方向值的计算：当一个测站观测两个或两个以上测回时，应检查同一方向值各测回的互差，其限差应满足表 3-3 的要求。若符合要求，取各测回同一方向归零后方向值的平均值作为最后结果。

⑥ 水平角的计算：相邻方向值之差即为两相邻方向所夹的水平角。

表 3-2　方向观测法手簿

作业日期________________仪器型号________________观测者________________

天　　气________________成　　像________________记录者________________

测站	测回数	目标	水平度盘读数/(° ′ ″)		2c /(″)	平均读数 /(° ′ ″)	一测回零方向值/(° ′ ″)	各测回平均方向值/(° ′ ″)	角值 /(° ′ ″)
			盘左	盘右					
O	1	A	0 00 48	180 00 24	+24	(0 00 33) 0 00 36	0 00 00	0 00 00	89 29 46
		B	89 30 24	269 30 06	+18	89 30 15	89 29 42	89 29 46	73 00 28
		C	162 31 18	342 31 00	+18	162 31 09	162 30 36	162 30 32	75 55 28
		D	238 26 54	58 26 30	+24	238 26 42	238 26 09	238 26 00	121 34 00
		A	0 00 42	180 00 18	+24	0 00 30			
		⊿	−6	−6					
O	2	A	90 01 06	270 00 42	+24	(90 00 51) 90 00 34	0 00 00		
		B	179 30 48	359 30 36	+12	179 30 42	89 29 51		
		C	252 31 30	72 31 06	+24	252 31 18	162 30 27		
		D	328 26 48	148 26 36	+12	328 26 42	238 25 51		
		A	90 01 00	270 00 36	+24	90 00 48			
		⊿	−6	−12					

表 3-3　水平角方向观测法的技术要求

等级	仪器精度等级	光学测微器两次重合读数之差/(″)	半测回归零差/(″)	一测回 2c 互差/(″)	同一方向值各测回较差/(″)
四等及以上	1″级仪器	1	6	9	6
	2″级仪器	2	8	13	9
一级及以下	2″级仪器	—	12	18	12
	6″级仪器	—	18	—	24

注：① 全站仪、电子经纬仪水平角观测时，不受光学测微器两次重合读数之差指标的限制；

② 当观测方向的垂直角超过±3°的范围时，该方向 2c 互差可按相邻测回方向进行比较；其值应满足表中一测回内 2c 互差的限值。

表 3-3 为《工程测量规范》中规定的方向观测法技术要求。在水平角观测中，要及时进行检查，发现超限，应予重测。

采用方向观测法测水平角时，如方向数为 3 个，可以不归零。若需要观测多个测回，各测回间应根据测回数 n，按 $180°/n$ 的间隔变换度盘起始位置。

第五节　竖直角观测

一、竖直角测量原理

竖直角是同一竖直面内视线与水平线间的夹角，其角值为 0°～±90°。如图 3-27 表示一竖直角观测剖面，O-O'为水平线。视线向上倾斜，竖直角为仰角，符号为正；视线向下倾斜，竖直角为俯角，符号为负。

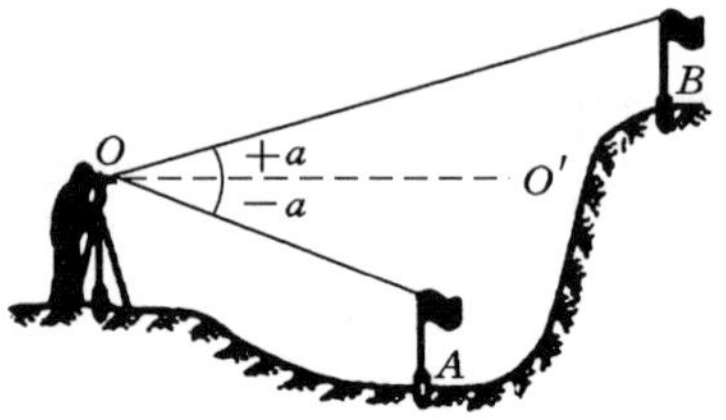

图 3-27　竖直角观测

二、竖直角的读数显示

（一）竖直角的零方向设置

竖直角在作业开始前就应依作业需要而进行初始设置，选择天顶方向为 0°或水平方向为 0°。一般仪器出厂设置为天顶方向为零方向。两种设置的竖盘结构如图 3-28 所示。

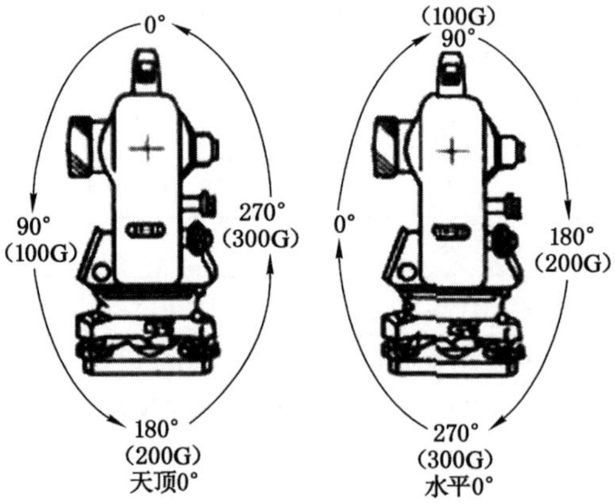

图 3-28　竖直角零方向设置

（二）天顶距与垂直角的测量

① 天顶距：如竖直角选择天顶方向为 0°，测得（显示）的竖直角 V 为天顶距。

② 垂直角：如竖直角选择水平方向为 0°，则测得（显示）的竖直角 V 为垂直角。

三、竖直角的观测与计算

一般要测得比较精确的竖直角，至少要用盘左和盘右各观测一次，这称为一个测回。这样做可以减小误差，提高观测精度。竖直角的观测和计算方法如下(以经Ⅲ型经纬仪为例)：

① 先在测站点上安置经纬仪，用盘左瞄准目标点 B，使十字丝横丝切于目标顶，转动竖盘指标水准管微动螺旋，使竖盘指标水准管气泡居中，进行读数。设盘左读数 $L=55°59'30''$，将其记入竖直角观测记录手簿(表 3-4)中。

② 倒转望远镜，用盘右位置再瞄准 B 点，使竖盘指标水准管气泡居中后，进行读数。设盘右读数 $R=304°01'50''$，记入表 3-4 中。

表 3-4 竖直角观测记录手簿

测站	目标	竖盘位置	竖盘读数 /(° ′ ″)	半测回竖直角 /(° ′ ″)	指标差 x $\frac{1}{2}(\delta_R-\delta_L)$	一测回竖直角 /(° ′ ″)	备注
A	B	左	55 59 30	34 00 30	40″	34 01 10	经Ⅲ型经纬仪 计算公式： $\delta=\frac{\delta_R+\delta_L}{2}$ $x=\frac{\delta_R-\delta_L}{2}$
		右	304 01 50	34 01 50			
	C	左	100 16 10	−10 16 10	1′	−10 15 10	
		右	259 45 50	−10 14 10			

③ 计算竖直角 δ。竖直角 δ 是观测目标的读数与望远镜视准轴水平时的竖盘读数(即 0°、90°、180°、270°)之差。但哪个是被减数，哪个是减数，则应按竖盘的注记形式来确定。为此，在观测之前，将望远镜大致放平，读取竖盘读数。然后将望远镜上仰，若读数增大，则竖直角等于瞄准目标时的读数减去视线水平时的读数；若读数减小，则竖直角等于视线水平时的读数减去瞄准目标时的读数。

经Ⅲ型经纬仪的竖盘为顺时针刻划，竖直角计算公式为：

盘左
$$\delta_L=90°-L \tag{3-6}$$
盘右
$$\delta_R=R-270° \tag{3-7}$$

将盘左、盘右取中数，则一测回竖直角为：

$$\delta=\frac{1}{2}(\delta_L+\delta_R) \tag{3-8}$$

表 3-4 中，目标 B 的竖直角为：

$$\delta_L=90°-L=90°-55°59'30''=34°00'30'' \tag{3-9}$$

$$\delta_R=R-270°=304°01'50''-270°=34°01'50'' \tag{3-10}$$

$$\delta=\frac{1}{2}(\delta_L+\delta_R)=\frac{1}{2}(34°00'30''+34°01'50'')=34°01'10'' \tag{3-11}$$

如果在一个测站上观测多个方向的竖直角，则在盘左顺时针依次照准各目标，而在盘右时逆时针依次照准各目标；读数、记录方法同上(如表 3-4 中所列目标 C 的观测值和计算值)。

四、竖盘指标自动归零的补偿装置

竖盘指标自动归零补偿器，就是在仪器竖盘光路中安装一个补偿器，当仪器竖轴偏离铅垂线的角度在一定范围内时，通过补偿器仍能读到相当于在标准状态下的竖盘读数。竖盘指标自动归零补偿器可以显著地提高竖盘读数的速度。

竖盘补偿装置的构造有多种，图 3-29(a)所示是其中的一种，它在指标 A 和竖盘间悬吊一透镜，当视线水平时，指标 A 处于铅垂位置，通过透镜 O 读出正确读数，如 90°。当仪器稍有倾斜，指标处于不正确位置 A' 处，但悬吊的透镜因重力作用而由 O 移到 O' 处，此时，指标 A' 通过透镜 O' 的边缘部分折射，仍能读出 90°的读数，从而达到竖盘指标自动归零的目的，如图 3-29(b)所示。竖盘指标自动归零的补偿范围一般为 2′。

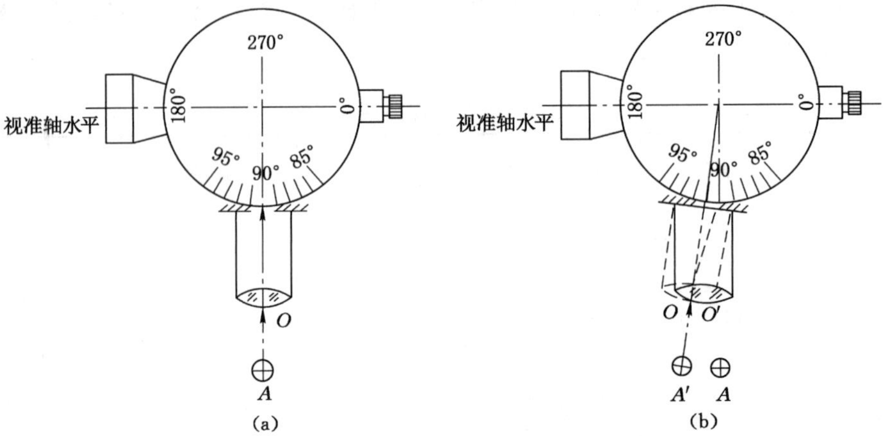

图 3-29　竖盘自动补偿装置

第六节　经纬仪的检验和校正

一、经纬仪的主要轴线及应满足的几何条件

如图 3-30 所示，经纬仪的主要轴线有：照准部水准管轴 LL、仪器旋转轴(竖轴)VV、望远镜视准轴 CC、望远镜旋转轴(横轴)HH。各轴线间应满足的几何条件有：

① 照准部水准管轴应垂直于仪器竖轴，即 $LL \perp VV$。

② 望远镜视准轴应垂直于横轴，即 $CC \perp HH$。

③ 横轴应垂直于竖轴，即 $HH \perp VV$。

④ 十字丝竖丝应垂直于横轴。

此外，经纬仪竖盘指标差应为零，光学对中器的光学垂线应与仪器竖轴重合。

仪器在出厂时虽经检验合格，但由于在搬运和长期使用过程中的震动、碰撞等原因，各项条件往往会发生变化。因此，在使用经纬仪之前必须进行检验和校正。经纬仪检验和校正的项目较多，但通常只进行主要轴线间几何关系的检校。

二、经纬仪轴线的检验和校正

经纬仪轴线的检验和校正一般按下列步骤和方法进行。

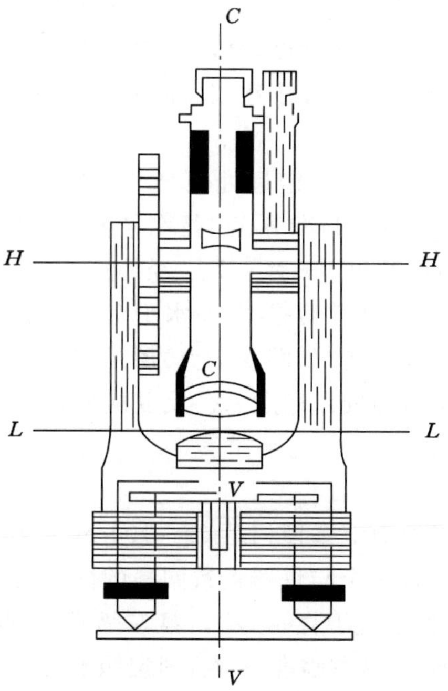

图 3-30　经纬仪的主要轴线

（一）十字丝竖丝垂直于横轴的检验与校正

若此条件不满足，用竖丝不同的部位瞄准目标，所获得的水平度盘读数不同。

① 将仪器整平后，用十字丝交点精确瞄准远处明显的目标点 A，固定水平制动螺旋和望远镜制动螺旋，转动望远镜微动螺旋，使望远镜上仰或下俯。如果目标点始终在竖丝上移动，说明条件满足，如图 3-31(a)所示。否则，需要进行校正，如图 3-31(b)所示。

② 与水准仪中横丝垂直于竖轴的校正方法相同，但此时应使竖丝竖直。取下十字丝环的保护盖，微微旋松十字丝环的四个固定螺丝，转动十字丝环，如图 3-31(c)所示，直至望远镜上仰下俯时竖丝与点状目标始终重合为止。最后，拧紧各固定螺丝，并旋上保护盖。

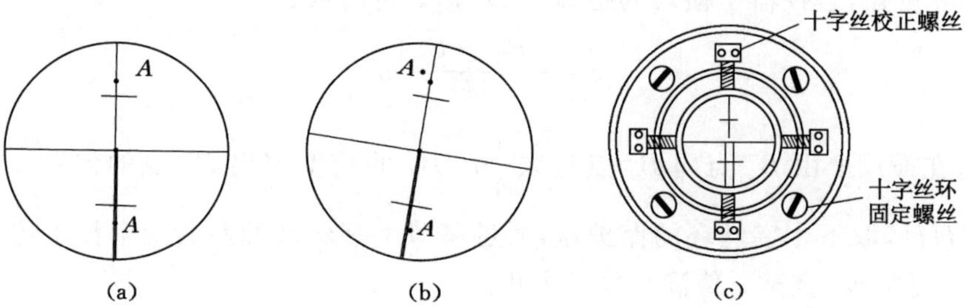

图 3-31　十字丝竖丝检验

（二）视准轴垂直于横轴的检验与校正

若视准轴不垂直于横轴，望远镜绕横轴旋转时，视准面不是一个平面，而是圆锥面。视准轴不垂直于横轴时，其偏离垂直位置的角度称为视准轴误差，用 c 表示。

对于双指标读数仪器，由于采用对径分划符合读数设备，可以有效消除度盘偏心差的影响。而对于单指标读数仪器，读数中包含度盘偏心差的影响，应分别采用盘左盘右瞄点法和四分之一法，进行双指标读数仪器和单指标读数仪器的视准轴垂直于横轴的检校。

(1) 盘左盘右瞄点法

检验时，在地面一点安置经纬仪，选定远处一个与仪器大致同高的明显目标点 A。盘左瞄准 A 点，得水平度盘读数 $\alpha_{左}$；盘右瞄准 A 点，得水平度盘读数 $\alpha_{右}$。若 $\alpha_{左}=\alpha_{右}\pm180°$，说明条件满足。否则，应按式(3-5)计算出 c。对于 DJ_6 经纬仪，若 $|c|>1'$，需进行校正。

校正时，在盘右位置调节照准部微动螺旋，使水平盘读数为 $\alpha_{右}+c$，此时十字丝交点已偏离目标点 A。取下十字丝环的保护盖，如图 3-31(c)所示，通过调节十字丝环左右两个校正螺丝，一松一紧，使十字丝交点重新照准目标点 A。反复检校，直至 c 值满足要求为止。最后，拧紧各固定螺丝，并旋上保护盖。

(2) 四分之一法

如图 3-32(a)所示，在平坦地面上选择相距 60～100 m 的 A、B 两点，将经纬仪安置在 A、B 连线的中点 O 处，在 A 点设置一个与仪器大致同高的标志，在 B 点与仪器大致同高处横置一支有毫米刻度的直尺，并使其垂直于直线 OB。盘左瞄准 A 点，固定照准部，倒转望远镜在 B 点横尺上用竖丝读得读数 B_1。盘右瞄准 A 点，固定照准部，倒转望远镜在 B 点横尺上读得 B_2，如图 3-32(b)所示。若 B_1、B_2 两点重合，说明条件满足；否则，需要校正。

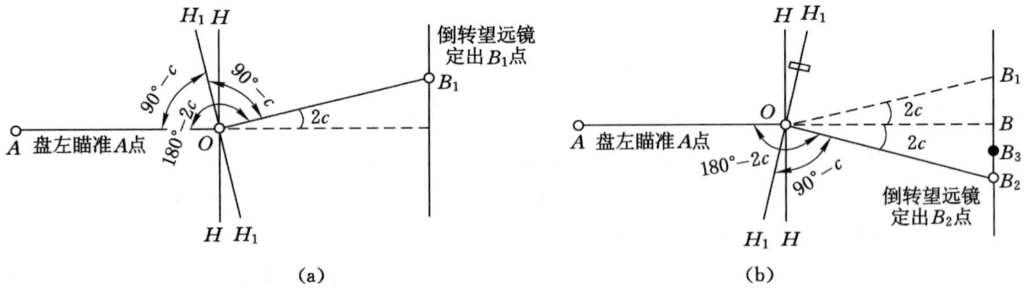

图 3-32 视准轴误差检校

由图 3-32 可知，若仪器至横尺的距离为 D，则 c 可写成：

$$c=\frac{|B_2-B_1|}{4D}\rho'' \tag{3-12}$$

校正时，在横尺上由 B_2 点向 B_1 点量取 $\frac{1}{4}B_1B_2$ 的长度定出 B_3 点的位置。此时 OB_3 便垂直于横轴 HH，取下十字丝环的保护盖，通过调节十字丝环的左右两个校正螺丝，使十字丝交点对点。反复检校，直至 c 值满足要求为止。

(三) 横轴垂直于竖轴的检验与校正

横轴不垂直于竖轴，其偏离正确位置的角度 i 称为横轴误差。若仪器存在横轴误差，当竖轴竖直时，纵转望远镜，视准面不是一个竖直面，而是一个倾斜面。

① 如图 3-33 所示，在墙面上设置一明显的目标点 M，在距墙面 20～30 m 处安置经纬仪，使望远镜瞄准目标点 M 的仰角在 30°以上。盘左瞄准 M 点，固定照准部，待竖盘指标水准管

气泡居中后，读取竖盘读数 L，然后放平望远镜，使竖盘读数为 90°，在墙上定出一点 m_1。盘右位置瞄准 M 点，固定照准部，读得竖盘读数 R，放平望远镜，使竖盘读数为 270°，在墙上定出另一点 m_2，若 m_1、m_2 两点重合，说明条件满足。横轴不垂直于竖轴所构成的倾斜角 i 按下式计算：

$$i=\frac{m_1m_2\rho''}{2D}\cot\alpha \tag{3-13}$$

式中　α——M 点的竖直角，通过瞄准 M 点时所得的 L 和 R 算出；

D——仪器至 M 点的水平距离。

当计算出的横轴误差 $i>20''$时，必须校正。

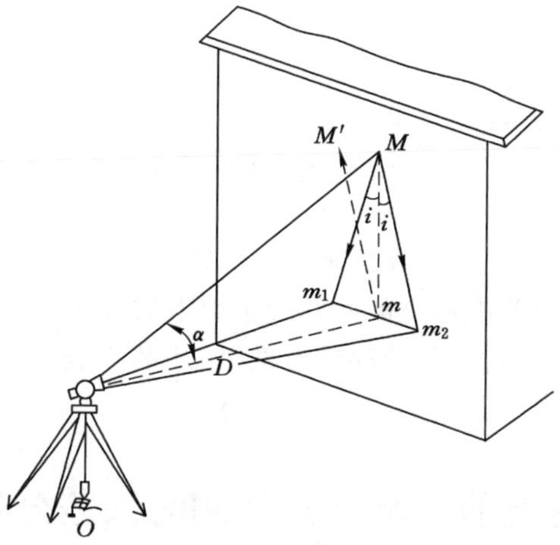

图 3-33　横轴误差检验

② 校正方法：在图 3-33 中，瞄准墙上 m_1、m_2 两点的中点 m，再将望远镜上仰。此时，十字丝交点必定偏离 M 点而照准 M'点，打开仪器的支架护盖，通过调节横轴一端支架上的偏心环，升高或降低横轴的一端，移动十字丝交点精确照准 M 点。由于横轴是密封的，故校正应由专业维修人员进行。

（四）竖盘指标差的检验与校正

① 检验：安置好经纬仪，用盘左盘右分别瞄准大致水平的同一目标，读取竖盘读数 L 和 R（注意，读数前使竖盘指标水准管气泡居中）。对于 DJ_6 经纬仪，当$|x|$超过 1′时，应进行校正。

$$x=\frac{1}{2}[(L+R)-360°]=\frac{1}{2}(\alpha_R-\alpha_L) \tag{3-14}$$

② 校正：盘右位置，仍照准原目标，调节竖盘指标水准管微动螺旋，使竖盘读数对准正确读数 $R-x$。此时，竖盘指标水准管气泡不再居中，调节竖盘指标水准管校正螺丝，使气泡居中。

此项检校需反复进行，直到 x 在规定范围内为止。

（五）光学对中器的检验与校正

检校的目的是使光学垂线与仪器旋转轴（竖轴）重合，如图 3-34(b)所示。

(1) 检验：如图 3-34(a)所示，在地面上放置一张白纸，在白纸上标出一点 A，以 A 点为对中标志,按光学对中的方法安置仪器,然后将照准部旋转 180°,若光学对中器分划圈中心对准 B 点,说明光学对中器光学垂线与竖轴不重合,需进行校正。

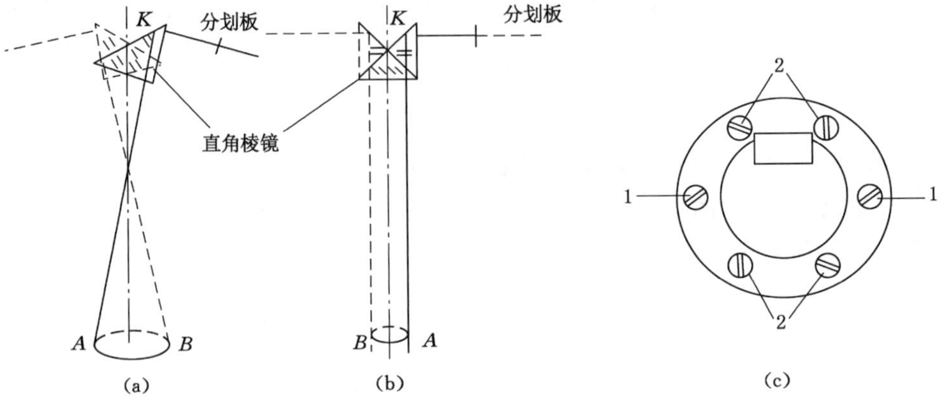

图 3-34 光学对中器检校

(2) 校正:仪器类型不同,校正部位也不同。有的校正直角转向棱镜,有的校正光学对中器分划板。图 3-34(c)是位于照准部支架间圆形护盖下的校正螺丝。校正时,通过调节相应的校正螺丝 1 或使分划圈中心左右或前后移动对准 A、B 的中点,反复 1～2 次,直到照准部转到任何位置,光学对中器分划圈中心始终对准 A 点为止。

第七节 水平角观测的误差分析

一、经纬仪照准部偏心差的影响

照准部旋转中心应与水平度盘刻度中心重合。设 C 为度盘刻度中心,C'为照准部旋转中心,二者并不重合,称为照准部偏心差,如图 3-35 所示。此时,经纬仪瞄准目标 A 和 B 时的实际读数为 a_1'和 b_1',而实际读数应为 a_1 和 b_1,分别增加了 x_a 和 x_b,称为偏心读数误差。在度盘不同位置上读数,偏心读数误差是不相同的。因此,在两个方向的读数相减以计算角度时,偏心读数误差不能得到抵消。

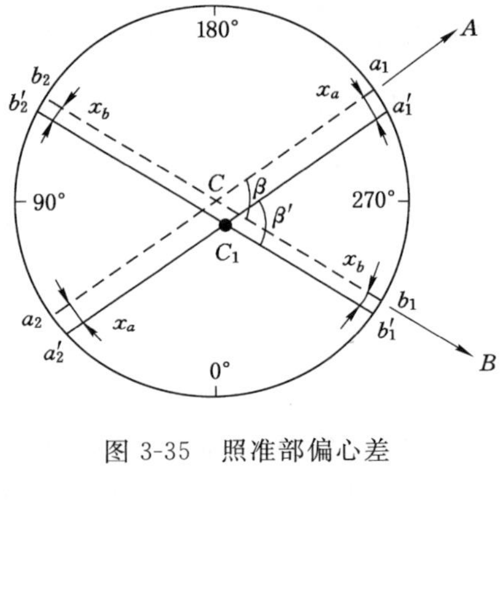

图 3-35 照准部偏心差

如果对同样的目标用盘左、盘右进行观测，相当于在度盘的对径方向读数，即倒转望远镜后瞄准目标 A 和 B 时的实际读数为 a_2' 和 b_2'，而应有读数为 a_2 和 b_2，分别减少了 x_a 和 x_b。由此可以得到两点结论：瞄准某一方向的目标后，在度盘对径处读数而取其平均值，可以消除照准部偏心差的影响；盘左、盘右观测某一角度而取其平均值，可以消除照准部偏心差的影响。

二、仪器误差

仪器误差包括两个方面：一方面是由于仪器校正不完全所产生的仪器残余误差，如视准轴不垂直于横轴及横轴不垂直于竖轴等的残余误差；另一方面是由于仪器制造加工不完善所引起的，如度盘偏心差、度盘刻划误差等。

（一）视准轴不垂直于横轴的误差

由于仪器存在视准轴不垂直于横轴的残余误差，所产生的视准轴误差 c 对水平度盘读数的影响，盘左、盘右大小相等，符号相反。对于光学经纬仪和电子经纬仪均可通过盘左、盘右观测取平均值消除该项误差的影响。

（二）横轴不垂直于竖轴的误差

同理，由于仪器存在横轴不垂直于竖轴的残余误差，横轴误差 i 对水平度盘读数的影响其性质与视准轴误差 c 类似。同样，对于光学经纬仪和电子经纬仪均可通过盘左、盘右观测取平均值消除此项误差的影响。

（三）竖轴倾斜的误差

水准管轴不垂直于仪器竖轴所引起的竖轴误差对水平读数的影响，由于盘左和盘右竖轴的倾斜方向一致，因此该项误差不能用盘左、盘右观测取平均值的方法来消除。为此，在观测过程中，应保持照准部水准管气泡居中。当照准部水准管气泡偏离中心超过一格时，应重新对中、整平仪器，尤其是在竖直角较大的山区测量水平角时，应特别注意仪器的整平。电子经纬仪一般都采用单轴或双轴补偿，补偿后的残余误差经测定后可以预置，如超限，需送检验或维修部门校正。

（四）水平度盘偏心差

水平度盘分划中心 O 与照准部旋转中心 O' 不重合所引起的读数误差，称为度盘偏心差。如图 3-36 所示，当盘左瞄准目标点 A 时，读数 $a_{左}'$ 比正确读数 $a_{左}$ 大 x，盘右读数 $a_{右}'$ 比正确读数 $a_{右}$ 小 x。对于单指标读数仪器，可通过盘左、盘右观测取平均值的方法减小此项误差的影响。对于双指标读数仪器，采用对径分划符合读数可以消除水平度盘偏心差的影响。电子经纬仪采用传感器扫描测角，通过多方位、多个传感器进行扫描，可消除或减弱此项误差的影响。

（五）度盘刻划误差

度盘刻划误差一般很小。水平角观测时，在各测回间按一定方式变换度盘位置，可以有效地削弱度盘刻划误差的影响。电子经纬仪传感器扫描的度盘位置很多，能有效地削弱此项误差的影响。

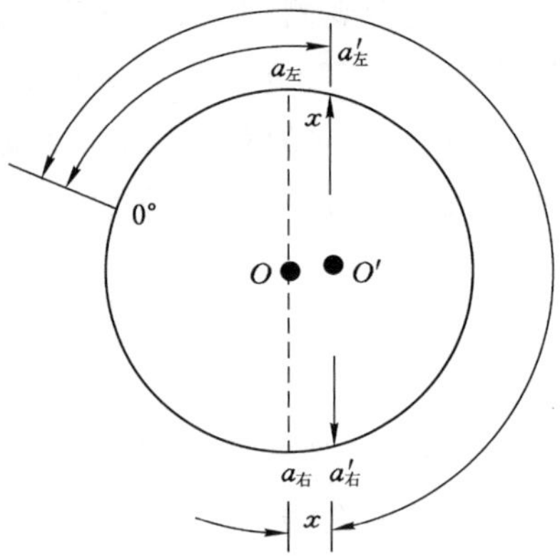

图 3-36　度盘偏心差

三、观测误差

(一) 仪器对中误差

如图 3-37 所示，设 O 为测站点，A、B 为两目标点。由于仪器存在对中误差，仪器中心偏离至 O' 点，设偏离量 OO' 为 e，β 为无对中误差时的正确角度，β' 为有对中误差时的实际角度，设$\angle AO'O$ 为 θ，测站 O 至 A、B 的距离分别为 D_1、D_2，则对中偏差所引起的角度误差为：

$$\Delta\beta = \beta - \beta' = \varepsilon_1 - \varepsilon_2 \tag{3-15}$$

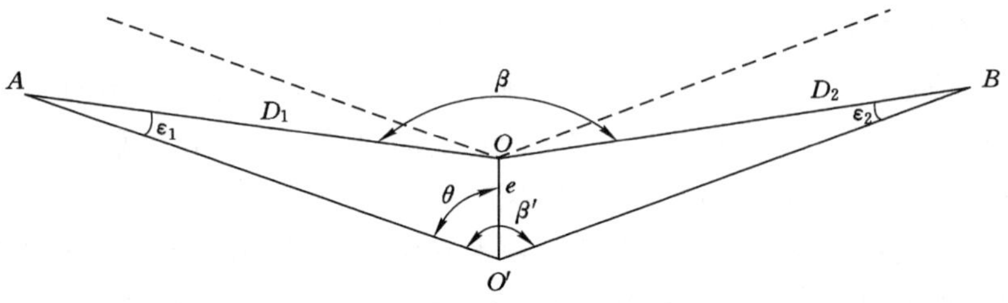

图 3-37　仪器对中误差

因 ε_1、ε_2 很小，可写成：

$$\varepsilon_1 \approx \frac{e\sin\theta}{D_1}\rho'' \tag{3-16}$$

$$\varepsilon_2 \approx \frac{e\sin(\beta'-\theta)}{D_2}\rho'' \tag{3-17}$$

$$\Delta\beta = e\rho''\left[\frac{\sin\theta}{D_1} + \frac{\sin(\beta'-\theta)}{D_2}\right] \tag{3-18}$$

设 $e=3$ mm，$\theta=90°$，$\beta'=180°$，$D_1=D_2=100$ m 时，$\Delta\beta=12.4''$，说明仪器对中误差对水平角观测的影响是很大的。

由式(3-18)可知，$\Delta\beta$ 与偏心距 e 成正比，与距离 D 成反比，还与水平角的大小有关，β 越接近 180°，影响越大。因此，在观测目标较近或水平角接近 180°时，尤其应注意仪器对中；在高精度的测量中，可以利用强制观测墩消除仪器的对中误差。

（二）目标偏心误差

如图 3-38 所示，A 点为测站点，B 点为目标点，若 B 点的标杆倾斜了 α 角，B'为瞄准中心，B''为 B'的投影，此时偏心距 $e=l\sin\alpha$，其对观测方向的影响为：

$$\Delta\beta=\frac{e}{D}\rho=\frac{l\sin\alpha}{D}\rho \tag{3-19}$$

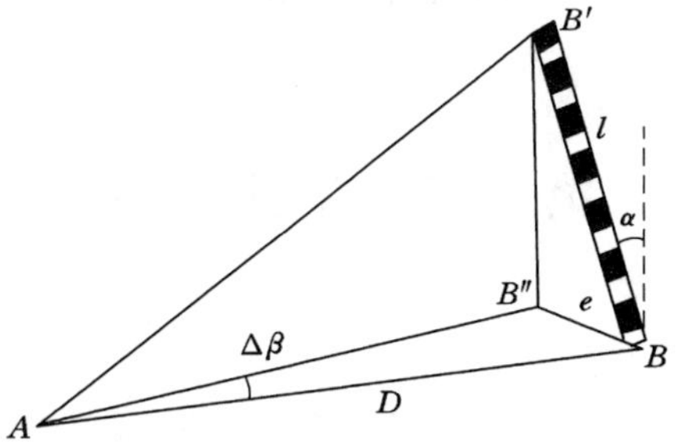

图 3-38　目标偏心差

设 $e=10$ mm，$D=50$ m，$\Delta\beta=41''$，说明目标偏心差对观测方向的影响很大。

由式(3-19)可知，$\Delta\beta$ 与偏心距 e 成正比，与距离 D 成反比。此外，应注意目标偏心方向，当 BB''与观测方向重合时，对观测方向无影响；当 BB''与观测方向垂直时，对观测方向的影响最大。因此，在进行水平角观测时，标杆或其他照准标志应竖直，并尽量瞄准目标底部。当目标较近时，可在测点上悬吊垂线球作为照准目标，以减小目标偏心对角度的影响。

（三）照准误差

视准轴偏离目标理想瞄准线的夹角称为照准误差。照准误差主要取决于望远镜的放大率 v 以及人眼的分辨力。照准目标时，要尽量消除视差。通常，人眼可以分辨两个点的最小视角为 60″。望远镜的照准误差一般用下式计算：

$$m_v=\pm\frac{60''}{v} \tag{3-20}$$

当 $v=26$ 时，$m_v=2.3''$。此外，照准误差还与目标的形状、大小、颜色、亮度和清晰度等有关。

（四）读数误差

读数误差主要取决于仪器的读数设备、照明情况和观测者的判断能力。对于采用分微尺读数系统的 DJ_6 光学经纬仪，读数误差为分微尺最小分划值的 1/10，即 6″。但如果受照明不佳、观测者操作不当等影响，则读数误差还会增大。

四、外界条件的影响

外界环境的影响比较复杂，一般难以由人力来控制。大风可以使仪器和标杆不稳定，雾气会使目标成像模糊，松软的土质会影响仪器的稳定，烈日曝晒可使三脚架发生扭转影响仪器的整平，温度变化会引起视准轴位置变化，大气折光变化致使视线产生偏折，等等，这些都会给角度测量带来误差。因此，测量时应选择有利的观测时间，尽量避免不利因素，使外界条件对角度测量的影响降到最低。

第四章　距离测量和直线定向

第一节　直 线 定 向

一、直线定向的概念

确定地面两点在平面上的相对位置，除需要确定两点之间的距离外，还要确定两点间直线的方向。确定一直线与标准方向间角度关系的工作，称为直线定向。

（一）标准方向的种类

（1）真子午线方向（真北方向）

地球表面某点的真子午线的切线方向，称为该点的真子午线方向。真子午线北端所指的方向为真北方向，它可以用天文观测方法来确定。

（2）磁子午线方向（磁北方向）

地球表面某点上磁针所指的方向为该点的磁子午线方向。磁针北端所指的方向为磁北方向，可用罗盘仪测定。

（3）坐标纵线方向（坐标北方向）

测量工作中采用高斯直角坐标系，坐标纵线北端所指的方向为坐标北方向。

上述三个北方向通常称为“三北”方向。在一般情况下，它们是不一致的，如图 4-1 所示。由于地球磁场的南、北极与地球的南、北极并不一致，因此某点的磁子午线方向和真子午线方向间有一夹角，这个夹角称为磁偏角，用 δ 表示。磁子午线偏向真子午线以东为东偏，δ 为正，以西为西偏，δ 为负，如图 4-2 所示。我国各地磁偏角的变化范围在 $-10^\circ \sim 6^\circ$ 之间。

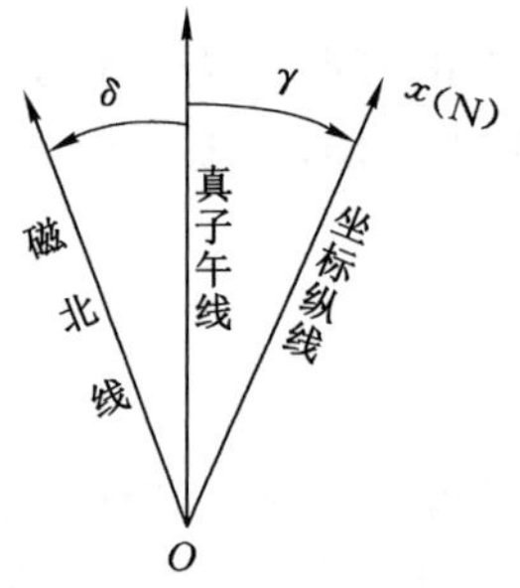

图 4-1　标准方向种类

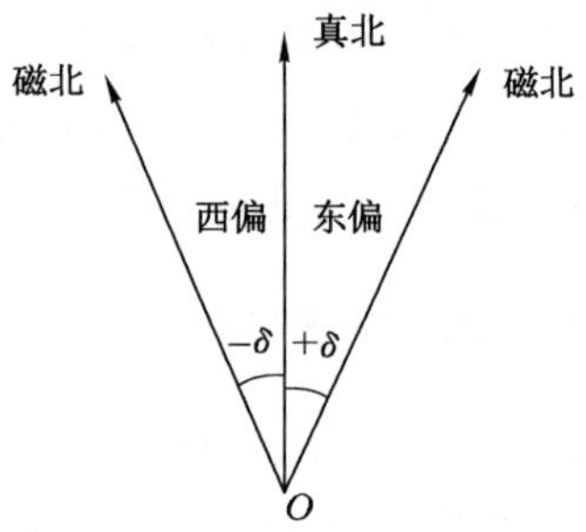

图 4-2　标准方向间的关系

磁偏角的大小随地点的不同而变化，就是在同一地点因受外界条件的影响也会有变化。

所以，采用磁子午线方向作为标准方向，其精度是比较低的。

地球表面某点的真子午线北方向与该点坐标纵线北方向之间的夹角，称为子午线收敛角，用 γ 表示。坐标纵线偏向真子午线以东为东偏，以西为西偏，东偏为正，西偏为负，如图 4-3 所示。

子午线收敛角有严密的计算公式，在普通测量中可按下式近似公式计算：

$$\gamma = \Delta L \sin B \tag{4-1}$$

式中　ΔL——某点与中央子午线的经度差；

　　　B——某点纬度。

（二）表示直线方向的方法

在测量工作中，常采用方位角或象限角表示直线的方向。

（1）方位角

由标准方向的北端顺时针方向量到某直线的夹角，称为该直线的方位角。方位角的变化范围是 0°～360°。如图 4-4 所示，直线 OA、OB、OC、OD 的方位角分别为 30°、150°、210°、330°。

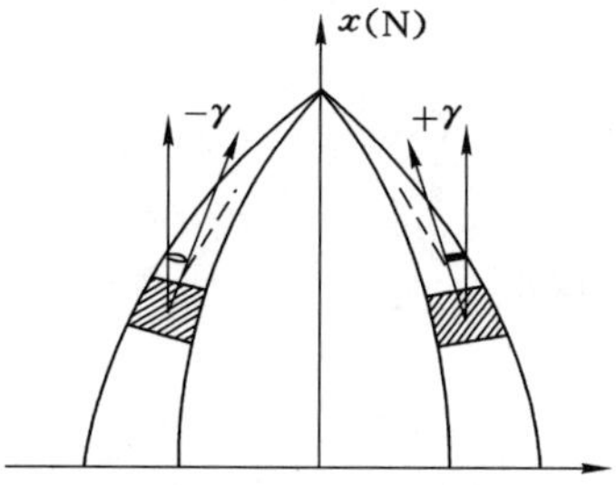

图 4-3　子午线收敛角

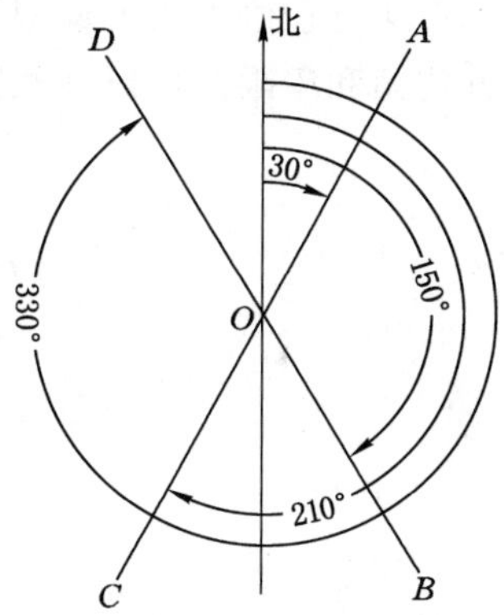

图 4-4　方位角

由于选择的标准方向不同，方位角有不同的定义。以真子午线方向为标准方向的，称为真方位角，用 A 表示；以磁子午线方向为标准方向的，称为磁方位角，用 A_m 表示；以坐标纵线为标准方向的，称为坐标方位角，简称方位角，用 α 表示。如图 4-5 所示，三种方位角之间的关系为：

$$\begin{cases} A = A_m + \delta \\ A = \alpha + \gamma \end{cases} \tag{4-2}$$

式中，δ，γ 东偏时取正号，西偏时取负号。

由于任何地点的坐标纵线都是平行的，因此，任何直线的正坐标方位角（如 α_{AB}）和它的反方位角（α_{BA}）均相差 180°（图 4-6），即：

$$\alpha_{AB} = \alpha_{BA} \pm 180° \tag{4-3}$$

若 $\alpha_{AB} > 180°$，公式中右端取“－”号；若 $\alpha_{BA} < 180°$，公式中右端取“＋”号。

由于真子午线之间或磁子午线之间相互并不平行，所以真方位角和磁方位角不存在上述关系。

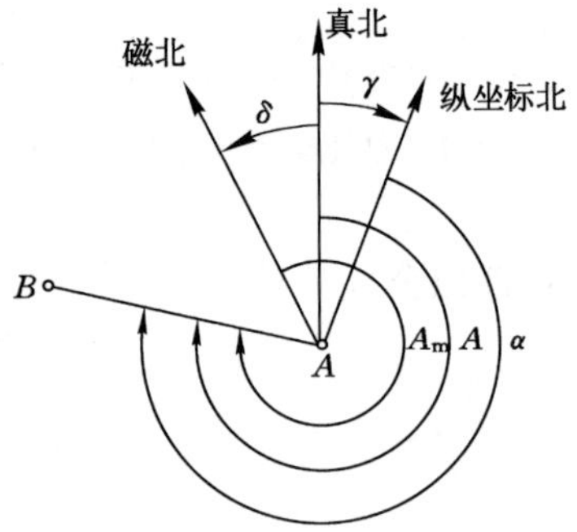

图 4-5　三种方位角之间的关系

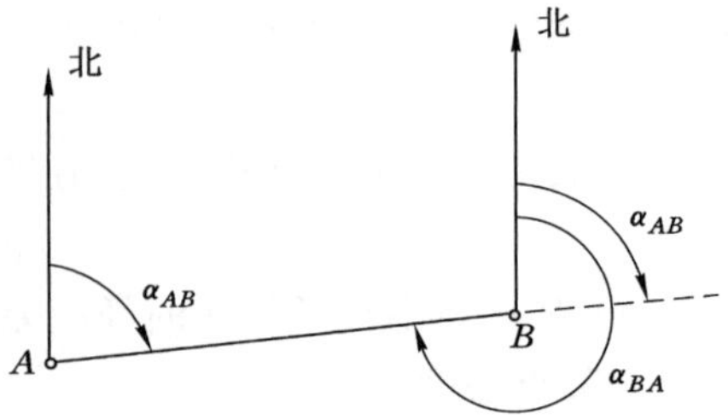

图 4-6　正反方位角

(2) 象限角

直线与标准方向线所夹的锐角称为象限角。象限角的取值范围为 0°～90°,用 R 表示。平面直角坐标系分为四个象限,以Ⅰ、Ⅱ、Ⅲ、Ⅳ表示。由于象限角可以自北端或南端量起,所以表示直线方向时,不仅要注明其角度大小,而且要注明其所在象限。如图 4-7 所示,直线 OA、OB、OC、OD 分别位于四个象限中,其名称分别为北东(NE)、南东(SE)、南西(SW)和北西(NW)。方位角和象限角可以互相换算,换算方法见表 4-1。

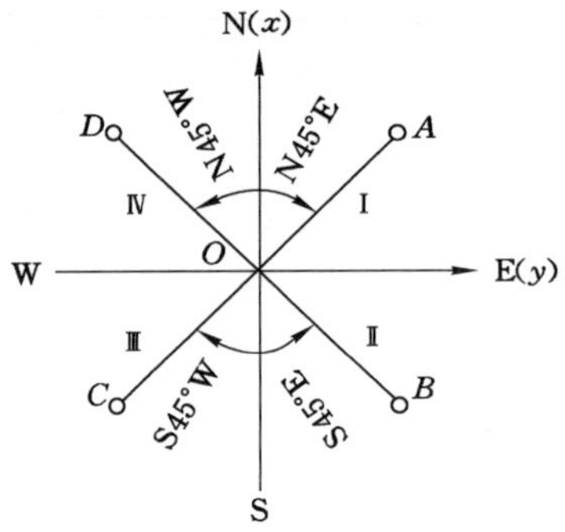

图 4-7　象限角

表 4-1　方位角和象限角的关系

象限		由方位角 α 求象限角 R	由象限角 R 求方位角 α
编号	名称		
Ⅰ	北东(NE)	$R=\alpha$	$\alpha=R$
Ⅱ	南东(SE)	$R=180°-\alpha$	$\alpha=180°-R$
Ⅲ	南西(SW)	$R=\alpha-180°$	$\alpha=180°+R$
Ⅳ	北西(NW)	$R=360°-\alpha$	$\alpha=360°-R$

(三) 罗盘仪及其使用方法

罗盘仪是用于测定直线的磁方位角或磁象限角的仪器(图 4-8)。罗盘仪的结构很简单,主要由磁针、度盘和瞄准设备(接目觇板和接物觇板)等部分组成。

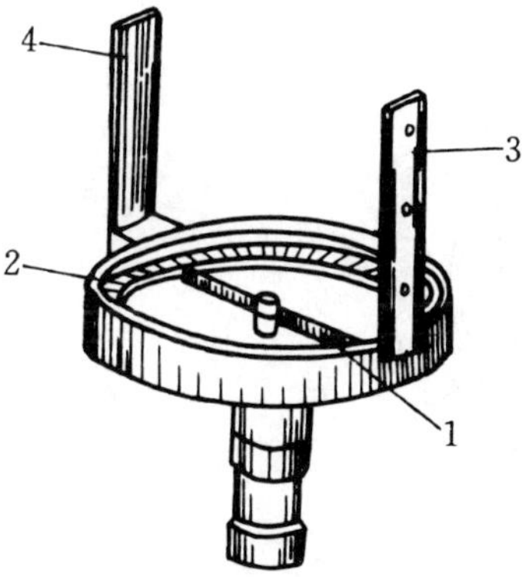

1—磁针；2—度盘；3—接目觇板；4—接物觇板。

图 4-8　罗盘仪

磁针支在度盘中心的顶针上，可以自由转动(图 4-9)。为了避免顶针尖被磨损，在不使用时应将螺钉向下旋，使杠杆把磁针抬起并紧压在玻璃盖上。

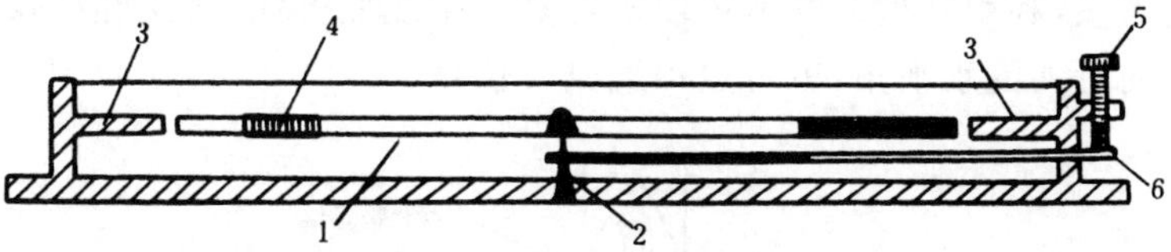

1—磁针；2—顶针；3—刻度盘；4—钢丝；5—螺钉；6—杠杆。

图 4-9　磁针

度盘上的分划线以 1°或 30′为单位，每 10°作一注记。按 0°～360°注记的称为方位罗盘仪(注意方位罗盘仪上 0°～360°是按反时针注记的)；按 0°～90°注记的称为象限罗盘仪。

如欲测定 AB 和 AC 直线的方向，可先将罗盘仪中心对准起点 A，如图 4-10(a)所示，并用罗盘仪上的水准器将度盘放在水平位置，然后转动罗盘仪，利用瞄准设备瞄准 B 点，这时，如用磁针北端(黑色的或没有缠绕铜丝的一端)读得 302°，即为 AB 直线的磁方位角；又如瞄准 C 点，如图 4-10(b)所示，AC 直线的磁象限角为北偏西 66°。

使用罗盘仪时应注意：① 读数前应认清磁针的南北端；② 读数时应等待磁针稳定后再读数，并正视磁针读数，不可侧视；③ 一般应以磁针北端读数，但为了抵消罗盘可能存在的偏心差，为防止读错，可以同时读南、北两端所指的读数，最后取平均值；④ 罗盘不使用时，应随时将磁针升起固定；⑤ 身边勿带能吸引磁针的物体。

(四) 陀螺经纬仪定向

为了求得测量的基准方向和日照时间的方位，必须使用罗盘仪进行观测。然而，罗盘仪的精度有限，在天体观测中还要受通视、天气、场所和时间等观测条件的影响，为了解决这些问题，可采用利用力学原理求得真北方向的陀螺经纬仪。陀螺经纬仪在隧道测量以及由于不能和已知点通视而无法确定方位、方向角的情况下均能发挥较大的作用。

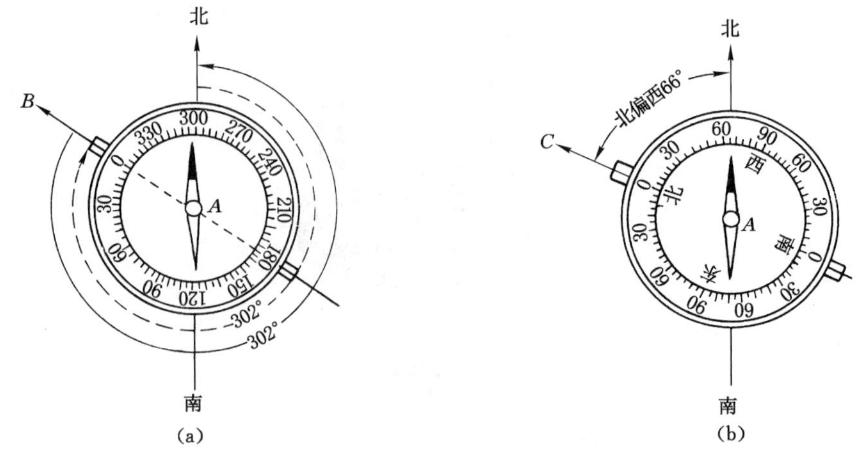

图 4-10　罗盘仪的使用

陀螺经纬仪主要是由一个高速旋转的转子支承在一个或两个框架上而构成，如图 4-11 所示。具有一个框架的称二自由度陀螺仪，具有内外两个框架的称三自由度陀螺仪。在经纬仪上安置悬挂式陀螺仪，利用其指北性就可以确定真子午线北方向，再用经纬仪测定出真子午线北方向至待定方向所夹的水平角，就可以得到真方位角。

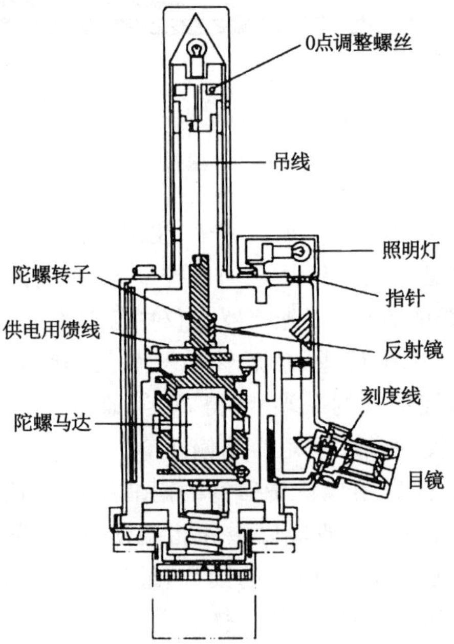

图 4-11　陀螺经纬仪

在测绘工作中，特别是矿山、隧道、海洋、森林和军事等隐蔽地区的定向测量和快速测量工作中，陀螺经纬仪解决了传统定向测量方法精度低、工作量大及定向时间长等缺点。目前，陀螺经纬仪在地球南北地理纬度 75°以内的地面和地下任何隐蔽地点，可以基本不受时间、地点及环境条件的限制，能迅速准确地测定出任意测点的真北方向或任意测线的真北方位角。

二、坐标方位角的计算

普通测量中，应用最多的是坐标方位角。在以后的讨论中，除非特别声明，所提及的方位角均指坐标方位角。

（一）坐标方位角的计算

在实际工作中并不需要测定每条直线的坐标方位角，而是通过与已知坐标方位角的直线联测后，推算出各条直线的坐标方位角。

如图 4-12 所示，已知 $A \to B$ 的坐标方位角 α_{AB}，用经纬仪观测了水平角 β，求 $B \to 1$ 的坐标方位角 α_{B1}。分别过 A、B 点作 x 轴的平行线，如图中虚线所示，根据坐标方位角的定义及图中的几何关系容易得出：

$$\alpha_{B1} = \alpha_{AB} - 180° + \beta = \alpha_{AB} + \beta - 180° \tag{4-4}$$

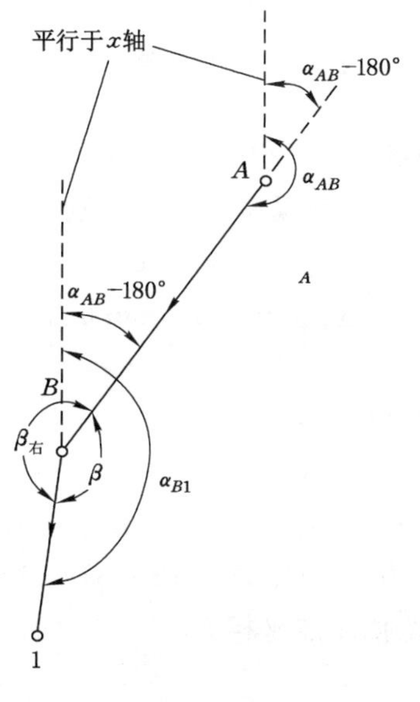

图 4-12　坐标方位角推算

由于观测的水平角 β 位于坐标方位角推算路线 $A \to B \to 1$ 的左边，所以称 β 角相对于上述推算路线为左角。如果观测的是右角 $\beta_{右}$，则有 $\beta = 360° - \beta_{右}$，将其代入式(4-4)得：

$$\alpha_{B1} = \alpha_{AB} - \beta_{右} + 180° \tag{4-5}$$

式(4-4)和式(4-5)就是坐标方位角的推算公式，由此可以写出推算坐标方位角的一般公式为：

$$\alpha_{前} = \alpha_{后} + \begin{Bmatrix} +\beta_{左} \\ -\beta_{右} \end{Bmatrix} \pm 180° \tag{4-6}$$

式中，用 $\beta_{左}$ 推算时是加 $\beta_{左}$，用 $\beta_{右}$ 推算时是减 $\beta_{右}$，简称"左加右减"；等号右边最后一项 180°前正负号的取号规律是：当等号右边前两项的计算结果小于 180°时取正号，大于 180°时取负号，简称"等号右边前两项的计算结果小于 180°时加 180°，大于 180°时减 180°"。若计算的前进边坐标方位角在 0°～360°之间，则就是正确的坐标方位角；若按此顺序计算的坐标方位角大于 360°，再减 360°；若小于 0，再加 360°，这样就可以确保求得的坐标方位角一定满足方位角的取值范围(0°～360°)。

（二）坐标正算

根据直线始点的坐标、直线的水平距离及其方位角计算直线终点的坐标，称为坐标正算。如图 4-13 所示，已知直线 AB 的始点 A 的坐标（x_A，y_A），AB 的水平距离 D_{AB} 和方位角 α_{AB}，则终点 B 的坐标（x_B，y_B）可按下列步骤计算：

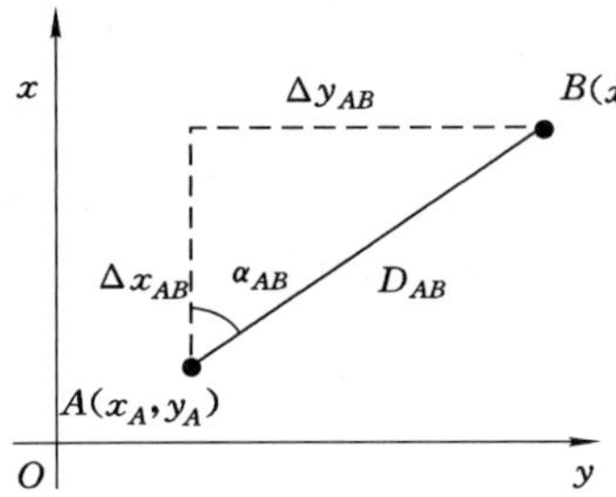

图 4-13　坐标正算与反算

(1) 计算两点间纵横坐标增量

由图 4-13 可以看出，A、B 两点间纵横坐标增量分别为：

$$\begin{cases}\Delta x_{AB}=D_{AB}\times\cos\alpha_{AB}\\ \Delta y_{AB}=D_{AB}\times\sin\alpha_{AB}\end{cases}\tag{4-7}$$

(2) 计算 B 点坐标

由图 4-13 可以看出，B 点的坐标为：

$$\begin{cases}x_B=x_A+\Delta x_{AB}=x_A+D_{AB}\times\cos\alpha_{AB}\\ y_B=y_A+\Delta y_{AB}=y_A+D_{AB}\times\sin\alpha_{AB}\end{cases}\tag{4-8}$$

【例 4-1】 已知 A 点的坐标为(2 541.25，3 685.37)，AB 边的边长为 75.25 m，AB 边的坐标方位角 α_{AB} 为 150°30′42″，试求 B 点坐标。

解：

$$x_B=2\ 541.2+75.25\times\cos 150°30'42''=2\ 541.25+(-65.508)=2\ 475.742\ (\text{m})$$

$$y_B=3\ 685.37+75.25\times\sin 150°30'42''=3\ 685.37+37.045=3\ 722.415\ (\text{m})$$

(3) 坐标反算

已知直线起点和终点的坐标，计算直线的水平距离和坐标方位角，称为坐标反算。如图 4-13 所示，已知 A、B 两点的坐标(x_A，y_A)、(x_B，y_B)，计算两点间的水平距离 D 和坐标方位角 α_{AB}。由勾股定理计算水平距离的公式为：

$$D_{AB}=\sqrt{(x_B-x_A)^2+(y_B-y_A)^2}\tag{4-9}$$

由于反三角函数计算的结果有多值性，所以计算坐标方位角，要先计算象限角，由图可知：

$$R_{AB}=\arctan\frac{|y_B-y_A|}{|x_B-x_A|}\tag{4-10}$$

按式(4-10)计算 AB 直线的象限角后，根据其坐标增量的符号，按表 4-1 换算出相应的坐标方位角。

【例 4-2】 已知 A、B 两点的坐标为 A(1 136.265,987.298),B(898.113,1 978.235),试计算 AB 边的坐标方位角 α_{AB} 及边长 D_{AB}。

解：

(Ⅰ) 计算 Δx_{AB}、Δy_{AB}

$$\Delta x_{AB}=x_B-x_A=898.113-1\ 136.265=-238.152\ (\mathrm{m})$$

$$\Delta y_{AB}=y_B-y_A=1\ 978.235-987.298=+990.937\ (\mathrm{m})$$

(Ⅱ) 判断象限

因为 $\Delta x_{AB}<0$、$\Delta y_{AB}>0$,所以,直线 AB 位于第二象限。

(Ⅲ) 计算象限角

$$R_{AB}=\arctan\left|\frac{\Delta y_{AB}}{\Delta x_{AB}}\right|=\arctan\left|\frac{990.937}{-238.152}\right|=97°29'11''$$

(Ⅳ) 计算方位角

因为直线 AB 位于第二象限,坐标方位角 $\alpha_{AB}=180°-R_{AB}$,因此,$\alpha_{AB}=180°-76°29'11''=103°30'49''$。

(Ⅴ) 计算距离

$$D_{AB}=\sqrt{\Delta x_{AB}^2+\Delta y_{AB}^2}=\sqrt{(-238.152)^2+990.937^2}=1\ 019.153\ (\mathrm{m})$$

第二节　钢尺量距

地面点沿铅垂线方向投影到水平面上,投影点之间的距离,称为水平距离。距离测量是测量的三项基本工作之一,其目的是测量地面点之间的水平距离。

直线定向是确定地面上两点垂直投影到水平面上的直线方向。距离测量方法有钢尺量距、视距测量、电磁波测距和 GPS 测量等。钢尺量距是用钢卷尺沿地面直接丈量距离;视距测量是利用经纬仪或水准仪望远镜中的视距丝及视距标尺按几何光学原理进行测距;电磁波测距是用仪器发射并接收电磁波,通过测量电磁波在待测距离上往返传播的时间解算出距离;GPS 测量是利用两台 GPS 接收机接收空间轨道上 4 颗卫星发射的精密测距信号,通过距离空间交会的方法解算出两台 GPS 接收机之间的距离。

钢尺量距是利用钢尺以及辅助工具直接量测地面上两点间的水平距离,又称为距离丈量,通常在短距离测量中使用。精度要求较高的距离测量,应采用电磁波测距。本节主要讲述钢尺量距的一般方法。

一、钢尺量距的一般方法

钢尺量距的主要工具是钢尺,又称钢卷尺。常用的钢尺长度有 20 m、30 m 和 50 m,其基本分划有厘米和毫米两种。以厘米分划的钢尺在起始的 10 cm 内为毫米分划。

根据零点位置的不同,钢尺有端点尺和刻线尺两种。端点尺是以尺的最外端作为尺的零点,刻线尺是以尺前端的刻线作为尺的零点,如图 4-14 所示。钢尺量距的辅助工具有测钎、标杆、垂球,精密量距时,还需要弹簧秤、温度计等。

当地面两点之间的距离大于钢尺的一个尺段时,就需要在直线方向上标定若干分段点,以便于用钢尺分段丈量。直线定线的目的是使这些分段点在待量直线端点的连线上,方法有目

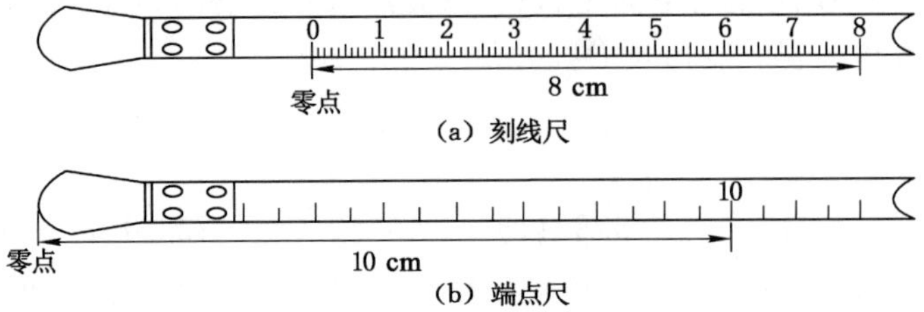

图 4-14　钢尺

测定线和经纬仪定线两种。

钢尺量距的方法有平量法和斜量法两种。

当地势起伏不大时，可将钢尺拉平丈量，如图 4-15 所示。丈量由 A 点向 B 点进行，甲立于 A 点，指挥乙将尺拉在 AB 方向线上。甲将尺的零端对准 A 点，乙将钢尺抬高，并且目估使钢尺水平，然后用垂球尖将尺段的末端投影到地面上，插上测钎。若地面倾斜较大，将钢尺抬平有困难时，可将一个尺段分成几个小段来平量。

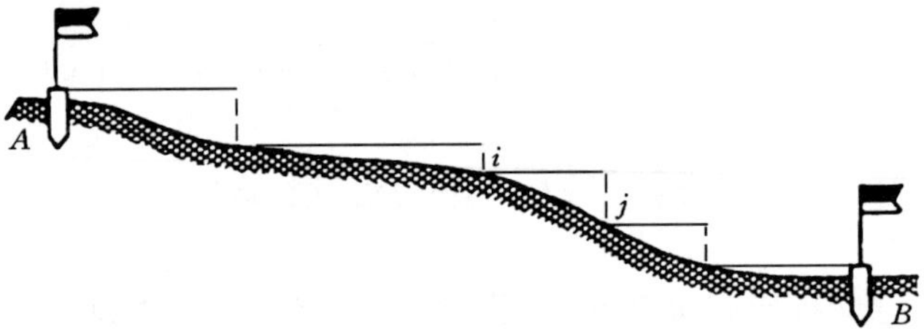

图 4-15　平量法示意图

采用平量法量距，A、B 两点间的水平距离为：

$$D_{AB}=n\times 尺段长+余长 \tag{4-11}$$

式中，n 为整尺段数。

如图 4-16 所示，当地面的坡度比较均匀时，可以沿着斜坡丈量出 A、B 的斜距 L，测出地面倾斜角 α 或两端点的高差 h，然后按下式计算 A、B 的水平距离 D：

$$D=L\cos\alpha=\sqrt{L^2-h^2} \tag{4-12}$$

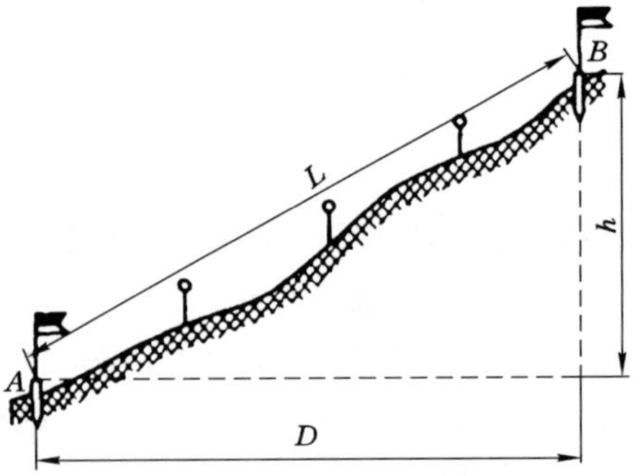

图 4-16　斜量法示意图

为了防止丈量中发生错误和提高量距的精度，需要往、返丈量。返测时，要重新定线。往、返丈量距离的相对误差 K 定义为：

$$K=\frac{|D_{AB}-D_{BA}|}{\overline{D}_{AB}} \tag{4-13}$$

式中，$\overline{D}_{AB}$ 为往、返丈量距离的平均值。

在计算距离较差的相对误差时，一般化成分子为 1 的分式，相对误差的分母越大，说明量距的精度越高。对图根钢尺量距导线，钢尺量距往、返丈量较差的相对误差一般不应大于 1/3 000，如果量距的相对误差没有超过规定，可取距离往、返丈量的平均值 $\overline{D}_{AB}$ 作为两点间的水平距离。

二、钢尺量距的精密方法

用一般方法量距，其相对误差只能达到 1/5 000～1/1 000，当要求量距的相对误差更小时，例如 1/40 000～1/10 000，这就要求用精密方法进行丈量。

精密方法量距的主要工具为钢尺、弹簧秤、温度计等。其中，钢尺必须经过检验，并得到其检定的尺长方程式。精密量距记录手簿见表 4-2，表中前表示前视，后表示后视。

表 4-2　钢尺精密量距手簿

线段	尺段号	读数/m					中数/m	高差/m	温度/℃	备注
			第一次	第二次	第三次	第四次				
A	A	前	29.510	29.530	29.568					
		后	0.023	0.045	0.082		29.486	+1.12	26.0	
	1	前-后	29.485	29.485	29.486					
	1	前	25.308	25.161	25.835					
		后	0.238	0.092	0.764		25.071	+0.73	26.0	
	2	前-后	25.070	25.069	25.075					
B	2	前	28.061	28.064	28.075					
		后	0.019	0.024	0.034		28.041	+0.74	25.5	
	3	前-后	28.042	28.040	28.041					
	3	前	24.226	24.153	24.233					
		后	0.102	0.032	0.112		24.121	−0.54	26.0	
	B	前-后	24.124	24.121	24.121					

精密量距时，由于钢尺长度有误差并受量距时的环境影响，对量距结果应进行以下几项改正才能保证距离测量精度。

钢尺经过专门检定部门检定，得出钢尺在标准温度和标准拉力(一般为 10 kg)下的实际长度，并给出钢尺的尺长方程式。其表达式为：

$$l_t=l_0+\Delta l+\alpha(t-t_0)l_0 \tag{4-14}$$

式中　l_t——钢尺在温度 t 时的实际长度，m；

l_0——钢尺的名义长度，m；

Δl——整尺段在检定温度 t_0 时的尺长改正数，m；

α——钢尺的线膨胀系数，一般取 1.25×10^{-5} m/(m·℃)；

t_0——钢尺检定时的温度(或标准温度，一般为 20 ℃)；

t——距离丈量时的温度，℃。

(1) 尺长改正

钢尺名义长度 l_0 一般和实际长度不相等，每量一段都需加入尺长改正。在标准拉力、标准温度下经过检定实际长度为 l'，其差值 Δl 为整尺段的尺长改正。整尺段的尺长改正为：

$$\Delta l = l' - l_0 \tag{4-15}$$

任一长度 l 尺长改正公式为：

$$\Delta l_d = \frac{\Delta l}{l_0} l \tag{4-16}$$

(2) 温度改正

钢尺长度受温度影响会伸缩。当野外量距时温度 t 与检定钢尺时温度 t_0 不一致时，要进行温度改正，其改正公式为：

$$\Delta l_t = \alpha(t - t_0)l \tag{4-17}$$

(3) 倾斜改正

设沿地面量斜距为 l，测得高差为 h，换成平距 D 时要进行倾斜改正 Δl_h：

$$\Delta l_h = D - l = \sqrt{(l^2 - h^2)} - l \tag{4-18}$$

当高差不大时，可用下式计算：

$$\Delta l_h = -\frac{h^2}{2l} \tag{4-19}$$

综上所述，每一尺段改正后的水平距离为：

$$D = l + \Delta l_d + \Delta l_t + \Delta l_h \tag{4-20}$$

钢尺精密量距计算手簿见表 4-3。

表 4-3　钢尺精密量距计算手簿

钢尺号：No. 01　钢尺线膨胀系数：0.000 012 5 m/(m·℃)　检定温度：20 ℃　计算：李强

名义尺长：30 m　钢尺检定长度：30.001 5 m　检定拉力：10 kg　日期：2016.01.18

尺段	尺段长度/m	温度/℃	高差/m	温度改正/mm	高差改正/mm	尺长改正/mm	改正后尺段长/m
1	2	3	4	5	6	7	8
A—1	29.921 8	25.5	−0.152	+2.0	−0.4	+1.5	29.924 9
1—2	29.819 5	25.4	−0.071	+1.9	−0.08	+1.5	29.822 8
2—B	24.110 2	25.7	−0.210	+1.6	−0.9	+1.2	24.112 1
总和							83.859 8

在表 4-3 中，利用式(4-15)～式(4-20)分别计算出各尺段的尺长改正、温度改正、高差改正和改正后尺段长，A—1 尺段的计算方法如下。

尺长改正：

$$\Delta l_d = \frac{0.001\,5}{30} \times 29.921\,8 \approx +0.001\,5\ (\mathrm{m}) \tag{4-21}$$

温度改正：

$$\Delta l_t = 1.25 \times 10^{-5} \times (25.5 - 20) \times 29.9218 \approx +0.0020\ (\mathrm{m}) \tag{4-22}$$

高差改正：

$$\Delta l_h = -\frac{0.152^2}{2 \times 29.9218} = -0.0004\ (\mathrm{m}) \tag{4-23}$$

改正后尺段长：

$$D_{A-1} = 29.9218 + 0.0015 + 0.0020 - 0.0004 = 29.9249\ (\mathrm{m}) \tag{4-24}$$

三、钢尺量距的误差分析及注意事项

影响钢尺量距精度的因素很多，主要有定线误差、尺长误差、温度测定误差、钢尺倾斜误差、拉力不均误差、钢尺对准误差、读数误差等。

钢尺在使用中应注意以下问题：

① 钢尺易生锈。工作结束后，应用软布擦去尺上的泥和水，涂上机油，以防生锈。

② 钢尺易折断。如果钢尺出现卷曲，切不可用力硬拉。

③ 在行人和车辆多的地区量距时，中间要有专人保护，严防尺被车辆压过而折断。

④ 不准将尺子沿地面拖拉，以免磨损尺面刻划线。

⑤ 收卷钢尺时，应按顺时针方向转动钢尺摇柄，切不可逆转，以免折断钢尺。

第三节　视距测量

视距测量是一种间接测量方法，它是利用望远镜内十字丝平面上的视距丝及刻有厘米分划的视距标尺，根据光学原理同时测定两点间的水平距离和高差的一种快速方法。但其测定距离的相对精度为1/300，低于直接测量的精度，测定高差的精度低于水准测量和三角高程测量的精度。视距测量广泛用于地形测量的碎部测量中，在线路勘测时，线路的距离一般用钢尺丈量，为防止错误，也用视距测量检核量距中可能发生的粗差。

一、视距测量原理

在水准仪和经纬仪的望远镜十字丝分划板上，均有与横丝平行且对称的两短丝，称为视距丝。视距测量就是利用视距丝配合标尺，根据几何光学原理和三角高程测量原理，同时测量水平距离和高差的一种方法。视距测量的精度一般为1/200～1/300。由于操作简便快捷，不受地形起伏的限制，因此广泛用于精度要求不高的碎部测量中。

(1) 视准轴水平时视距测量

如图4-17所示，在 A 点安置仪器，B 点竖立标尺。当望远镜水平瞄准标尺且标尺铅垂时，通过调节调焦螺旋使尺像落在十字丝平面上，用上、下丝分别读取其在尺上的读数，两读数之差称为视距间隔，用 l 表示。根据望远镜的构造以及成像原理，AB 的水平距离为：

$$D = Kl + k \tag{4-25}$$

式中，K 为乘常数；k 为加常数，均与望远镜的结构参数有关，具体的关系表达式参见有关资料。

在设计望远镜时，选择适当参数，可使 $K=100$，k 值等于或近似等于零，所以视线水平时

的视距公式为：

$$D = Kl = 100l \tag{4-26}$$

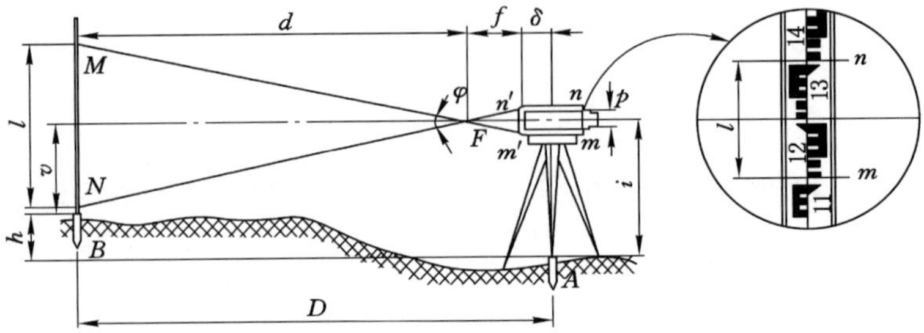

图 4-17　水平视距测量

同时，立尺点相对于测站点的高差为：

$$h = i - v \tag{4-27}$$

式中　i——仪器横轴至地面点的垂直距离，即仪器高；

v——十字丝中丝读数，即目标高(觇标高)。

(2) 视准轴倾斜时视距测量

如图 4-18 所示，当地面起伏较大时，望远镜必须倾斜才能瞄准目标，而标尺仍铅垂，则视准轴与标尺不垂直。因此，需要将标尺上的视距间隔 $l(M'N')$ 换算为与视线垂直的视距间隔 $l'(MN)$，然后应用上述视距测量公式和三角函数公式，求出待测的水平距离和高差。设竖直角为 α，因为 MN 垂直于视线，标尺垂直，所以 $M'N'$ 与 MN 的夹角为 α。由于 φ 角很小(约 34°)，则可以将 $\angle M'MO$ 和 $\angle N'NO$ 视为直角，所以 $l' = MN = l\cos\alpha$。应用视线水平时的视距测量公式，即可得出倾斜距离，即：

$$D' = Kl' = Kl\cos\alpha \tag{4-28}$$

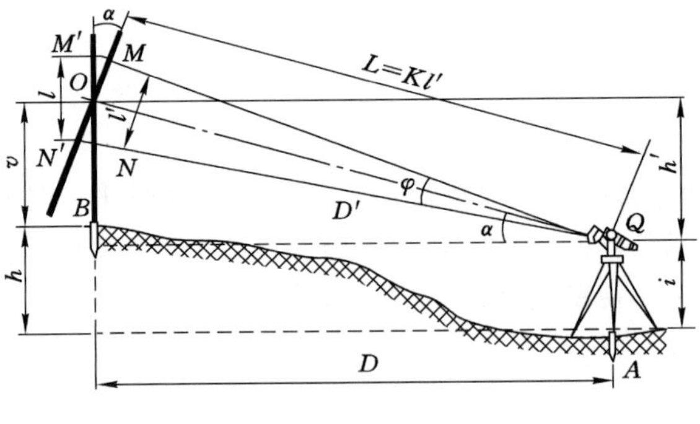

图 4-18　倾斜视距测量

从图 4-18 中可见，A、B 两点的水平距离为：

$$D = D'\sin\alpha = Kl\cos\alpha \tag{4-29}$$

初算高差(未进行仪器高和目标高改正)为：

$$h' = D'\sin\alpha = Kl\cos\alpha\sin\alpha = \frac{1}{2}Kl\sin 2\alpha \tag{4-30}$$

A 和 B 两点的高差为：

$$h=h'+i-v=\frac{1}{2}Kl\sin 2\alpha+i-v=D\tan\alpha+i-v \tag{4-31}$$

二、视距测量方法

以电子经纬仪为例，按照下列方法进行视距测量观测和计算。

在测站点上安置经纬仪，量出仪器高，并记入视距测量手簿。盘左位置，瞄准测点上竖立的标尺，转动上下微动螺旋，使上丝对准一整数(通常对准 1 m)，根据下丝读数，直接读出视距。转动上下微动螺旋，使中丝对好尺上仪器高处(即使 $v=i$)，调竖盘指标水准管使气泡居中，读取竖盘读数(精确至分)，并计算竖直角 α。

根据尺间隔 l、竖直角 α、仪器高 i 及中丝读数 v，按照公式(4-29)、式(4-31)计算水平距离 D 和高差 h。

为了在野外能迅速计算出平距和高差，可利用视距计算表，根据视距 Kl 和竖直角 α 直接查表得平距 D 和初算高差 h'（当 $v=i$ 时，$h=h'$），也可用计算器根据公式计算平距和高差。

三、视距测量误差分析

影响测量精度的因素很多，一般有仪器误差、观测误差和外界环境误差。

(1) 仪器误差

① 乘常数 K 的误差在望远镜设计时，可以使 $K=100$。但经过长期使用后，特别是仪器经过拆装修理后，使得望远镜的相关结构参数发生变化，从而引起乘常数 K 的误差。在视距测量前应对乘常数 K 进行测定，K 的值应为 100 ± 0.1。否则，应加以改正或由专业人员进行调整。测定乘常数 K 的方法是：在室外选择一平坦地面，从仪器中心起沿直线方向用钢尺或测距仪量取 50 m、100 m、150 m、200 m 点，并做好标记，仪器精确整平对中，视线尽量水平，以盘左、盘右位置由近至远依次瞄准竖立在 4 个点的视距尺，读取上下丝读数。再用相同方法返测，这样每个点得到 4 个不同的尺间隔。取其平均值后分别带入公式 $K=D/l$，计算出各段距离的乘常数。最后取平均值作为所求的 K 值。

② 测量仪器高 i 和中丝读数 v 的误差。仪器高 i 和中丝读数 v 的误差，一般均可控制在一定的限度内，对距离及高差的影响不大。

(2) 观测误差

① 读数误差引起的距离误差。读数误差是影响视距测量的重要因素，直接影响视距间隔，会对视距产生 100 倍的影响，如果读数偏差 1 mm，则对距离的影响为 0.1 m。因此，在读数时应尽量消除视差。另外，读数误差与距离成正比，所以在测量中应根据要求限制视距长度。

② 视距尺倾斜引起的误差。视距尺倾斜会使视距间隔产生偏差，由于视距尺较短(一般为 3 m)，倾斜引起的视距间隔的相对误差就比较大，从而引起较大的视距偏差。因此，测量时应特别注意视距尺的垂直程度，必要时可以在尺上附加圆水准器，在山区要特别注意。

③ 竖直角 α 的误差。竖直角误差对水平距离的误差一般影响不大。当测量竖直角的误差为 $\pm1'$，$\alpha=30°$时，对水平距离的误差约为 1/4 000，所以此项误差一般可不考虑。

④ 用视距测量高差的误差。从公式 $h=D\tan\alpha+i-v$ 可知，其与水平距离 D 和竖直角 α

的误差有关，但是高差的误差除了随着测量距离和竖直角的误差增减外，还随着距离和竖直角的大小而增减，即距离越长，竖直角越大，高差的误差也就最大。所以，为保证测量高差的精度，应限制距离的长度及避免出现过大的竖直角。读取竖盘读数时，应严格使竖盘指标水准管气泡居中。对于竖盘指标差的影响，可采用盘左、盘右观测，取竖直角平均值的方法来消除。

(3) 外界环境的影响

① 大气垂直折光影响。由于视线通过的大气密度不同而产生垂直折光差，而且视线越接近地面垂直折光差的影响也越大，因此，观测时应使视线离开地面至少 1 m 以上(上丝读数不得小于 0.3 m)。

② 空气对流使成像不稳定产生的影响。这种现象在视线通过水面和接近地表时较为突出，特别在烈日下更为严重。因此，应选择合适的观测时间，尽可能避开大面积水域。经过理论分析和试验资料得出，用视距法测量水平距离的相对中误差为 1/200～1/300，测量高差的误差与高差和距离有关，一般每 100 m 的距离约有±3 cm 的高差中误差，每 10 m 的高差也可有±3 cm 的高差中误差。通过上述分析，在进行视距测量时，应对影响观测精度的各种因素给予不同程度的注意。

第四节　光电测距仪原理及使用

一、电磁波测距概述

电磁波测距仪是 20 世纪中叶问世的一种距离测量的新型仪器。经过不断的改进和完善，现代测距仪具有测量速度快、方便，受地形影响小、测程长、测量精度高等特点，测距仪与光学经纬仪(或电子经纬仪)组合，可完成角度、距离、高差和坐标测量工作，并且能将测量成果自动地传输到外部存储器中。因此，电磁波测距已被广泛应用于大地测量、工程测量和地形测量中。按不同的分类方法，电磁波测距仪可以分为以下几类。

(1) 根据电磁波测距仪所采用的载波划分

用微波段的无线电波作为载波的微波测距仪，用激光作为载波的激光测距仪，用红外光作为载波的红外测距仪，后两者又统称为光电测距仪。微波和激光测距仪多属于长程测距，测程可达 60 km，一般用于大地测量，而红外测距仪属于中、短程测距仪(测程为 15 km 以下)，一般用于小地区控制测量、地形测量、地籍测量和工程测量等。

(2) 根据电磁波测距仪的测程和精度划分

按测程划分为：短程测距仪，<5 km；中程测距仪，5～15 km；远程测距仪，>15 km；按测量精度划分为：Ⅰ级，m_D<5 mm；Ⅱ级，5 mm≤m_D≤10 mm；Ⅲ级，m_D>10 mm，其中 m_D 为 1 km 测距的中误差。

(3) 按电磁波测距仪的基本功能划分

专用型：测距仪安装在基座上，只用于测量距离。

半站型：测距仪与光学经纬仪按一定的形式组合安装在三脚架上，称为半站型仪器。测距仪与光学经纬仪组合后的功能较强，便于及时进行距离测量和角度测量以及数据处理等工作。

全站型：测距仪与光电经纬仪安装成为组合式的仪器，或者测距仪与光电经纬仪结合成为一体化的仪器，称为全站型仪器。这种仪器能够及时快速完成距离、角度测量和数据处理等工作。

红外测距仪采用 GaAs(砷化镓)发光二极管作光源。由于 GaAs 发光管输入电源小、耗电少、体积小、寿命长、抗震性能强、能连续发光并能直接调制，从 20 世纪 80 年代以来，红外测距仪得到迅速发展。本节主要介绍红外光电测距仪的基本原理和测距方法。

二、光电测距仪的基本原理

如图 4-19 所示，光电测距仪是通过测量光波在待测距离 D 上往、返传播一次所需要的时间 t_{2D}，依下式来计算待测距离 D：

$$D=\frac{1}{2}Ct_{2D} \tag{4-32}$$

式中，$C=\frac{C_0}{n}$，C 为光在大气中的传播速度，C_0 为光在真空中的传播速度，$C_0=299\ 792\ 458$ m/s±1.2 m/s；n 为大气折射率($n\geqslant1$)，它是光的波长 λ、大气温度 t 和气压 p 的函数，即：

$$n=f(\lambda,t,p) \tag{4-33}$$

由于 $n\geqslant1$，所以 $C\leqslant C_0$，也即光在大气中的传播速度要小于其在真空中的传播速度。

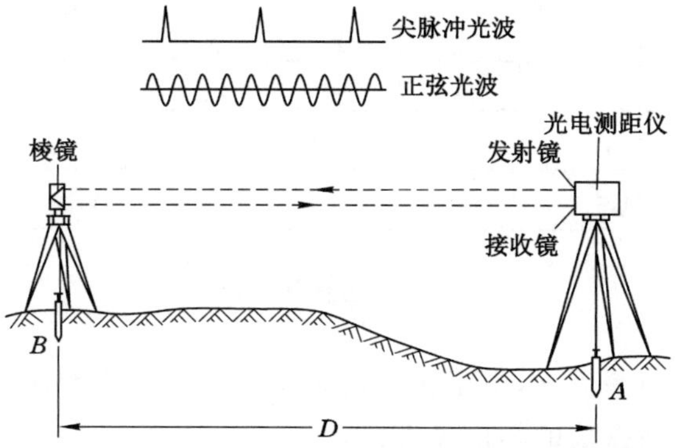

图 4-19　光电测距原理图

红外测距仪一般采用 GaAs(砷化镓)发光二极管发出的红外光作为光源，其波长 $\lambda=0.85\sim0.93\ \mu m$。对一台红外测距仪来说，$\lambda$ 是一个常数，则由式(4-33)可知，影响光速的大气折射率 n 随大气的温度 t、气压 p 而变化。这就要求我们在光电测距作业中，必须实时测定现场的大气温度和气压，并对所测距离施加气象改正。

根据测量光波在待测距离 D 上往、返一次传播时间 t_{2D} 的不同，光电测距仪可分为脉冲式和相位式两种。

(1) 脉冲法测距

用红外测距仪测定 A、B 两点间的距离 D 时，在待测距离一端安置测距仪，另一端安放反光镜。当测距仪发出光脉冲，经反光镜反射后回到测距仪。若能测定光在距离 D 上往返传播的时间，即测定发射光脉冲与接收光脉冲的时间差 t_{2D}，则两点间的距离为：

$$D=\frac{1}{2}\frac{C_0}{n}t_{2D} \tag{4-34}$$

此公式为脉冲法测距公式。用这种方法测定距离的精度取决于时间 t_{2D} 的量测精度。

如要达到±1 cm 的测距精度，时间量测精度应达到 6.7×10^{-11} s。这对电子元件的性能要求很高，难以达到。所以，一般脉冲法测距常用于激光雷达、微波雷达等远距离测距上，其测距精度为 0.5～1 m。20 世纪 90 年代，出现了将测线上往返的时间延迟 t_{2D} 变成电信号，对一个精密电容进行充电，同时记录充电次数，然后用电容放电来测定 t_{2D}，其测量精度也可达到毫米级。

(2) 相位法测距

相位式光电测距仪是将发射光波的光强调制成正弦波的形式，通过测量正弦光波在待测距离上往返传播的相位移来解算距离。图 4-20 是将返程的正弦波以棱镜站 B 点为中心对称展开后的图形。正弦光波振荡一个周期的相位移是 2π，设发射的正弦光波经过 $2D$ 距离后的相位移为 φ，则 φ 中可以分解为 N 个 2π 整数周期和不足一个整数周期相位移 $\Delta\varphi$，即有：

$$\varphi = 2\pi N + \Delta\varphi \tag{4-35}$$

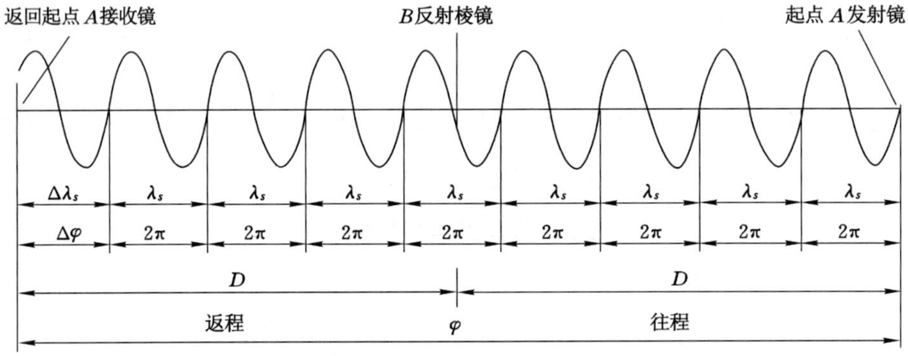

图 4-20　相位法测距原理图

设正弦光波的振荡频率为 f，由于频率的定义是 1 s 振荡的次数，振荡一次的相位移为 2π，则正弦光波经过 t_{2D} 后振荡的相位移为：

$$\varphi = 2\pi f t_{2D} \tag{4-36}$$

由式(4-35)和式(4-36)可以解出 t_{2D} 为：

$$t_{2D} = \frac{2\pi N + \Delta\varphi}{2\pi f} = \frac{1}{f}\left(N + \frac{\Delta\varphi}{2\pi}\right) = \frac{1}{f}(N + \Delta N) \tag{4-37}$$

式中，$\Delta N = \frac{\Delta\varphi}{2\pi}$，$0 < \Delta N < 1$。将式(4-37)代入式(4-34)，得：

$$D = \frac{C}{2f}(N + \Delta N) = \frac{\lambda}{2}(N + \Delta N) \tag{4-38}$$

式中，$\frac{\lambda}{2}$为正弦波的半波长，又称测距仪的测尺；$C \approx 3\times10^8$ m/s。不同的调制频率 f 对应的测尺长度列于表 4-4 中。

表 4-4　调制频率与测尺长度的关系

调制频率	15 MHz	7.5 MHz	1.5 MHz	150 MHz	75 MHz
$\frac{\lambda}{2}$	10 m	20 m	100 m	1 km	2 km

由表 4-4 可见，调制频率越大，测尺长度越长。

如果能够测出正弦光波在待测距离上往返传播的整周期相位移数 N 和不足一个周期的小数 ΔN，就可以依式(4-38)解算出待测距离 D。

相位计测不出整周数 N，这就使相位式光电测距方程式(4-38)产生多值解，只有当待测距离小于测尺长度时(此时 $N=0$)，才有确定的距离值。人们通过在相位式光电测距仪中设置多个测尺，用各测尺分别测距，然后将测距结果组合起来的方法来解决距离的多值解问题。在仪器的多个测尺中，将其中长度最短的测尺称为精测尺，其余称为粗测尺。

例如，在 1 km 的短程红外测距仪上一般采用 10 m 和 1 000 m 两把测尺相互配合进行测量。以 10 m 测尺作为精测尺测定米位以下距离，以 1 000 m 测尺作为粗测尺测定十米位和百米位距离，如实测距离为 543.756 m，则：

精测显示　　　　3.756

粗测显示　　　　54

仪器显示的距离　543.756 m

长距离的测距仪可采用三把光尺相互配合进行测距。

精、粗测尺测距结果的组合过程由测距仪内的微处理器自动完成，并输送到显示窗显示，无须用户干涉。

为保证测距的精度，测尺的长度必须十分精确。影响测距精度的因素有调制光的频率和光速。仪器制造时可以保证调制光频率的稳定性，光在真空中的速度是已知的，但光线在大气中传播时，通过不同密度的大气层时其速度不相同。因此，测得的距离还需加气象改正。

三、红外测距仪及其使用

（一）红外测距仪的特点

① 仪器的形体小、质量轻、便于携带。现代红外测距仪主机不到 1 kg，是当代高新技术的集成。

② 自动化程度高，测量速度快。仪器一旦启动测距，必须完成信号判别、调制频率转换、自动数字测相等一系列的技术过程，最后把距离直接显示出来，其间只需几秒钟的时间。

③ 功能多、使用方便。测距仪有各种测距功能以及可以满足各种不同要求的测量功能。

④ 功耗低、能源消耗少。

（二）红外测距仪的使用

现在生产的红外测距仪体积小、质量轻，所以测距仪一般安装在经纬仪上使用。不同厂家生产的测距仪，虽然它们的基本工作原理和结构大致相同，但具体的操作方法还是有所差异。使用时应认真阅读说明书，严格按照仪器的使用手册进行操作。

1. 日本索佳 $RED_{mini}2$ 测距仪

仪器构造：$RED_{mini}2$ 仪器的各操作部件如图 4-21 所示。测距仪的支架座下有插孔及固定螺旋，可使测距仪牢固地安装在经纬仪的支架上。测距仪的支架上有垂直制动螺旋和微动螺旋，可以使测距仪在竖直面内俯仰转动。测距仪的发射接收目镜内有十字丝分划板，用以瞄准反射棱镜。

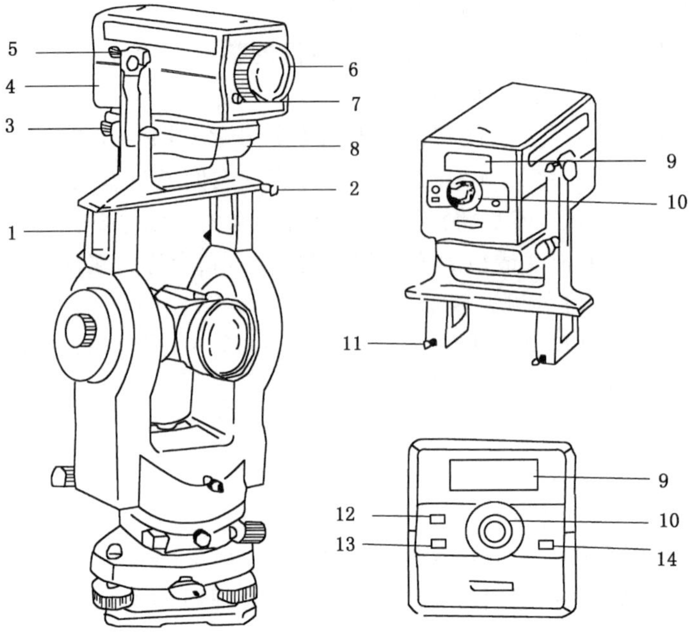

1—支架座;2—水平方向调节螺旋;3—垂直微动螺旋;4—测距仪主机;5—垂直制动螺旋;
6—发射接收镜物镜;7—数据输入输出插座;8—电池;9—显示窗;10—发射接收镜目镜;
11—支架固定螺旋;12—测距模式键;13—电源开关;14—测量键。

图 4-21　$RED_{mini}2$ 测距仪结构图

反射棱镜通常与照准觇牌一起安置在单独的基座上,如图 4-22 所示。测程较近时(通常在 500 m 以内)用单棱镜,当测程较远时可换三棱镜组。

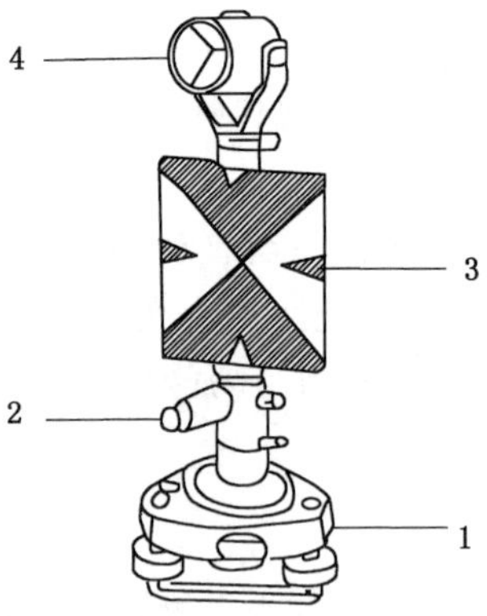

1—基座;2—光学对中器;3—照准觇牌;4—反射棱镜。

图 4-22　反射棱镜及照准觇牌

仪器安置:在测站点上安置经纬仪,其高度应比单纯测角度时低约 25 cm。将测距仪安装到经纬仪上,要将支架座上的插孔对准经纬仪支架上的插栓,并拧紧固定螺旋。

在主机底部的电池夹内装入电池盒,按下电源开关键,显示窗内显示“8888888”约 2 s,此时为仪器自检。当显示“－3 000”时,表示自检结果正常。

在待测点上安置反射棱镜，用基座上的光学对中器对中，整平基座，使觇牌面和棱镜面对准测距仪所在方向。

距离测量：用经纬仪望远镜中的十字丝中心瞄准测点上的觇牌中心，读取竖盘读数，计算出竖直角 α。

上、下转动测距仪，使其望远镜的十字丝中心对准棱镜中心；左、右方向如果不对准棱镜中心，则调整支架上的水平方向调节螺旋，使其对准。主机发射的红外光经棱镜反射回来，若仪器收到足够的回光量，则显示窗下方显示“ * ”。若“ * ”不显示，或显示暗淡，或忽隐忽现，则表示未收到回光，或回光不足，应重新瞄准棱镜。

显示窗显现“ * ”后，按测量键，发生短促音响，表示正在进行测量，显示测量记号“⊿”，并不断闪烁，测量结束时，又发生短促音响，显示测得斜距。

初次测距显示后，继续进行距离测量和斜距数值显示，直至再次按测量键，即停止测量。

如果要进行跟踪测距，则在按下电源开关键后，再按测距模式键，则每 0.3 s 显示一次斜距值（最小显示单位为厘米），再次按测距模式键，则停止跟踪测量。

当测距精度要求较高时（如相对精度为 1/10 000 以上），则测距的同时应测定气温和气压，以便进行气象改正，记录、计算见表 4-5。

表 4-5　光电测距记录计算手簿

仪器型号：　　　　天气：　　　　观测者：

仪器编号：　　　　日期：　　　　记录者：

测站点		斜距观测值/m	斜距平均值/m	竖盘读数	竖直角 α	温度/℃	气压改正值/m	改正后斜距 S/m	平距 D/m
仪器高	站标高					气压/kPa			
A	B	141.355	141.352	91°42′00″	−1°42′00″	25	+0.001 3	141.353	141.291
		141.355							
		141.350							
1.503	1.567	141.350				101			
		141.350							

2. 国产 ND3000 型短程红外测距仪

（1）仪器主要技术指标

① 测程——指的是在满足测距精度的条件下测距仪可能测得的最大距离。一台测距仪的实际测程与大气状况及反射棱镜数有关，ND3000 型红外测距仪测程为 2 500～3 500 m。

② 标称精度——光电测距仪的精度表达式的通式为：

$$m = \pm (a + bD) \tag{4-39}$$

式中，a 称为固定误差；b 称为比例误差；D 是以千米为单位的测距长度。

关于精度的概念将在第五章中阐述，这里可以将测距误差大小的程度理解为测距精度。通过检验测定，一台测距仪有具体的测距精度表达式，ND3000 红外测距仪的测距精度用下式表示：

$$m = \pm (5\ \text{mm} + 3 \times 10^{-6} D) \tag{4-40}$$

③ 测尺频率——一般红外测距仪设有 2～3 个测尺频率，其中有一个是精测频率，其余是粗测频率。一般仪器说明书标明这些频率值，便于用户使用。

④ 测量时间:连续 3 s,跟踪 0.8 s。

红外测距仪的技术指标还有功耗、工作温度、测距分辨率、发光波长、测尺长度以及仪器质量、体积等。

(2) 仪器构造

红外测距仪包括主机(图 4-23)、电池及反射棱镜。主机架在经纬仪上,通过连接器连接,安置在测站上。反射棱镜与觇牌连接对中器安置在目标点,如图 4-24 所示。

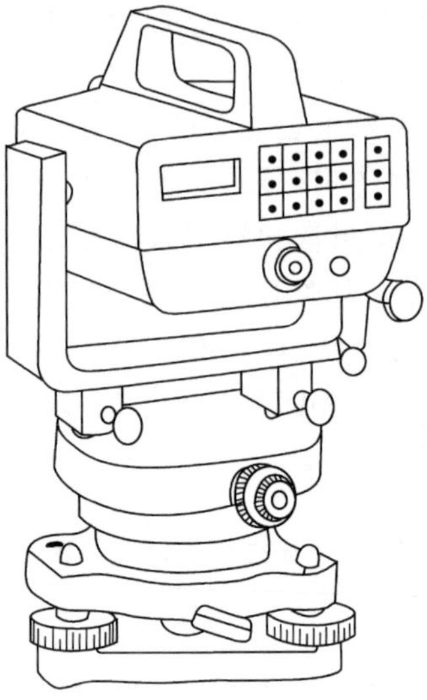

图 4-23 红外测距仪

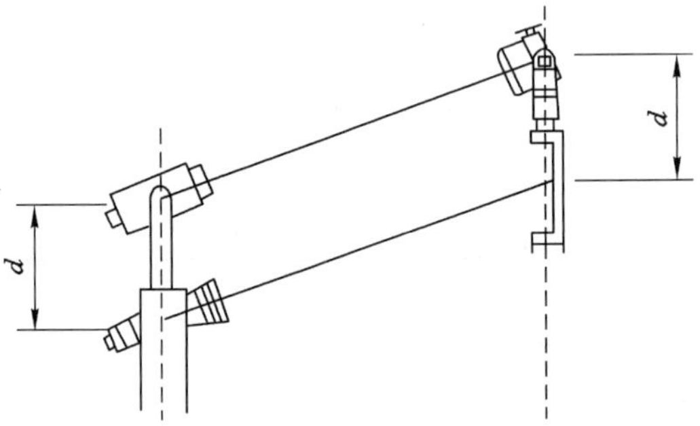

图 4-24 反射棱镜及瞄准位置

(3) 测距方法

在测站上安置经纬仪(对中、整平),将测距仪主机安装在经纬仪照准部支架的连接器上,拧紧连接螺旋;在目标点上安置棱镜、觇牌,安置方法同光学经纬仪。

用气压表、温度计测定气压、温度。

用经纬仪盘左位置瞄准觇牌中心,读取竖直度盘读数(图 4-24)。

开机自检,依次显示温度、气压、棱镜常数和自检符号 SELF-C,出现"Good"表示内部自检正常,然后分别预置温度、气压与棱镜常数。

① 输入新的温度值:按[T/P/C]键+按[ENT]键+[按数字键输入温度值]。

② 输入新的气压值：按[T/P/C]键两次＋按[ENT]键＋[按数字键输入气压值]。

③ 输入新的棱镜常数：按[T/P/C]键三次＋按[ENT]键＋[按数字键输入校镜常数值]。

棱镜常数值单位为毫米，如果输入数字有错，可按[ENT]键重置，操作结束后，可按[RST]键复位退出。

用测距仪瞄准棱镜中心，主机在接收到正常光强信号后，将鸣叫(按[SIG]键后，进入手动减光状态，此时不鸣叫)并出现“＊”号，如无“＊”应分析原因，及时排除故障。

输入天顶距(盘左竖直度盘读数)：同输入温度值一样，按[V/H]键，输入天顶距，按度分秒依次输入。

距离测量：按[MSR]键，显示斜距；按[S/H/V]键，显示平距。

四、光电测距成果整理

测距时得到的数据一般为野外测得的斜距，还必须经过改正，才能得到两点间正确的水平距离。

(1) 仪器加常数、乘常数改正

仪器加常数是由于仪器内光路等效发射面、接收面和仪器中心不一致，以及棱镜等效反射面和棱镜安置中心不一致造成的；仪器乘常数是由于仪器的振荡频率发生变化造成的。仪器加常数改正与距离无关，仪器乘常数改正与距离成正比。现代测距仪都具有设置仪器常数并自动改正的功能。使用仪器前，应预先设置常数。但使用过程中不能改变，只有当仪器经专业检定部门检定，得出新的常数，才能重新设置常数。

(2) 气象改正

仪器是按标准温度和标准气压设计制造的。在野外测量时，温度、气压与标准值有差别，会使测距结果产生系统误差。所以，测距时应测定环境温度和气压，利用仪器厂家提供的气象改正公式进行改正计算。目前，测距仪都具有设置气象参数并自动改正的功能，因此测距时将所测气象参数输入到测距仪中即可。有的还具有自动测定气象参数的功能。

(3) 改正后的平距、高差计算

斜距观测值经过加、乘常数改正和气象改正后，得到改正后的斜距 S。

测距仪与棱镜之间的平距 D 和高差 h' 是斜距在水平和垂直方向的分量，由经纬仪测定斜距方向的垂直角为 α，有：

$$\begin{cases} D = S\cos\alpha \\ h' = S\sin\alpha \end{cases} \tag{4-41}$$

若已知高差，可按式(4-19)计算倾斜改正。

水平距离的计算也可以通过输入天顶距或竖直角(电子经纬仪具有自动输入功能)由仪器自动进行计算。

五、光电测距的误差分析

将 $C=C_0/n$ 代入式(4-38)，得：

$$D = \frac{C_0}{2fn}(N + \Delta N) + K \tag{4-42}$$

式中，K 是测距仪的加常数，它通过将测距仪安置在标准基线长度上进行比测，经回归统计计算求得。在式(4-42)中，待测距离 D 的误差来源于 C_0、f、n、ΔN 和 K 的测定误差。利用第五章的测量误差知识，通过将 D 对 C_0、f、n、ΔN 和 K 求全微分，然后利用误差传播定律求得 D 的方差 m_D^2 为：

$$m_D^2=\left(\frac{m_{C_0}^2}{C_0^2}+\frac{m_n^2}{n^2}+\frac{m_f^2}{f^2}\right)D^2+\frac{\lambda_{精}^2}{4}m_{\Delta N}^2+m_K^2 \tag{4-43}$$

由式(4-43)可知，C_0、f、n 的误差与待测距离成正比，称为比例误差。ΔN 和 K 的误差与距离无关，称为固定误差。或者写成常用的经验公式，见式(4-39)。

光电测距仪使用注意事项：

① 光电测距仪属于精密贵重仪器，在运输、携带、装卸操作过程中都必须十分小心。运输和携带中要防震、防潮，装卸和操作中要注意连接牢固、电源插接正确、严格按操作程序使用仪器，搬站时必须将仪器装箱。

② 当前市场上出售的大部分红外测距仪是使用镍镉可充电电池作为供电电源。由于镍镉电池具有记忆效应，所以一定要确认电池的电量已经全部用完后才可以充电，否则电池的容量会逐渐减小而损坏电池。

③ 在有阳光的天气，必须撑伞保护仪器。在通电作业时，严防阳光及其他强光直射接收物镜，更不能将接收物镜对准太阳，以免损坏接收镜内的光敏二极管。

④ 设置测站时，要避免强电磁场的干扰。例如，在变压器、高压线附近不宜设站。

⑤ 气象条件对光电测距有较大的影响。不宜在阳光强烈、视线靠近地面或者高温的环境条件下观测。

⑥ 要注意仪器防晒、防雨、防潮和防震。

第五节　全站仪测量原理及应用

一、全站仪的特点

全站仪是一种集光电、计算机、微电子通信、精密机械加工等高精尖技术于一体的先进测量仪器，用它可方便、高效、可靠地完成多种工程测量工作，是目前测量工作中使用频率最高的仪器之一，具有常规测量仪器无法比拟的优点，是新一代综合性勘察测绘仪器。与普通仪器相比，全站仪具有如下功能：

① 具有普通仪器(如经纬仪)的全部功能。

② 能在数秒内测定距离、坐标值，测量方式分为精测、粗测、跟踪三种，可任选其中一种。

③ 角度、距离、坐标的测量结果在液晶屏幕上自动显示，不需要人工读数、计算，测量速度快，效率高。

④ 测距时仪器可自动进行气象改正。

⑤ 系统参数能够进行设置、更改。

⑥ 菜单式操作，可进行人机对话。提示语言有中文、英文等。

⑦ 内存大，一般可储存几千个点的测量数据，能充分满足野外测量需要。

⑧ 数据可录入电子手簿，并输入计算机进行处理。

⑨ 仪器内置多种测量应用程序，可视实际测量工作需要，随时调用。

全站仪作为一种现代测量仪器，它的主要特点是同时具备电子经纬仪测角和测距两种功能，并由电子计算机控制、采集、处理和储存观测数据，使测量数字化，后处理自动化。全站仪除了应用于常规的控制测量、地形测量和工程测量外，还广泛地应用于变形测量等领域。

二、全站仪发展历史

电子全站仪从出现发展到今天才短短十几年，已发生划时代的飞跃，其发展大致可分为四代。

第一代：半站型全站仪。半站型全站仪又称组合式全站仪，它由红外测距仪和电子经纬仪组合而成，一般可测斜距、平距、高差等。数据传输有两种方式：一种由测距仪通过连接电缆传入电子经纬仪，再通过电子经纬仪上的 232 接口输出；另一种是通过"Y"形电缆分别由测距仪和电子经纬仪的通信口输出。代表产品有索佳 RED2LV、RED2L、RED2A、红外测距仪加 DTZ、DT4，或 DTS 电子经纬仪等，如图 4-25 所示。

第二代：可接手簿全站仪。可接手簿全站仪集测角、测距、计算于一体，观测内容的区分一般通过命令键或代码改变。其还具备数项专业测量的特殊功能，如断面测量、偏心测量、导线测量、对边测量、放样测量、悬高测量等，数据传输通过 232 接口输出。代表产品有索佳 SET2B、徕卡 TC-500、尼康 DTM-A5LG、拓普康 GTS301、捷创力 GDM510 等，可接电子手簿或电脑。

第三代：可插磁卡全站仪。可插磁卡全站仪具有第一、二代产品的所有功能，还增加了数据传输的插卡装置，便于将观测数据直接记录在磁卡上。磁卡分为非标准卡（专业卡）和标准电脑卡（PC 卡）。非标准卡不能直接与成品电脑兼容，独立性较强。标准电脑卡可以接到电脑上使用，便于用户调用数据。代表产品有索佳 SET2C（专业卡）、徕卡 TC1100、拓普康 GTS-700 等。

第四代：电脑化全站仪。电脑化全站仪具有与电脑兼容的双 PC 卡，可同时插系统卡和专用功能卡。专用功能卡有观测系统卡、纵横断面卡、计算卡、遥控传输卡等，并可全汉字显示。数据传输串口或并口电缆传输、PC 卡传递、无线通信 3 种可选，还可以进行系统开发。代表产品有 POWER SET、SET2000、SET3000、SET4000、尼康 DTM750 等，如图 4-26 所示。

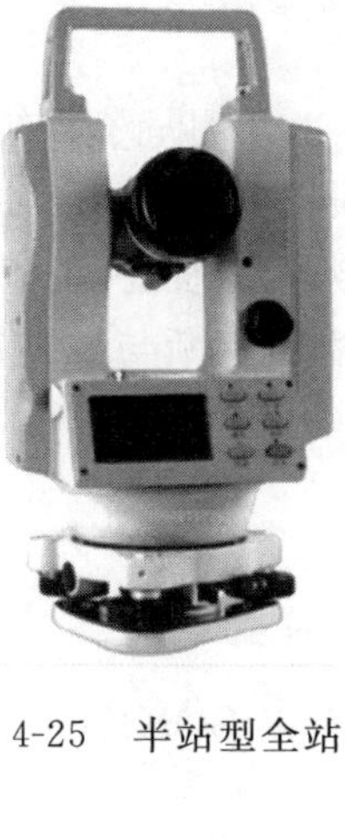

图 4-25　半站型全站仪

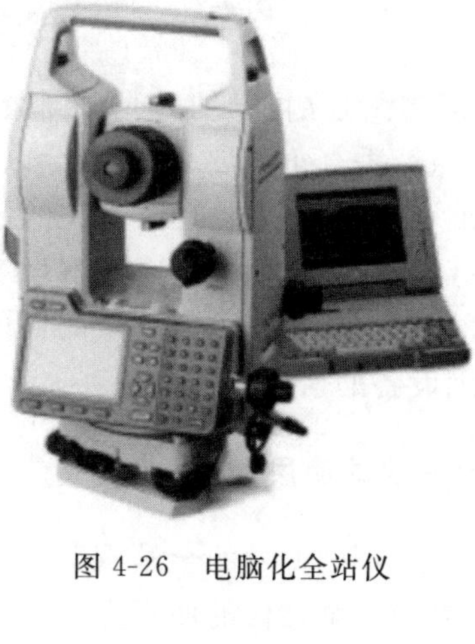

图 4-26　电脑化全站仪

全站仪发展虽然使得它所具备的功能越来越多，但是其操作的方便性没有改变。内置程序的增多和标准化是近年来全站仪发展的一个重要特点，程序的执行过程实际上就是仪器操作的执行过程，这就使观测者能够按仪器中设定的正确操作步骤去完成工作，从而避免误操作。另外，仪器的数据共享能力在不断加强，全站仪和其他类型的仪器（如 GPS 接收机、数字水准仪）之间的数据交流越来越方便，自动化水平不断提高。

全站仪早期的发展主要体现在硬件设备上（如质量的减轻、体积的减小等），中期的发展主要体现在软件功能上（如水平距离的归算，加、乘常数的改正等），现今的发展则是全方位的，具有与电脑兼容的双 PC 卡可以同时插系统卡和专用功能卡，实现数据的共享和传输，还可以进行系统的二次开发。

三、全站仪的结构

全站仪是集光、机、电于一体的高科技仪器设备，其中轴系机械结构和望远镜光学瞄准系统与光学经纬仪相比没有大的差异，而电子系统主要由电子测距单元、电子测角及微处理器单元和电子记录单元构成。图 4-27 为徕卡 TPS1000 系列全站仪的电子系统结构示意图，主要由主板、存储卡板和马达板组成。主板是系统的核心，确保角度测量、距离测量、马达功能和输入/输出等部分的正常工作。

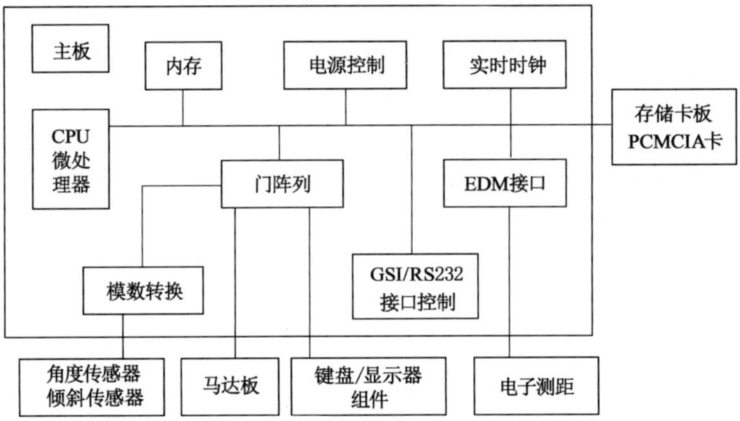

图 4-27　TPS1000 系列全站仪电子系统单元组成示意图

上述电子系统又可归纳为光电测量子系统和微处理子系统。光电测量子系统的主要功能有水平角测量、垂直角测量、距离测量以及仪器电子整平与轴系误差自动补偿、轴系驱动和目标自动照准、跟踪等。微处理子系统的主要功能有控制和检核各类测量程序和指令，确保全站仪各部件有序工作；实现角度电子测微，距离精、粗读数等内容的逻辑判断与数据链接，全站仪轴系误差的补偿与改正；距离测量的气象改正或其他归化改算；管理数据的显示、处理与存储以及与外围设备的信息交换等。

四、全站仪的使用

不同厂家、不同型号的全站仪其操作步骤有一定的差异，下面以 SOKKIA SET210 全站仪为例，简要说明全站仪的使用方法。

（1）全站仪基本操作

开机：当按下[ON]后会听到仪器发出“啪啪”两声，同时屏幕显示“SOKKIA”字样，表示开机成功。

关机：先按下[ON]后再按[.]。仪器操作面板参见图 4-28 所示。

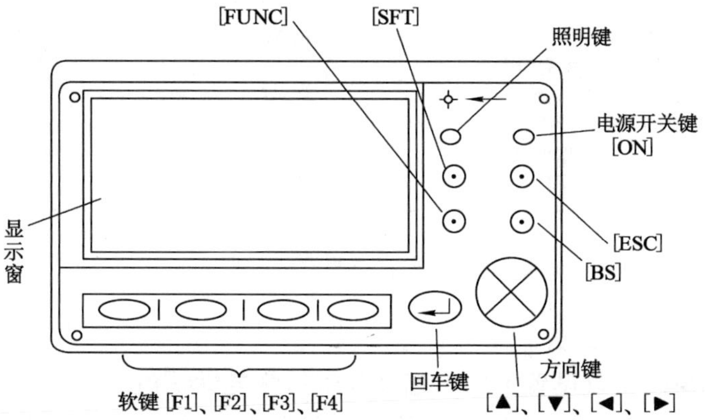

图 4-28 仪器操作面板

软键操作：在操作过程中，显示窗底行会显示出各软键的功能。如果不在底行显示，仪器会在软键前面显示使用何键执行。

[F1]～[F4]：选取与显示窗底行对应的各软键相应的功能，如果没有与之对应的软键则此时该按钮无效。

[FUNC]：改变测量模式菜单页。测量模式下显示窗底部的菜单选项共有三页，可用该键切换各页。

字母数字输入时，各键也有不同的功能。

[FUNC]：转至下一页字母或数字显示。若按住[FUNC]片刻，则返回上页字母或数字显示。

[BS]：删除光标左边一个字符。

[ESC]：取消输入的数据内容或退到前次执行的内容，返回前页显示。

[SFT]：字母大小写转换。如输入字母 ABCac 时，则输完 ABC 后，按下该键，即可转换到小写字母输入状态，再输入 ac，但不能对已输入的字母进行大小写转换。

回车键：选取或接受输入的数据内容。

任意项的选取：

[▲]/[▼]：向上或向下移动光标。

[◀]/[▶]：向左或向右移动光标，或者选取其他选项。

[回车]：选取选项。

模式转换：

[设置]：由状态模式转至设置模式。

[测量]：由状态模式转至测量模式。

[内存]：由状态模式转至存储模式。

[ESC]：由各模式返回状态模式。

(2) 气象改正设置

在测量模式第 2 页菜单下用[▲]或[▼]来使指引光标到[改正]命令下，然后按[回车]确定，进入图 4-29 所示屏幕。

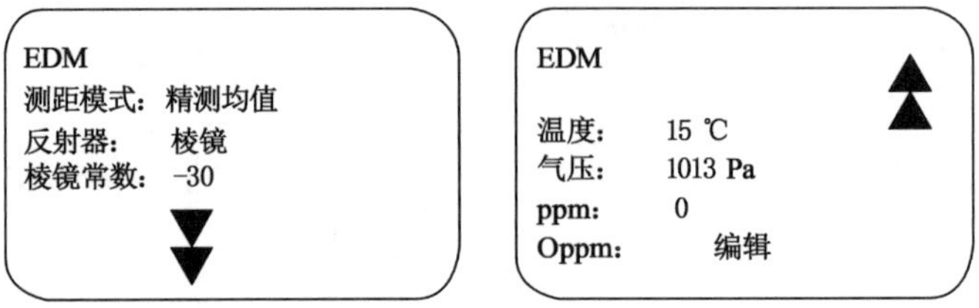

图 4-29　气象改正界面

[编辑]：修改光标处的参数。

[Oppm]：将气象改正数设置为“0”，温度和气压恢复默认值。

气象改正数可以通过输入温度、气压值后由仪器自动计算，也可以直接输入 ppm 值进行改正。

(3) 坐标测量

在输入测站坐标、仪器高、目标高和后视坐标方位角后，用坐标测量功能可以测定目标点的三维坐标。其原理是通过测量值(水平角、竖直角、测站与目标之间的距离值)由仪器在后台自动计算出目标点的坐标值，屏幕上显示的是经过计算后的坐标值。

操作步骤：

① 量取仪器高和目标高。

② 在测量模式第 1 页菜单下按[坐标]进入[坐标测量]。

③ 按[回车]键后选取“测站坐标”，进入测站坐标输入界面(图 4-30)；按[编辑]键输入测站坐标、仪器高和目标高；按[取 DATA]键调用预先输入内存中的已知坐标数据；按[记录]键存储测站数据；按[OK]键完成输入。

④ 设置后视坐标方位角。后视坐标方位角可以通过测站点坐标和后视点坐标反算得到。在测量模式第 1 页菜单下按[坐标]键进入<坐标测量>，选择[测站定向]→[后视定向]→[角度定向]直接输入角度，或选择[测站定向]→[后视定向]→[后视]，然后按[编辑]键，输入后视点坐标(图 4-31)。

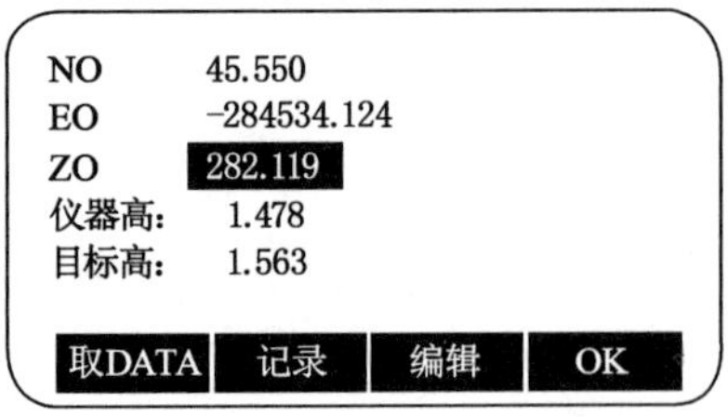

图 4-30　测站坐标输入界面

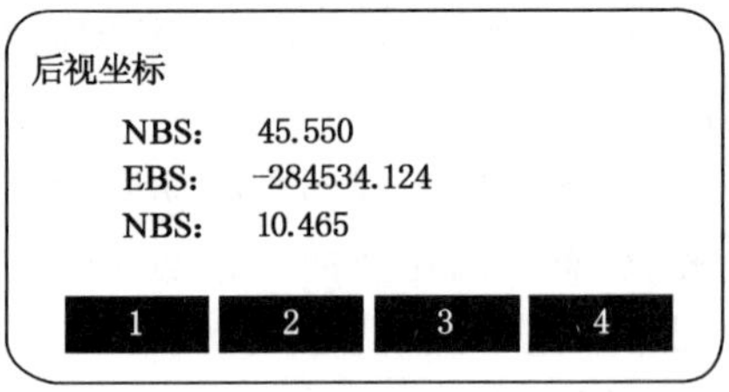

图 4-31　后视点坐标输入界面

⑤ 三维坐标测量。照准目标点上的棱镜，在测量模式第 1 页菜单下按[坐标]键进入[坐标测量]界面，在[坐标测量]界面下选取“观测”键，开始坐标测量，在屏幕上显示出所测目标点

的坐标值。按[仪高]键可重新输入测站数据，按[记录]键可记录测量结果(图 4-32)，按[ESC]键结束坐标测量，返回[坐标测量]屏幕。

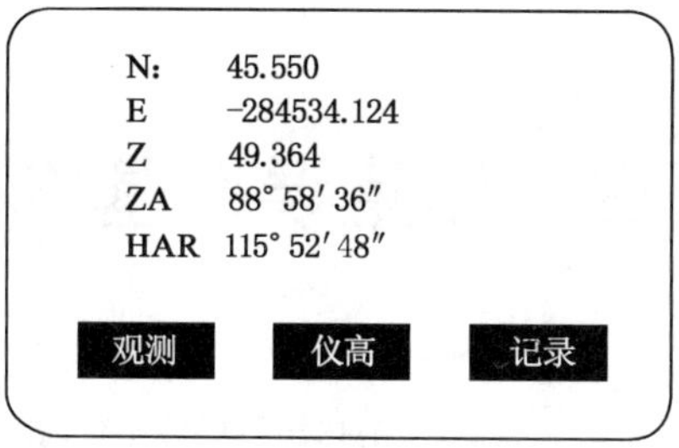

图 4-32　坐标测量结果

第五章　测量误差基本知识

第一节　测量误差概述

通常将对未知量进行测量的过程称为观测，测量的数值称为观测值。当对一个未知量，如某个角度、某两点间的距离或高差等，进行多次重复观测时，每次所得到的结果往往并不完全一致，与其客观存在的真实值也往往有差异。这种差异实质上是观测值与真实值（简称真值）之间的差异，称为测量误差或者观测误差，亦称为真误差。在不产生歧义的情况下，也可简称为误差。

一、测量误差的来源

测量工作是观测者使用某种测量仪器或工具，在一定的外界条件下进行的观测活动。因此，测量误差的来源主要有以下三个方面：

① 仪器误差。主要是仪器、工具构造上的缺陷及仪器、工具本身精密度的限制。

② 观测者误差。由于观测者测量技术水平或者感官能力的局限而产生，主要体现在仪器的对中、照准、读数等几个方面。

③ 外界条件影响。在观测过程中，不断变化的温度、湿度、风力、可见度、大气折光等外界因素给测量带来的误差。

大量的实践表明，测量误差主要是由上述三方面因素的影响而造成的。通常将仪器、观测者和外界条件合称为观测条件。

人、仪器和环境是测量工作得以进行的必要条件，但是，这些观测条件都有其本身的局限性和对测量精度的不利因素。因此，测量成果中的偶然误差是不可避免的。偶然误差的大小决定观测值的精度。偶然误差小，则精度高；偶然误差大，则精度低。凡是观测条件相同的同类观测（例如测角或测距），称为等精度观测；观测条件不同的同类观测，则称为不等精度观测，这对于观测值的成果处理应有所区别。

二、测量误差的分类

测量误差按其产生的原因和对观测结果影响性质的不同，可以分为系统误差、偶然误差和粗差三类。

（一）系统误差

在相同的观测条件下，对某一量进行一系列的观测，如果出现的误差在符号和数值上都相同，或按一定的规律变化，这种误差称为系统误差。系统误差具有一定的方向性和明显的积累性。

（二）偶然误差

在相同的观测条件下，对某一量进行一系列的观测，如果误差出现的符号和数值大小都不相同，从表面上看没有任何规律性，这种误差称为偶然误差。偶然误差是由人力所不能控制或无法估计的许多因素（如人眼的分辨能力，仪器的极限精度和变化无常的气象因素等）共同引起的测量误差，其数值的正负和大小纯属偶然。多次重复观测，取其平均值，可以抵消一部分偶然误差。

（三）粗差

由于观测者的粗心或受某种干扰造成的特别大的测量误差称为粗差。如瞄错目标、读错大数等，粗差也称错误。粗差是可以避免的，包含粗差的观测值应该舍弃，并重新进行观测。在测量误差理论的讨论中，不包括粗差。

三、误差处理的原则

为了防止粗差的发生和提高观测成果的精度，在测量工作中，一般需要进行多于必要的观测，称为多余观测。例如，一段距离用往返丈量，如果将往测作为必要观测，则返测就属于多余观测；又例如，由三个地面点构成一个平面三角形，为确定其形状，在三个点上进行水平角观测，其中两个角度属于必要观测，第三个角度的观测就属于多余观测。

由于观测值中的偶然误差不可避免，有了多余观测，观测值之间必然产生矛盾（例如存在往返差、不符值、闭合差等），根据这些差值的大小，可以评定测量的精度。差值如果大到一定程度，就认为观测值中含有粗差（不属于偶然误差），称为误差超限，应进行重测。差值如果不超限，则按偶然误差的规律加以处理，如取平均值或按闭合差进行改正，以求得较为可靠的数值。因此，在测量工作中采取适当的多余观测，可以发现粗差（避免粗差）、评定观测值的精度和提高观测成果的质量。

至于观测值中的系统误差，应该尽可能地根据其产生的原因和规律加以改正、抵消或削弱。例如，进行精密的光电测距时，测定气温和气压，对测得的距离长度进行气象改正；经纬仪的检验校正和测角时的盘左、盘右观测而取其平均值；水准仪的检验校正和高差测定时使前、后视距离相等。这些规定的目的都是消除由测量环境和测量仪器产生的系统误差。

第二节　偶然误差的基本特性

在一定的观测条件下进行一系列的观测，如果误差的大小和符号都表现出随机性，这样的误差称为偶然误差。表面上看来，偶然误差没有一定的规律可遵循，但当对大量的偶然误差进行统计分析时，就能发现其规律性，并且随着偶然误差个数的增加，其规律性越明显。

偶然误差是由于观测者的感官能力和仪器性能受到一定的限制，以及受观测时不断变化的外界条件影响等原因造成的。例如普通水准测量时，水准尺毫米数值的估读误差；角度测量时，用经纬仪瞄准目标的照准误差；忽大忽小变化的风力对仪器、立尺的影响等。

在实际测量当中，只要严格遵守国家技术监督部门和测绘管理机构制定的相关测量规范，粗差是可以被发现并剔除的，系统误差也是可以被改正的，而偶然误差却是不可避免的，并且很难完全消除。在消除或大大削弱了粗差和系统误差的观测值误差后，偶然误差就占据了主导地位，其大小将直接影响测量成果的精确程度。因此，了解和掌握其统计规律，对提高测量精度有很大的帮助。

对一个三角形的三个内角进行观测，由于观测存在误差，三角形各内角的观测值之和 l 不等于其真值 180°。用 Z 表示真值，则 l 与 Z 的差值 Δ 称为真误差，可由下式计算：

$$\Delta = l - Z \tag{5-1}$$

现观测了 96 个三角形，按式(5-1)计算可得 96 个内角和观测值的真误差。按其大小和一定的区间(本例为 0.5″)，统计见表 5-1。

表 5-1　不同观测值个数真误差范围

个数	真误差 Δ/(″)	个数	真误差 Δ/(″)
1	−3.0～−2.5	1	20
2	−2.5～−2.0	3	2.0～2.5
4	−2.0～−1.5	5	1.5～2.0
7	−1.5～−1.0	9	1.0～1.5
12	−1.0～−0.5	14	0.5～1.0
18	−0.5～0.0	20	0.0～0.5

大量实验统计结果表明，特别是观测次数较多时，总结出偶然误差具有如下统计特性：

① 在一定的观测条件下，偶然误差的绝对值有一定的极限，超出该限值的误差出现的概率为零，这种特性简称有界性。

② 绝对值较小的误差比绝对值大的误差出现的概率大，这种特性简称单峰性。

③ 绝对值相等的正、负误差出现的概率相同，这种特性简称对称性。

④ 对同一观测量的等精度观测，其偶然误差的算术平均值，随着观测次数的无限增加而趋于零，即：

$$\begin{cases} \lim\limits_{n \to \infty} \dfrac{[\Delta]}{n} = 0 \\ [\Delta] = \Delta_1 + \Delta_2 + \cdots + \Delta_n \end{cases} \tag{5-2}$$

在数理统计中，称式(5-2)为偶然误差的数学期望(即理论平均值等于零)。偶然误差的这种特性简称补偿性。

有界性说明偶然误差出现的范围，单峰性是偶然误差绝对值大小的规律，对称性是误差符号出现的规律，补偿性可由对称性导出。

表 5-1 的统计结果用较直观的频率分布直方图来表示，如图 5-1 所示。以横坐标表示三角形内角和的偶然误差 Δ，在横坐标轴上自原点向左、右截取各误差区间；纵坐标表示各区间内误差出现的相对个数(亦称为频率)除以区间间隔(亦称组距)，即频率/组距。

在图 5-1 中，如果在观测条件相同的情况下，观测更多的三角形内角，随着观测个数的不断增多，误差出现在各区间的频率就趋向一个稳定值。当 $n \to \infty$ 时，各区间的频率也就趋向一个完全确定的数值——概率。这就是说，在一定的观测条件下，对应着一定的误差分布。

当 $n \to \infty$，如将误差区间无限缩小($d\Delta \to 0$)，则图 5-1 各矩形的上部折线就趋向于一条以

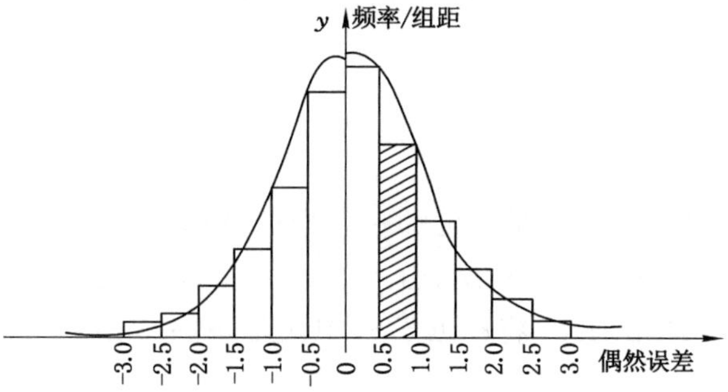

图 5-1　频率分布直方图

纵轴为对称轴的光滑曲线，称为误差概率分布曲线。在数理统计中，这种概率分布曲线称为正态分布密度曲线。高斯根据偶然误差的四个特性推导出该曲线的方程式为：

$$y=f(\Delta)=\frac{1}{\sigma\sqrt{2\pi}}e^{-\frac{\Delta^2}{2\sigma^2}} \tag{5-3}$$

式中，$\pi \approx 3.141\ 6$；自然对数的底 $e \approx 2.718\ 3$；在统计学上 σ 称为标准差；方差为偶然误差平方的理论平均值，即：

$$\sigma^2=\lim_{n\to\infty}\frac{\Delta_1{}^2+\Delta_2{}^2+\cdots+\Delta_n{}^2}{n}=\lim_{n\to\infty}\frac{[\Delta^2]}{n} \tag{5-4}$$

标准差的计算式为：

$$\sigma=\lim_{n\to\infty}\sqrt{\frac{[\Delta^2]}{n}}=\lim_{n\to\infty}\sqrt{\frac{[\Delta\Delta]}{n}} \tag{5-5}$$

由上式可知，标准差的大小取决于在一定条件下偶然误差出现的绝对值大小。由于在计算标准差时取各个偶然误差的平方和，因此，当出现有较大绝对值的偶然误差时，在标准差的数值大小中会得到明显的反应。

正态分布的概率密度函数以偶然误差 Δ 为自变量，以标准差 σ 为密度函数的唯一参数，也是正态分布曲线两侧的拐点的横坐标值。

第三节　衡量观测值精度的指标

一、精度

精度是指在一定的观测条件下，对某个量进行观测，其误差分布的密集或离散的程度。由于精度是表征误差的特征，而观测条件又是造成误差的主要来源。因此，在相同的观测条件下进行的一组观测，尽管每一个观测值的真误差不一定相等，但它们都对应着同一个误差分布，即对应着同一个标准差。这组观测称为等精度观测，所得到的观测值为等精度观测值。如果仪器的精度不同，或观测方法不同，或外界条件的变化较大，这就属于不等精度观测，所对应的观测值就是不等精度观测值。

为了衡量观测结果精度的优劣，必须有一个评定精度的统一指标。中误差、平均误差、相对中误差和允许误差(极限误差)是测量工作中最常用的衡量指标。下面分别对它们进行讲述。

二、中误差

前面已经论述了标准差 σ 是衡量精度的一个指标,但只是理论上的表达式。在测量实践中,观测次数总是有限的。为了评定精度,引入中误差 m 这个概念,它其实是标准差 σ 的一个近似值,随着观测次数 n 的增加,m 将趋近于 σ,中误差 m 的表达式为:

$$m = \pm\sqrt{\frac{[\Delta^2]}{n}} \tag{5-6}$$

中误差 m 和标准差 σ 的区别在于观测次数 n 上。标准差 σ 表征了一组等精度观测在 $n \to \infty$ 时误差分布的扩散特征,即理论上的观测精度指标。而中误差 m 则是一组等精度观测在 n 为有限次数时的观测精度指标。

中误差 m 不同于各个观测值的真误差 Δ_i,它反映的是一组观测精度的整体指标,而真误差 Δ_i 是描述每个观测值误差的个体指标。在一组等精度观测中,各观测值具有相同的中误差,但各个观测值的真误差往往不等于中误差,且彼此也不一定相等,有时差别比较大(见表 5-1),这是由于真误差具有偶然误差特性的缘故。

与标准差一样,中误差的大小也反映出一组观测值误差的离散程度。中误差 m 越小,表明该组观测值误差的分布越密集,各观测值之间的整体差异也越小,这组观测的精度就越高。反之,该组观测的精度就越低。

【例 5-1】 对某个量进行两组观测,各组均为等精度观测,各组观测值的真误差分别如下所示,请评定哪组的精度高。

第一组:$-3''$、$+2''$、$-1''$、$0''$、$+4''$

第二组:$+5''$、$-1''$、$0''$、$+1''$、$+2''$

解: 根据公式分别计算两组观测值的中误差:

第一组:

$$m_1 = \pm\sqrt{\frac{(-3)^2+(+2)^2+(-1)^2+0+(+4)^2}{5}} = \pm 2.4''$$

第二组:

$$m_1 = \pm\sqrt{\frac{(+5)^2+(-1)^2+(+1)^2+0+(+2)^2}{5}} = \pm 2.5''$$

可见第一组具有较小的中误差,第一组的精度较高。

三、相对中误差

在某些测量工作中,对观测值的精度有时仅用中误差来衡量还不能完全反映出观测值的质量。例如,用光电测距仪测量长度分别为 1 000 m 和 200 m 的两段距离,测距的中误差都是 ±2 cm,但不能认为二者的测量精度是相同的,因为测量距离的误差的大小与其长度有关。为此,用观测值的中误差与观测值之比的形式描述距离测量的精度(面积测量也应如此),称为相对中误差(用分子为 1 的分式表示)。在上述例子中,前者的相对中误差为 0.02/1 000=

1/50 000，而后者则为 0.02/200＝1/10 000，前者的量距精度高于后者。

四、极限误差

限差是对误差的限制值，当误差超过限差时，应舍去该观测值。概率统计理论研究表明，误差落在区间（$-k\alpha$，$+k\alpha$）的概率为：

$$\begin{cases} k=1 \text{ 时}, P(\Delta) \approx 68.3\% \\ k=2 \text{ 时}, P(\Delta) \approx 95.4\% \\ k=3 \text{ 时}, P(\Delta) \approx 99.7\% \end{cases}$$

根据中误差与标准差的关系，在测量工作中误差大于两倍中误差时，出现的概率为 4.5%，误差大于三倍中误差时，出现的概率为 0.3%。由于大于两倍中误差的误差出现的机会已很小，所以根据偶然误差的特性，在测量工作中常取两倍中误差作为误差的限值，作为测量成果取舍的极限误差，简称限差，也称允许误差，即：

$$\Delta_{限} = 2m \tag{5-7}$$

在测量工作中，真误差、中误差和极限误差都称为绝对误差。

第四节　观测值的算术平均值及改正值

一、算术平均值

在相同的观测条件下，对某个未知量进行 n 次观测，其观测值分别为 $l_1, l_2, \cdots, l_n$。将这些观测值取算术平均值，作为该量最可靠的数值，所以也称为最或然值，即：

$$\bar{x} = \frac{l_1 + l_2 + \cdots + l_n}{n} = \frac{[l]}{n} \tag{5-8}$$

对同一量进行多次观测，获得多个观测值而取其算术平均值的合理性和可靠性，可以用偶然误差的特性来证明。设某一量的真值为 X，各次观测值为 $l_1, l_2, \cdots, l_n$，其相应的真误差为 $\Delta_1, \Delta_2, \cdots, \Delta_n$，则得到：

$$\begin{cases} \Delta_1 = X - l_1 \\ \Delta_2 = X - l_2 \\ \quad \cdots\cdots \\ \Delta_n = X - l_n \end{cases} \tag{5-9}$$

将上列等式相加，并除以 n，得到：

$$\frac{[\Delta]}{n} = X - \frac{[l]}{n} \tag{5-10}$$

根据偶然误差的第四个特性，当观测次数无限增多时，$\frac{[\Delta]}{n}$就会趋近于零，即：

$$\begin{cases} \lim\limits_{n \to \infty} \frac{[\Delta]}{n} = 0 \\ X = \frac{[\Delta]}{n} \end{cases} \tag{5-11}$$

也就是说，当观测次数无限增大时，观测值的算术平均值在理论上趋近于该量的真值。在实际工作中，不可能对某一量进行无限次的观测，但是将有限次观测值的算术平均值作为该量的最或然值是可行的。由于偶然误差的抵偿性，可以不同程度地向真值逼近，即提高该量的观测精度。

二、观测值的改正值

最或然值与观测值之差称为观测值的改正值(v)，此处的最或然值是算术平均值，证明如下：

$$\begin{cases} v_1 = \bar{x} - l_1 \\ v_2 = \bar{x} - l_2 \\ \quad \cdots\cdots \\ v_n = \bar{x} - l_n \end{cases} \tag{5-12}$$

将上列等式相加，得：

$$[v] = n\bar{x} - [l] \tag{5-13}$$

$$[v] = n\frac{[l]}{n} - [l] = 0 \tag{5-14}$$

一组观测值取算术平均值后，其改正值之和恒等于零。这一公式可以作为计算算术平均值及各个观测值的改正值时的检核。

对于一组等精度观测值，取其算术平均值作为最或然值的合理性，是由于各个观测值的改正值是符合处理偶然误差的“最小二乘法”的数据处理原则，也就是使各个改正值的平方和为最小，即：

$$[vv] = [(\bar{x} - l)^2] = \min \tag{5-15}$$

以此作为条件来求待定值，则需要使上列函数的一阶导数为零，即令：

$$\frac{\mathrm{d}[vv]}{\mathrm{d}x} = 2[(\bar{x} - l)] = 0 \tag{5-16}$$

证明了最小二乘原理。

第五节　观测值的精度评定

观测值的精度最理想的是以标准差 σ 来衡量，但是，由于在实际工作中不可能对某一量进行无穷多次观测，因此，只能根据有限次观测，以估算中误差 m 来衡量其精度。在应用该公式时，还需要具有观测对象的真值 X 为已知、真误差 Δ_i 可以求得的条件。例如，用经纬仪观测平面三角形的三个内角，每个三角形的内角之和的真值(180°)为已知，因此，求得的三角形闭合差为真误差。

在一般情况下，观测值的真值 X 是不知道的，真误差 Δ_i 也就无法求得。由上一节可以知道，在同样的观测条件下对某一量进行多次观测，可以取其算术平均值 $\bar{x}$ 作为最或然值，可以算得各个观测值的改正值 v_i，并且还知道 $\bar{x}$ 在观测次数逐渐增多时将逼近于真值 X。因此，对于有限的观测次数，以 $\bar{x}$ 代替 X 即相应于以改正值 v_i 代替真误差 Δ_i，得到按观测值的改正值计算观测值的中误差的公式为：

$$m=\pm\sqrt{\frac{[vv]}{n-1}} \tag{5-17}$$

除了以$[vv]$代替$[\Delta\Delta]$之外，还以$(n-1)$代替n，简单直观的解释为：在真值已知的情况下，所有n个观测值均为多余观测；在真值未知的情况下，则有一个观测值是必要的，其余$(n-1)$个观测值才是多余的。因此，两个公式中的n和$(n-1)$是分别代表真值已知和真值未知两种不同情况下的多余观测数。按观测值的改正值计算中误差见表 5-2。

表 5-2　按观测值的改正值计算中误差

次序	观测值 l/m	Δl/cm	改正值 v/cm	vv/cm^2	计算算术平均值及观测值中误差
1	120.031	+3.1	−1.4	1.96	算术平均值： $\bar{x}=l_0+\frac{[\Delta L]}{n}=120.017$ (m) 观测值中误差： $m=\pm\frac{\sqrt{[vv]}}{n-1}=\pm3.0$ (cm)
2	120.025	+2.5	−0.8	0.64	
3	119.983	−1.7	+3.4	11.56	
4	120.047	+4.7	−3.0	9.00	
5	120.040	+4.0	−2.3	5.29	
6	119.976	−2.4	+4.1	16.81	
$\sum$	(l_0=120.000)	+10.2	0.0	45.26	

第六节　误差传播定律及应用

在实际测量工作中，有些量往往是不能直接观测得到的，需借助其他的观测量按照一定的函数关系间接计算而得。由于直接观测量含有误差，因而它的函数亦必然存在误差。各观测量的中误差与其函数的中误差之间的关系式，称为误差传播定律。

一、误差传播定律

设Z是独立观测量$x_1,x_2,\cdots,x_n$的函数，即：

$$Z=f(x_1,x_2,\cdots,x_n) \tag{5-18}$$

其中，函数Z的中误差为m_Z；各独立观测量$x_1,x_2,\cdots,x_n$的中误差分别为$m_1,m_2,\cdots,m_n$。

根据式(5-18)，设：

$$x_i=l_i-\Delta_i \tag{5-19}$$

式中　l_i——各独立观测量x_i相应的观测值；

Δ_i——各观测值l_i的偶然误差。

将式(5-19)带入式(5-18)，则有：

$$Z=f(l_1-\Delta_1,l_2-\Delta_2,\cdots,l_n-\Delta_n) \tag{5-20}$$

用泰勒级数展开成线性函数的形式，并整理成：

$$Z=f(l_1,l_2,\cdots,l_n)-\left(\frac{\partial f}{\partial x_1}\Delta_1+\frac{\partial f}{\partial x_2}\Delta_2+\cdots+\frac{\partial f}{\partial x_n}\Delta_n\right) \tag{5-21}$$

可知，等式的右边第二项就是函数Z的误差Δ_Z的表达式，即：

$$\Delta_Z=\frac{\partial f}{\partial x_1}\Delta_1+\frac{\partial f}{\partial x_2}\Delta_2+\cdots+\frac{\partial f}{\partial x_n}\Delta_n \tag{5-22}$$

设各独立观测量都观测了 k 次，则函数的误差 Δ_Z 的平方和展开式为：

$$\sum_{j=1}^{k}\Delta_Z^2=\left(\frac{\partial f}{\partial x_1}\right)^2\sum_{j=1}^{k}\Delta_{1j}{}^2+\left(\frac{\partial f}{\partial x_2}\right)^2\sum_{j=1}^{k}\Delta_{2j}{}^2+\cdots+\left(\frac{\partial f}{\partial x_n}\right)^2\sum_{j=1}^{k}\Delta_{nj}^2+$$
$$2\cdot\frac{\partial f}{\partial x_1}\cdot\frac{\partial f}{\partial x_2}\sum_{j=1}^{k}\Delta_{1j}\Delta_{2j}+2\cdot\frac{\partial f}{\partial x_1}\cdot\frac{\partial f}{\partial x_3}\sum_{j=1}^{k}\Delta_{1j}\Delta_{3j}+\cdots \tag{5-23}$$

因为 Δ_i、Δ_j $(i\neq j)$ 均为独立观测值的偶然误差，其乘积 $\Delta_i\Delta_j$ 也必然具有偶然误差的特性。根据偶然误差第四个特性，有：

$$\lim_{n\to\infty}\frac{\sum\Delta_i\Delta_j}{n}=0\quad(i\neq j) \tag{5-24}$$

所以，当观测次数 k 足够多，式(5-23)可以简写成：

$$\sum_{j=1}^{k}\Delta_Z^2=\left(\frac{\partial f}{\partial x_1}\right)^2\sum_{j=1}^{k}\Delta_{1j}^2+\left(\frac{\partial f}{\partial x_2}\right)^2\sum_{j=1}^{k}\Delta_{2j}^2+\cdots+\left(\frac{\partial f}{\partial x_n}\right)^2\sum_{j=1}^{k}\Delta_{nj}^2 \tag{5-25}$$

根据上式可知：

$$\begin{cases}\sum_{j=1}^{k}\Delta_{Zj}{}^2=km_Z^2\\ \sum_{j=1}^{k}\Delta_{ij}{}^2=km_i{}^2\end{cases} \tag{5-26}$$

将式(5-26)带入式(5-25)，可得：

$$m_Z^2=\left(\frac{\partial f}{\partial x_1}\right)^2m_1^2+\left(\frac{\partial f}{\partial x_2}\right)^2m_2^2+\cdots+\left(\frac{\partial f}{\partial x_n}\right)^2m_n^2 \tag{5-27}$$

则：

$$m_Z=\pm\sqrt{\left(\frac{\partial f}{\partial x_1}\right)^2m_1^2+\left(\frac{\partial f}{\partial x_2}\right)^2m_2^2+\cdots+\left(\frac{\partial f}{\partial x_n}\right)^2m_n^2} \tag{5-28}$$

式(5-28)就是一般函数的误差传播定律的表达式。利用式(5-28)可以推导出一些典型函数的误差传播定律，常见函数的误差传播计算公式见表 5-3。

表 5-3 常见函数误差传播公式

函数名称	函数关系式	中误差传播公式
和差函数	$Z=x_1\pm x_2$	$m_Z=\pm\sqrt{m_1^2+m_2^2}$
	$Z=x_1\pm x_2+\cdots\pm x_n$	$m_Z=\pm\sqrt{m_1^2+m_2^2+\cdots+m_n^2}$
倍数函数	$Z=Cx$（C 为常数）	$m_Z=\pm Cm$
线性函数	$Z=k_1x_1\pm k_2x_2+\cdots\pm k_nx_n$	$m_Z=\pm\sqrt{k_1^2m_1^2+k_2^2m_2^2+\cdots+k_n^2m_n^2}$

二、误差传播定律的应用

误差传播定律在测绘领域的应用十分广泛，不仅可以求得观测值函数的中误差，还可以研究确定允许极限误差，或事先分析观测可能达到的精度等。应用误差传播定律时，首先应根据问题的性质，列出正确的观测值函数关系式，再利用误差传播公式求解。下面举例说明其应用。

【例 5-2】 在 1∶2 000 比例尺的地形图上，量得 A、B 两点间的距离 $d_{AB}=87.5$ mm，$m=\pm 0.3$ mm，求 A、B 两点间的实地距离 D_{AB} 及其中误差 m_D。

解： $D_{AB}=Md_{AB}=2\,000\times 87.5/1\,000=175.0$ (m)

根据表 5-3 中倍数函数的中误差计算公式，得线段 AB 的中误差为：

$$m_D=Mm_d=\pm 2\,000\times 0.3/1\,000=\pm 0.6\ (\text{m})$$

最后的结果可以写成 $D_{AB}=175.0\pm 0.6$ (m)。

【例 5-3】 在视距测量中，当视线水平时读得的视距间隔 $l=1.35\pm 1.2$ mm，试求水平距离 D 及其中误差 m_D。

解： 视线水平时，水平距离 D 为：

$$D=kl=100\times 1.35=135.00\ (\text{m})$$

根据误差传播定律的倍数关系式，可求得 m_D 为：

$$m_D=100m_l=\pm 100\times 1.2=\pm 120\ (\text{mm})=\pm 0.12\ (\text{m})$$

水平距离的最终结果可以写成：

$$D=135.00\pm 0.12\ (\text{m})$$

【例 5-4】 坐标增量计算公式 $\Delta x=D\cos\alpha$，观测值 $D=152.60\text{ m}\pm 0.06\text{ m}$，$a=106°30'15''\pm 8''$，求 Δx 的中误差 m_x。

解： 由题可知：

$$\begin{cases}\dfrac{\partial \Delta x}{\partial D}=\cos\alpha\\[2mm]\dfrac{\partial \Delta x}{\partial \alpha}=-D\sin\alpha\end{cases}$$

$$\begin{aligned}m_x&=\pm\sqrt{\left(\frac{\partial \Delta x}{\partial D}\right)^2 m_D^2+\left(\frac{\partial \Delta x}{\partial \alpha}\right)^2 m_\alpha^2}\\&=\pm\sqrt{\cos\alpha^2\cdot m_D^2+(-D\sin\alpha)^2\left(\frac{m_\alpha}{\rho}\right)^2}\\&\approx\pm 0.02\ (\text{m})\end{aligned}$$

第七节　加权平均值及其中误差

一、不等精度观测和观测值的权

对于某一未知量，从 n 次等精度观测中取算术平均值，以求得最或然值。然而在测量实践中，除了等精度观测以外，还有不等精度观测。此时，求多次观测的最或然值就不能简单地用算术平均值，而是需要用加权平均值的方法求解，对于某个观测值或观测值函数的精度，需要将它与统计学上的“权”(Weight)的概念联系起来。

“权”字的原来意义为秤锤，是一种衡量的器具。在误差理论中用于对观测值或观测值的函数作“权衡轻重”之意。某一观测值或观测值的函数的误差越小，精度越高，则其权越大；反之，其误差越大，精度越低，则其权越小。一般用“m”表示中误差，用“P”表示权，并定义权与中误差的平方成反比，以公式表示为：

$$P_i = \frac{C}{m_i^2} \tag{5-29}$$

式中，C 为任意常数。等于 1 的权称为单位权，权等于 1 的中误差称为单位权中误差，一般用 m_0（或 σ_0，μ）表示。因此，权的另一种表达式为

$$P_i = \frac{m_0^2}{m_i^2} \tag{5-30}$$

中误差的另一种表达式为：

$$m_i = m_0 \sqrt{\frac{1}{P_i}} \tag{5-31}$$

在测量工作中，为了使权的概念简单明了，一般取一次观测、一个测回或单位长度（例如 1 km）等的测量误差作为单位权中误差。例如，以一测回的水平角观测中误差m_β 为测角的单位权中误差，则 n 测回取其算术平均值的角度中误差为：

$$m_{\beta(n)} = \frac{m_\beta}{\sqrt{n}} \tag{5-32}$$

将上式对照式(5-31)，则取 n 测回算术平均值的水平角值的权 $P_{\beta(n)} = n$。又例如，水准测量取 1 km 路线的高差测量中误差作为单位权中误差 m_0，按公式得到 L 千米水准路线高差测量的权为路线长度的倒数：

$$P_{L(\text{km})} = \frac{m_0^2}{m_0^2 L} = \frac{1}{L} \tag{5-33}$$

二、加权平均值及其中误差

对某一未知量进行一组不等精度观测 $L_1, L_2, \cdots, L_n$，其中误差为 $m_1, m_2, \cdots, m_n$，按式(5-29)计算观测值的权为 $P_1, P_2, \cdots, P_n$。按照误差理论，此时应按下式取其加权平均值，作为该量的最或然值，即：

$$x = \frac{P_1 L_1 + P_2 L_2 + \cdots + P_n L_n}{P_1 + P_2 + \cdots + P_n} = \frac{[PL]}{[P]} \tag{5-34}$$

由于同一量的各个观测值数值都相近似，取其相同部分为 L_0，差别部分为 ΔL_i，即：

$$L_i = L_0 + \Delta L_i \tag{5-35}$$

则计算加权平均值的式(5-31)可以写成：

$$x = L_0 + \frac{[P\Delta L]}{[P]} \tag{5-36}$$

根据同一量的 n 次不等精度观测值，计算其加权平均值后，用下式计算各个观测值的改正值：

$$\begin{cases} v_1 = x - L_1 \\ v_2 = x - L_2 \\ \quad \cdots\cdots \\ v_n = x - L_n \end{cases} \tag{5-37}$$

这些不等精度观测值的改正值，也应符合“最小二乘法”的数据处理原则[参见等精度观测时的式(5-15)]，其数学表达式为：

$$[Pvv]=[P(x-L)^2]=\min \tag{5-38}$$

为求其极小值，以 x 为自变量，对上列函数求一阶导数，并令其等于零，即：

$$\frac{d[Pvv]}{dx}=2[P(x-L)]=0 \tag{5-39}$$

得到：

$$[P]x-[PL]=0, x=\frac{[PL]}{[P]} \tag{5-40}$$

由此证明式(5-34)符合“最小二乘法”的原则。此外，也可根据式(5-37)证明不等精度观测值的改正值还应满足下列条件，并可以作为计算加权平均值及观测值的改正值时的检核，即：

$$[Pv]=[P(x-L)]=[P]x-[PL]=0 \tag{5-41}$$

加权平均值的计算公式(5-34)可以写成线性函数的形式，即：

$$x=\frac{P_1}{[P]}L_1+\frac{P_2}{[P]}L_2+\cdots+\frac{P_n}{[P]}L_n \tag{5-42}$$

根据线性函数的误差传播公式可得：

$$m_x=\sqrt{\left(\frac{P_1}{[P]}\right)^2 m_1^2+\left(\frac{P_2}{[P]}\right)^2 m_2^2+\cdots+\left(\frac{P_n}{[P]}\right)^2 m_n^2} \tag{5-43}$$

根据式(5-30)，上式可化为：

$$m_x=m_0\sqrt{\frac{P_1}{[P]^2}+\frac{P_2}{[P]^2}+\cdots+\frac{P_n}{[P]^2}} \tag{5-44}$$

因此，加权平均值的中误差为：

$$m_x=\frac{m_0}{\sqrt{[P]}} \tag{5-45}$$

则可得加权平均值的权为全部观测值的权之和，表示为：

$$P_x=[P] \tag{5-46}$$

三、单位权中误差的计算

在处理不等精度的测量成果时，需要根据单位权中误差来计算观测值的权和加权平均值的中误差等。单位权中误差一般取某一类观测值的基本精度，例如，水平角观测的一测回的中误差、水准测量每千米线路高差测定的中误差等。因此，对于某一类观测值的基本精度，必须有正确的估算方法。根据一组对同一量的不等精度观测，可以估算本类观测值的单位权中误差。

根据式(5-30)，对于同一量的 n 个不等精度观测值，得到：

$$\begin{cases} m_0^2=P_1m_1^2 \\ m_0^2=P_2m_2^2 \\ \cdots\cdots \\ m_0^2=P_nm_n^2 \end{cases} \tag{5-47}$$

取以上各式的总和，并除以 n，得到：

$$m_0^2=\frac{[Pm^2]}{n}=\frac{[Pmm]}{n} \tag{5-48}$$

用真误差 Δ_i 代替中误差 m_i，得到在观测量的真值已知时用真误差求单位权中误差的公式为：

$$m_0=\sqrt{\frac{[P\Delta\Delta]}{n}} \tag{5-49}$$

在观测量的真值未知的情况下，用观测值的加权平均值 x 代替真值 X；用观测值的改正值 v_i 代替真误差 Δ_i，推导得到按不等精度观测值的改正值计算单位权中误差的公式为：

$$m_0=\sqrt{\frac{[Pvv]}{n-1}} \tag{5-50}$$

例如，对于某一水平角度，用同样的经纬仪分别进行三组观测：第一组 2 测回，第二组 4 测回，第三组 6 测回，各组观测水平角的平均值分别为 $L_1=40°24'12''$，$L_2=40°24'18''$，$L_3=40°24'24''$。设以一测回观测水平角的中误差为单位权中误差，则按式(5-30)可得到这三组观测的权分别为 $P_1=2$，$P_2=4$，$P_3=6$。按式(5-39)计算三组观测的加权平均值，取 $L_0=40°24'00''$，则：

$$x=40°24'+\frac{2\times12''+4\times18''+6\times24''}{2+4+6}=40°24'20''$$

按式(5-37)计算各组观测的改正值，分别为 $v_1=+8''$，$v_2=+2''$，$v_3=-4''$。

按式(5-39)检核，计算是否正确：

$$[Pv]=2\times8''+4\times2''-6\times4''=0$$

按式(5-43)计算单位权中误差(一测回的水平角观测中误差)：

$$m_0=\sqrt{\frac{2\times8^2+4\times2^2+6\times(-4)^2}{3-1}}=\pm11''$$

按式(5-40)计算三组观测加权平均值(水平角的最或然值)的中误差：

$$m_x=\frac{\pm11''}{\sqrt{2+4+6}}=\pm3''$$

以上计算可在表 5-4 中进行。

表 5-4　加权平均值及其中误差

组号	测回数	各组平均值 L	$\Delta L/('')$	权 P	$P\Delta L/('')$	改正数 $v/('')$	$Pv/('')$
1	2	$40°24'12''$	12	2	24	+8	+16
2	4	$40°24'18''$	18	4	72	+2	+8
3	6	$40°24'24''$	24	6	144	−4	−24
		$L_0=40°24'00''$	$\sum$	12	240		0
加权平均值及其中误差		$x=40°24'+\frac{240''}{12}=40°24'20''$ $m_0=\pm11''$ $m_x=\pm\frac{11''}{\sqrt{12}}=\pm3''$					

第六章　小区域控制测量

第一节　控制测量概述

一、控制测量的意义与方法

(一) 控制测量的意义

由于观测条件的限制(主要是仪器的不完善、人为因素和外界条件的影响),使得在测量过程中不可避免地产生误差,因此必须采取正确的测量程序和方法,即遵循“由高级到低级,由整体到局部,先控制后碎部”的原则进行测量作业,以防止误差的积累并加快测量作业的速度。例如,在地形图的测绘过程中,需要测定构成地物、地貌的许多特征点,如果采用从第一点测量第二点,再从第二点测量第三点,如此持续进行到最后一点的方法,这样虽然也可以测得各特征点的位置,但会使误差越积越大,以致很快达到不能允许的程度。因此,可先在测区内选择若干有控制意义的点作为控制点,如图 6-1 中的 A、B、C、D、E、F 等点组成一定的几何图形,形成测区的骨架,称为控制网。控制网的点位,使用精度较高的仪器和方法测定。在其精度完全合乎要求后,再根据这些控制点,测定附近的碎部点的位置(如 a、b、c、d 等点)。前者起着控制作用,故称为控制测量,后者称为碎部测量。由于控制点数量少并且使用较精密的仪器和方法测定,所以易于保证较高的精度。而碎部点测量的精度虽较控制点的低,但由于各碎部点是根据较高精度的控制点测定,它们之间是独立的,因此误差不会积累,其精度也可保证。同时,由于控制测量在先期进行,控制点已较均匀地覆盖了整个作业区,便于多个作业组以同一控制基准同时分开作业,进行碎部测量,加快了测量任务的完成。

(二) 控制测量的方法

控制测量分为高程控制测量和平面控制测量。高程控制测量的目的是测定高程控制点的高程,建立高程控制网,其测量方法采用水准测量或三角高程测量。平面控制测量的目的是测定平面控制点的平面位置,建立平面控制网,其测量方法主要采用导线测量和三角网测量。高程控制网和平面控制网一般是独立布设的,但它们的点也可以共用,即一个点既可以是高程控制点,同时也可以是平面控制点。

二、国家控制网的概念

为了统一全国各地区的测量工作,必须进行全国性的控制测量,以建立国家控制网,供整个国民经济规划和国防建设等使用。国家控制网同样分为平面控制网和高程控制网。

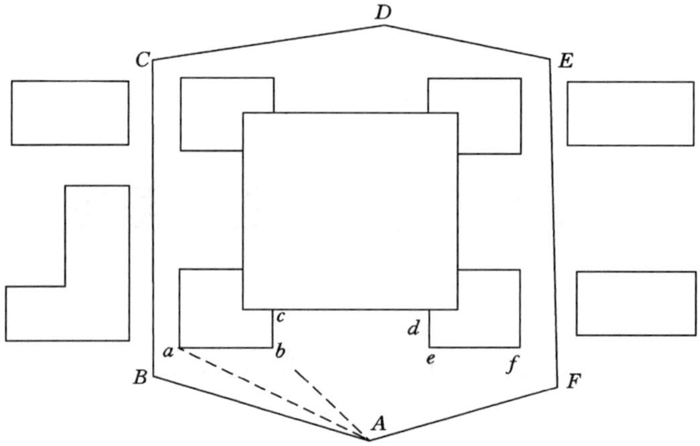

图 6-1　控制测量示意图

（一）国家平面控制网

传统的国家平面控制网主要是采用三角网测量方法建立的，即在全国范围内将控制点组成一系列的三角形，通过测定所有三角形的内角，推算出各控制点的坐标。国家控制网也是按照“由高级到低级、由整体到局部”的原则布设，国家平面控制网按其精度可分为一、二、三、四等四个等级。如图 6-2 所示为国家平面控制网布设示意图。

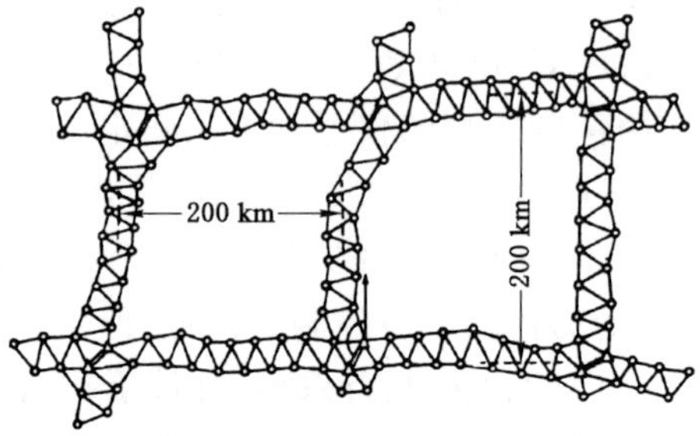

(a)　一等三角网

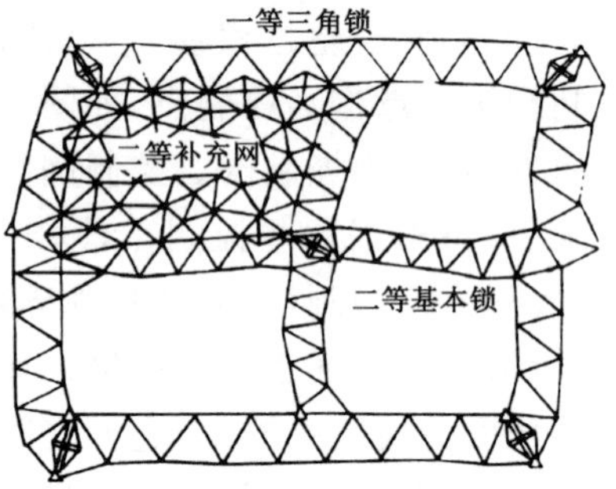

(b)　二等三角网

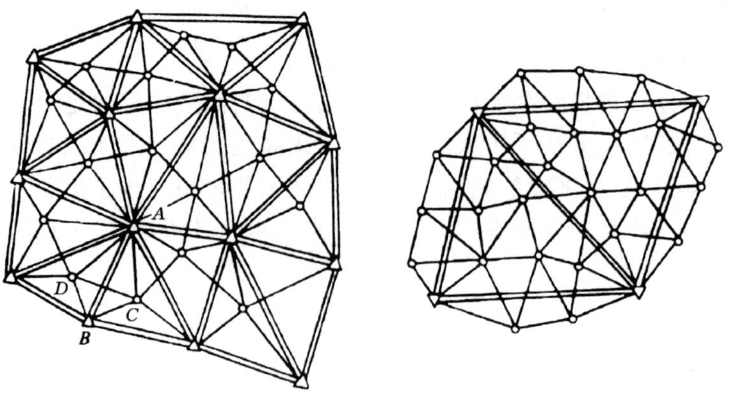

(c)　三、四等三角网插网法布设

图 6-2　国家平面控制网结构图

一等三角网是国家控制网的骨干，它的作用主要是控制二等以下各级三角测量，并为研究地球的形状和大小提供资料，而控制测图不是它的主要任务。因此，一等三角网主要考虑精度问题，沿经纬度布设纵横交叉的骨干三角锁，在锁的交叉处设置了基线并测定天文点和天文方位角。每个锁段的长度为 200 km 左右，平均边长约为 25 km。

二等三角网以 13 km 左右的边长布设在一等三角锁环内构成全面的三角网。二等三角网作为一等三角网的加密网是扩展三、四等三角网的基础。

三、四等三角网的边长分别为 8 km 和 4 km 左右，是二等三角网的进一步加密网，以插网或插点的方式布设。

以上各级三角测量的精度要求和边长规定参见表 6-1。

表 6-1　各级三角测量的精度要求和边长规定

等级	平均边长	测角中误差	三角形最大闭合差	起始边相对中误差
一	一般情况下为 20～25 km 特殊情况下为 15～45 km	±0.7″	±2.5″	1∶350 000
二	一般情况下为 13 km 左右	±1.0″	±3.5″	1∶350 000
三	一般情况下为 8 km 左右	±1.8″	±7.0″	1∶150 000
四	一般情况下为 4 km 左右	±2.5″	±9.0″	1∶80 000

在通视条件不好的地区，三、四等三角网也可用相应的精密导线代替，即以一、二等网点为基础，将三、四等控制点连接成闭合形或附合形的折线，测量各边的夹角和长度来推算控制点的坐标。导线测量布网灵活，对通视条件要求不高，适用于城市等不适于布设三角网的地区。

（二）国家高程控制网

我国的高程系统是以 1956 年青岛验潮站测出的“黄海平均海水面”作为起算高程的基准面，并在青岛市内观象山设置了水准原点，该点的高程为 72.289 m。20 世纪 80 年代初又重新测定水准原点的高程为 72.260 m。全国性高程控制测量是从青岛原点出发，用精密的水准测量方法测定了数以万计的水准点，组成国家高程控制网。

国家高程控制网的建立也是按照“由高级到低级、由整体到局部”的原则进行。按其精度的不同也分为一、二、三、四等四个等级，图 6-3 为部分国家高程控制网的示意图。

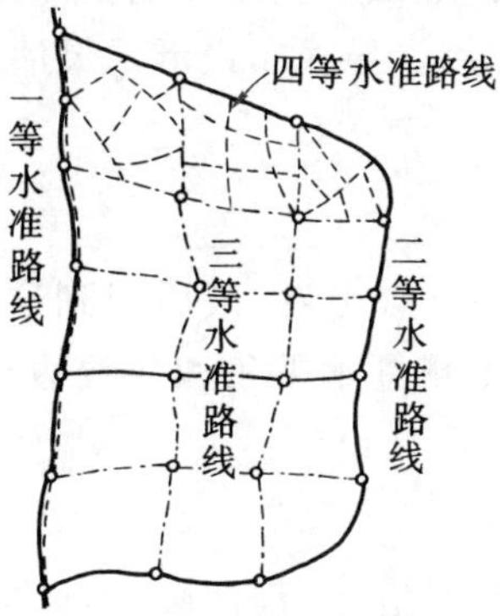

图 6-3　部分国家高程控制网示意图

一、二等水准路线是国家高程控制网的骨干，同时也是研究地壳和地面垂直运动及有关科学问题的主要依据。因此，它沿地质构造稳定、交通不太繁忙、路线平缓的交通路线布设成网状。三、四等水准测量是直接提供地形测图和各种工程建设所必需的高程控制点，三、四等水准路线一般可根据需要在一、二等水准网内加密，布设成附合路线，并尽可能相互交叉构成闭合环。一、二、三、四等水准路线长度和精度要求见表 6-2。

表 6-2　一、二、三、四等水准路线长度和精度要求

等级		环线周长/km	附合路线长/km	每千米中误差 M_Δ/mm	往返较差、附合或环线闭合差/mm
一等	平原、丘陵	1 000～1 500	—	$\leqslant\pm0.5$	$\pm2\sqrt{L}$
	山地	2 000	—		
二等		500～700	—	$\leqslant\pm1.0$	$\pm4\sqrt{L}$
三等		300	200	$\leqslant\pm3.0$	$\pm12\sqrt{L}$
四等		—	80	$\leqslant\pm5.0$	$\pm20\sqrt{L}$

三、小地区控制测量

由于全国性控制点的密度比较小，远远不能满足大比例尺地形测图和工程建设测量的需要，因此还必须进行小地区控制测量(图根控制测量)。小地区控制测量的目的在于进一步加密精度低一级而有足够数量的控制点，以直接供测图之用。小地区控制网也分为高程控制网和平面控制网。高程控制采用四等及等外水准测量和三角高程测量的方法进行，平面控制采用经纬仪导线测量、经纬仪交会法和小三角测量等方法进行。下面主要叙述经纬仪导线测量和前方交会法以及四等及等外高程控制测量。

第二节　导 线 测 量

一、导线布设形式

随着测绘科学技术的不断发展，电磁波测距和电子计算技术的广泛应用，以导线测量的方法来建立平面控制网得到了广泛应用。导线布设形式灵活，适用于平原和人口密集的地区，导线的布设形式有以下几种。

(一) 闭合导线

闭合导线是从一个已知边的一个点出发，最后回到这个已知点上。如图 6-4 所示，在各导线点测量水平角和导线边长，并测出已知边与闭合导线的连接角。

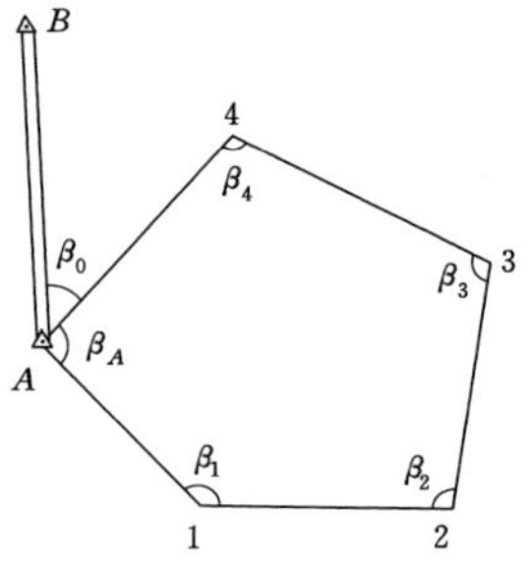

图 6-4　闭合导线示意图

(二) 附合导线

附合导线是由一已知边的一个点出发，最后附合到另一已知边的一个点上，如图 6-5 所示。同样，在各导线点测量水平角和导线边长，并测出起始边和最终边的连接角。

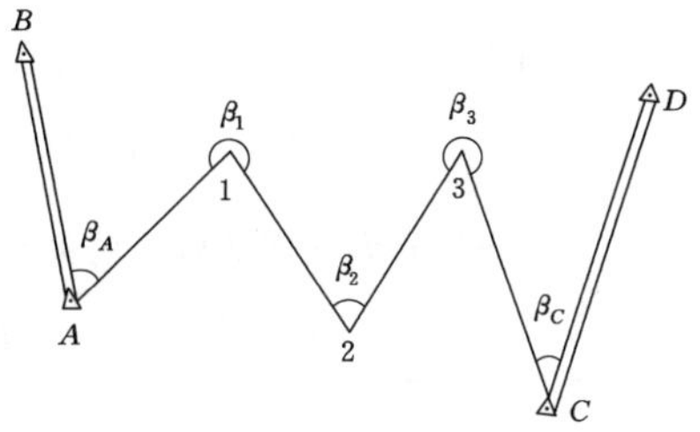

图 6-5　附和导线示意图

（三）支导线

支导线是从一已知边的一个点出发，既不回到原来的出发点，也不附合到另一已知点上，如图 6-6 所示。支导线同样要测出水平角和导线边长。如果测量发生粗差，这种导线无法检核，因此在地面应用较少。在特殊情况下非用不可时，一般不得超过三条边，并需要往返测量。但在井下由于受条件限制，多在巷道中布设支导线并用往返测量来检查其正确性，或采用陀螺定向边以检查测角的正确性和控制方向误差累积。

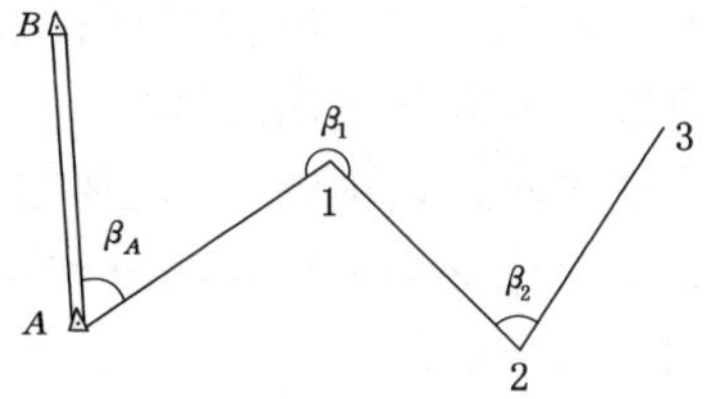

图 6-6　支导线示意图

二、经纬仪导线测量外业

经纬仪导线测量外业工作包括踏勘选点、测角、量边和起始边方位角的测定。

（一）踏勘选点

踏勘就是到测区范围内去观察、了解测区的实际情况，然后根据测图的需要，在实地选定导线点的位置。选点主要有以下要求：

（1）便于测绘地形

为了在测图时能发挥最大作用，观测到附近更多的地形点，导线点应选在视野开阔的高地，不应选在低洼、闭塞的角落。

（2）便于测角

相邻导线点之间应能相互通视，并尽量使之能看到相邻导线点上标杆的最下端。

（3）便于量边

导线点应选择在平坦的便于量边的地方，如沿铁路、公路、田间小路或河堤等处。

（4）边长适宜

各导线边长最好大致相等，并尽量避免由短边突然转到长边，短边应尽量少，以减小对测角精度的影响。

导线边长与测区地形的复杂程度和测图比例尺的大小有关，《城市测量规范》对导线边长的规定见表6-3。

表6-3　导线边长和测图比例尺的关系

测图比例尺	1∶5 000	1∶2 000	1∶1 000
导线边长/m	50～250	50～250	30～170
附合导线总长度/m	4 000	2 000	1 000

(5) 保证安全

导线点应选在便于安置仪器，并能保证观测人员和仪器安全的地方。导线点选定后，一般在地面上打一木桩，并在桩顶中心钉一小钉，表示点位。如需要长期保存，则要埋设混凝土桩或石桩，桩顶刻凿“十”字，十字交点即为点位。导线点一般按逆时针方向(对闭合导线而言)统一进行编号，为了便于寻找，应绘制导线点位置的草图。

(二) 测角

导线的转折角分为左角和右角，在前进方向左侧的水平角称为左角，在右侧的水平角称为右角。导线的等级不同，测角技术要求也不同。图根导线的转折角一般用 DJ_6 光学经纬仪测一个测回，两个半测回之间的观测值的差数不得超过 40″。

测角由已知点开始，沿导线前进方向逐点观测，一般观测左角。经纬仪依次安置于各导线点上，进行对中、整平(对中误差应不大于 3 mm)，并瞄准相邻两导线点上的标杆底部或插在导线点木桩上的测钎下端。当遇短边时，更应仔细对中，并尽可能直接瞄准导线点木桩上的小钉，以减小测角误差。在每站观测工作结束前，需当场进行检查计算，若发现观测结果超限或有错误时，应立即重新观测，直至符合要求后方可迁站。

(三) 量边

导线边长使用检验过的 30 m 或 50 m 钢尺进行丈量，各边长应往返各丈量一次，往返测量的较差率，一般地区应不大于 1/2 000，在量距困难地区应不大于 1/1 000。如果较差率没有超限，则取往返测量成果的平均值。如果丈量的是斜距，还应换算为水平距离。

导线边长也可用激光测距仪测定，由于测量的是斜距，因此还应观测垂直角，以进行倾斜改正。

(四) 起始边方位角的测定

与高级已知点连接的导线，因有已知边方位角，只需观测连接角便可以推算各边的方位角，然后推算各点的坐标。对于不与高级已知点相连接的闭合导线，则用罗盘仪测定一条起始边的磁方位角，便可推算其他各边的方位角，并推算各点的坐标。

(五) 导线测量记录

表 6-4 是导线测量的外业记录手簿。记录字体要端正、清楚，不能涂改。

表 6-4　导线测量外业记录手簿

测站	竖盘位置	目标	水平度盘读数	角值(左角)	平均角值	距离测量 端点号	距离测量 边长/m	备注
1	左	4	0°37′00″	87°25′36″	87°25′30″	1-4	136.85	略图
		2	88°02′36″					
	右	4	180°37′18″	87°25′24″		1-2	178.76	
		2	268°02′42″					
2	左	1	32°13′30″	85°18′00″	85°18′06″	2-1	178.78	
		3	117°31′30″					
	右	1	212°14′00″	85°18′12″		2-3	125.82	
		3	297°32′12″					
3	左	2	95°03′30″	98°39′54″	98°39′36″	3-2	125.81	
		4	193°43′24″					
	右	2	275°03′00″	98°39′18″		3-4	162.91	
		4	13°42′18″					
4	左	3	224°34′17″	88°36′13″	88°36′04″	4-3	162.93	已知方位角 $\alpha_{1-2}=245°30'$
		1	313°10′30″					
	右	3	44°34′36″	88°35′54″		4-1	136.85	
		1	133°10′30″					

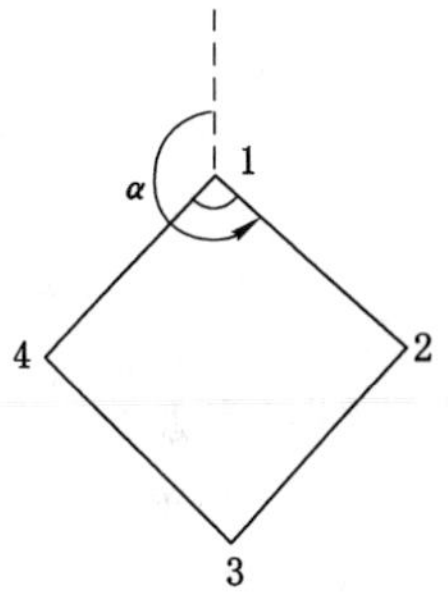

第三节　导线计算

经纬仪导线在野外施测完毕后，即可进行内业计算。计算时应首先整理和检查导线测量的记录，检查手簿内观测记录和计算是否正确，以及观测结果是否合乎精度要求，然后将各种改正数加到导线边的实测长度，得出导线边的最后边长。将已知数据和整理好的测量成果填入坐标计算表中，同时根据导线边长和角度按比例绘制导线略图，作为导线计算时校核之用。这些成果整理工作很重要，应予以重视。

经纬仪导线计算的目的是求得各导线点的坐标，并根据求得的各点坐标精确地绘制导线图。导线计算可分为以下五个步骤进行：① 角度闭合差的计算和调整；② 坐标方位角的推算；③ 坐标增量的计算；④ 坐标增量闭合差的计算和调整；⑤ 坐标计算。

一、闭合导线的计算

（一）角度闭合差的计算和调整

按照平面几何学，n 边形内角之和应为$(n-2)\times 180°$。由于测角误差的影响，使导线内角之和 $\sum\beta$ 不等于理论值，因而存在角度闭合差 f_β。

$$f_\beta=\sum\beta_{测}-\sum\beta_{理}=\sum\beta_{测}-(n-2)\cdot 180° \tag{6-1}$$

对于图根导线，当 $f_\beta \leqslant f_{允}$（$f_{允}=\pm 40''\sqrt{n}$，n 为测站数）时，可将角度闭合差 f_β 以相反符号平均分配给各个观测角。f_β 不能为 n 整除时，在有效数字位内允许凑整。计算实例见表 6-5，本例每个角度的改正数为 $-1'/5=-0.2'$ 。图 6-7 是本例的导线略图，图中所标注角值是改正后的角值。

表 6-5　角度闭合差计算实例

点号	观测角 $\beta_{左}$	改正后的角度	方位角 α	边长 l	纵坐标增量 Δx		横坐标增量 Δy		纵坐标	横坐标	点号
					计算值	改正值	计算值	改正值	x	y	
(1)	(2)	(3)	(4)	(5)	(6)	(7)	(8)	(9)	(10)	(11)	(12)
1	−0.2′ 87°51.2′	87°51.0′							1 800.00	1 000.00	1
			224°33.0′	224.50	+4 −159.99	−159.95	+6 −157.50	−157.44			
2	−0.2′ 89°13.7′	89°13.5′							1 640.05	842.56	2
			133°46.5′	179.38	+3 −124.10	−124.07	+4 +129.52	+129.56			
3	−0.2′ 87°29.2′	87°29.0′							1 515.98	972.12	3
			41°15.5′	129.92	+2 −97.67	+97.69	+4 +85.68	+85.72			
4	−0.2′ 147°07.3′	147°07.1′							1 613.67	1 057.84	4
			8°22.6′	109.14	+2 +107.98	+108.00	+3 +15.90	+15.93			
5	−0.2′ 128°19.6′	128°19.4′							1 721.67	1 073.77	5
			316°42.0′	107.61	+1 +78.32	+78.33	+3 −73.80	−73.77			
1	87°51.2′	87°51.0′							1 800.00	1 000.00	1
			224°33.0′		+283.97 −284.09	+284.02 −284.02	+248.17 −248.37	+248.26 −248.26			
$\sum\beta$	540°01.0′	540°00′	$\sum l=750.56$		$f_x=$ −0.12	$f_x=0$	$f_y=$ −0.20	$f_y=0$			
辅助计算	$f_\beta=\sum\beta_{测}-(n-2)\cdot 180°=540°01.0'-540°00'=1'$ $f=\sqrt{f_x^2+f_y^2}=\sqrt{(-0.12)^2+(-0.20)^2}\approx\pm 0.23$ $f_{\beta允}=\pm 40''\sqrt{n}=\pm 40''\sqrt{5}\approx\pm 1.5'$ $f_\beta<f_{\beta允}$ $K=\frac{f}{\sum l}=\frac{0.23}{750.56}\approx\frac{1}{3\ 300}$										

（二）坐标方位角的推算

各导线边的坐标方位角是根据闭合导线起始边的坐标方位角和改正后的内角而推算的。

根据坐标方位角的定义，它是从坐标轴北端开始顺时针旋转至某边的水平角，因此有相同端点的两条边，右侧边的坐标方位角就等于左侧边的坐标方位角加上两边之间的夹角，同一条边的正反方位角相差 180°。

图 6-8 中，$\alpha_{1\text{-}2}$ 为已知坐标方位角，β_1、β_2、β_3、β_4 和 β_5 为改正后的左角，则 可得 2—3 边的

坐标方位角为 $\alpha_{2\text{-}3}$：

$$\alpha_{2\text{-}3}=\alpha_{2\text{-}1}+\beta_2=(\alpha_{1\text{-}2}-180°)+\beta_2 \tag{6-2}$$

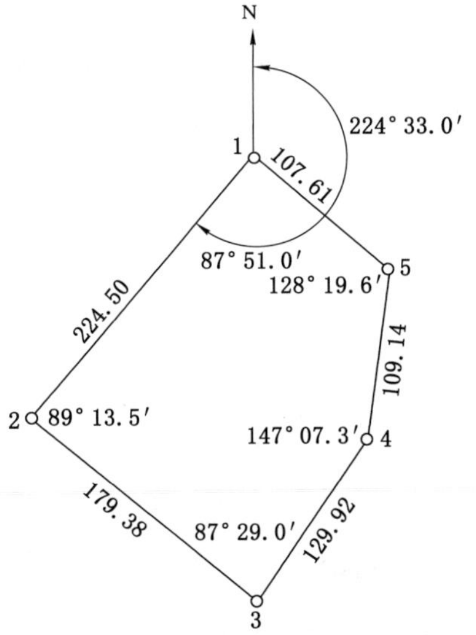

图 6-7　导线要素略图

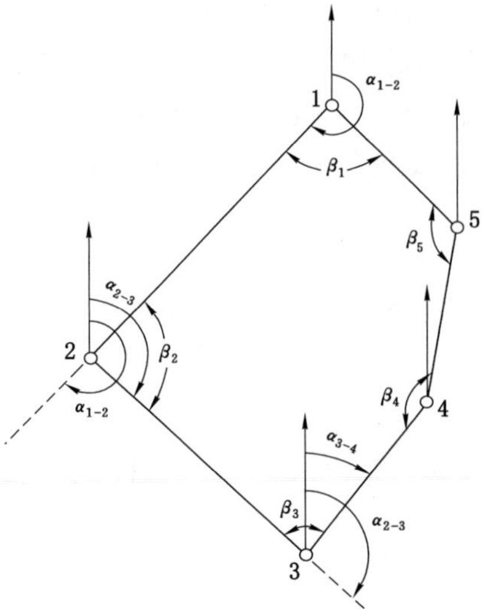

图 6-8　方位角推算略图

上式中包含具相同端点两条边的方位角关系以及正反方位角的关系。同理可得：

$$\begin{cases}\alpha_{3\text{-}4}=\alpha_{3\text{-}2}+\beta_3=(\alpha_{2\text{-}3}-180°)+\beta_3\\ \alpha_{4\text{-}5}=\alpha_{4\text{-}3}+\beta_4=(\alpha_{3\text{-}4}-180°)+\beta_4\\ \alpha_{5\text{-}1}=\alpha_{5\text{-}4}+\beta_5=(\alpha_{4\text{-}5}-180°)+\beta_5\\ \alpha_{1\text{-}2}=\alpha_{1\text{-}5}+\beta_1=(\alpha_{5\text{-}1}-180°)+\beta_1\end{cases} \tag{6-3}$$

由上式可知，导线前一边的方位角等于后一边的方位角减去 180°，再加上导线的左角。若算出的值为负值，则应加上 360°，因为坐标方位角的有效范围为 0°～360°，且 360°为一周期。闭合导线坐标方位角的推算，最后仍要闭合到起始边，以便检查计算有无错误。推算时应参照导线略图，并牢记坐标方位角的定义及其有效取值范围（0°～360°），避免盲目记公式引起计算错误。

下面是利用左角推算闭合导线方位角的实例。

如图 6-8 所示，已知坐标方位角 $\alpha_{1\text{-}2}=224°33'$，改正后的闭合导线各内角依次为：$\beta_1=87°51.0'$，$\beta_2=89°13.5'$，$\beta_3=87°29.0'$，$\beta_4=147°07.1'$，$\beta_5=128°19.4'$，则各边方位角的推算如下：

$$\begin{cases}\alpha_{2\text{-}3}=(224°33'-180°)+89°13.5'=133°46.5'\\ \alpha_{3\text{-}4}=(133°46.5'-180°)+87°29.0'=41°15.5'\\ \alpha_{4\text{-}5}=(41°15.5'-180°)+147°07.1'=8°22.6'\\ \alpha_{5\text{-}1}=(8°22.6'+180°)+128°19.4'=316°42.0'\\ \alpha_{1\text{-}2}=(316°42.0'-180°)+87°51.0'=224°33.0'\end{cases}$$

经检核无误后，将计算结果填入表 6-5 中。

坐标方位角的推算是一项很繁杂的工作。实际工作中可以利用 CASIO fx-4800P 计算器的程序编制与计算功能，编制一个程序进行坐标方位角的推算，使这项工作简单化。

（三）坐标增量的计算

（1）计算坐标增量的公式

我们知道，测量的平面直角坐标系以该地的子午线为 x 轴，向北为正，垂直于 x 轴，向东为正。坐标增量是相邻两点坐标的差值，也是一个线段在坐标轴上投影的长度。如图 6-9 所示，坐标增量的符号以 Δx、Δy 表示：

$$\begin{cases}\Delta x = x_B - x_A \\ \Delta y = y_B - y_A\end{cases} \tag{6-4}$$

根据直角三角形 ABC 可得：

$$\begin{cases}\Delta x = l\cos\alpha \\ \Delta y = l\sin\alpha\end{cases} \tag{6-5}$$

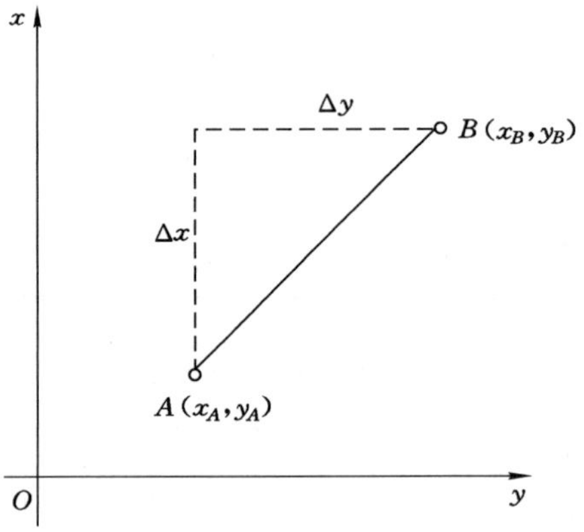

图 6-9　坐标增量计算示意图

（2）坐标增量的正负号

坐标增量的正负号，取决于直线的方向。表 6-6 所列为直线在各个象限内坐标增量的符号。实际计算坐标增量时，由于 $\cos\alpha$ 和 $\sin\alpha$ 在各个象限内的符号不同，各增量符号也相应不同。

表 6-6　直线在各象限内坐标增量符号

坐标方位角 α	象限	$\cos\alpha$ 符号	$\sin\alpha$ 符号	坐标增量符号	
				Δx	Δy
0°～90°	Ⅰ（北东）	+	+	+	+
90°～180°	Ⅱ（南东）	−	+	−	+
180°～270°	Ⅲ（南西）	−	−	−	−
270°～360°	Ⅳ（北西）	+	−	+	−

已知某个线段的长度和坐标方位角，求坐标增量的过程，称为坐标正算。使用 CASIOfx-4800P 计算器的 Rec(D_{AB},α_{AB})函数可以很方便地计算坐标增量。例如，表 6-5 中导线边 1—2 的水平距离 $l_{1\text{-}2}=224.50$ m，坐标方位角 $\alpha_{1\text{-}2}=224°33.0'$，坐标增量计算如下。

输入数据,屏幕显示内容为：

$$\text{Rec}(129.341, 224°33.0°)$$

$$x=-159.987\ 347\ 4$$

$$y=-157.493\ 805$$

上述显示的 x、y 即为导线边 1—2 的坐标增量 $\Delta x_{1\text{-}2}$、$\Delta y_{1\text{-}2}$。

（四）坐标增量闭合差的计算及其调整

闭合导线的纵横坐标增量的代数和,理论上应分别等于零,如图 6-10 所示。

$$\begin{cases}\sum \Delta x_{理}=0\\ \sum \Delta y_{理}=0\end{cases} \tag{6-6}$$

但由于测角、量边有误差,虽然已经过角度闭合差的调整,但还有微小残存误差,而且还有量边误差的存在。因此,由 1 点出发,经过各点坐标增量的计算,其纵横坐标增量的总和 $\sum \Delta x_{测}$、$\sum \Delta y_{测}$ 都不等于零,而要产生坐标增量闭合差,分别以 f_x 和 f_y 表示,如图 6-11所示。

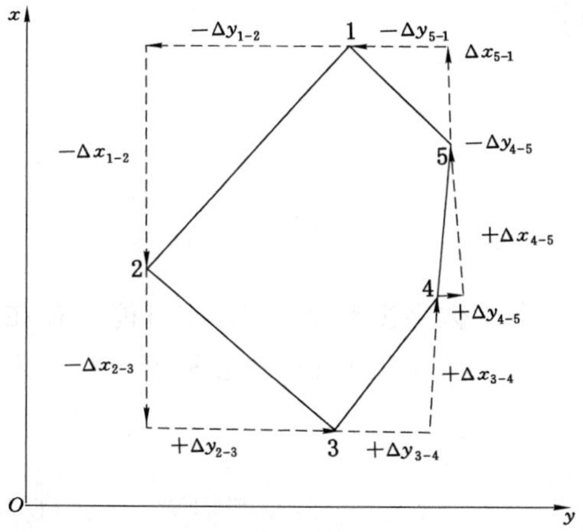

图 6-10　坐标增量

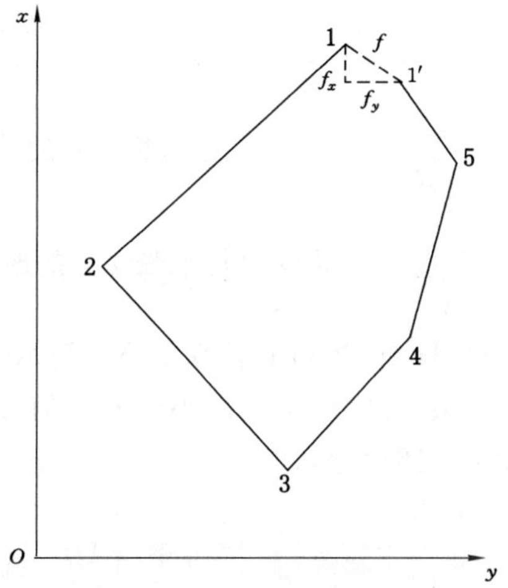

图 6-11　坐标增量闭合差

$$\begin{cases}f_x=\sum \Delta x_{测}-\sum \Delta x_{理}\\ f_y=\sum \Delta y_{测}-\sum \Delta y_{理}\end{cases} \tag{6-7}$$

将式(6-6)代入式(6-7),得：

$$\begin{cases}f_x=\sum \Delta x_{测}\\ f_y=\sum \Delta y_{测}\end{cases} \tag{6-8}$$

从图 6-11 可以看出,由于坐标增量闭合差的存在,从导线点 1 出发,最后不是闭合到出发点 1,而是闭合到点 1′,产生了闭合差(如图中线段 1—1′)。此闭合差称为导线全长闭合差,以 f 表示：

$$f=\sqrt{f_x^2+f_y^2} \tag{6-9}$$

导线测量的精度以导线全长相对闭合差 K 表示：

$$K=\frac{f}{\sum l}=\frac{1}{\frac{\sum l}{f}} \tag{6-10}$$

式中，$\sum l$ 为导线全长。

经纬仪导线测量的精度要求，在一般地区不低于 1/2 000，量距困难地区不低于 1/1 000。本例 $K=1/3\ 300$，符合精度要求。

如果相对闭合差超过允许范围，首先应检查计算有无错误，其次检查外业成果。如确实不是计算上的错误，则应到现场重测可疑的部分或全部重测。如果精度满足上述要求，即可进行坐标增量闭合差的分配。坐标增量闭合差的分配，按坐标增量闭合差与边长成正比的原则进行。现以 V_x、V_y 分别表示 Δx、Δy 的改正数，其符号应与 f_x、f_y 的符号相反。设 V_{xi}、V_{yi} 是 i 边的坐标增量改正数，l_i 是该边的边长，则：

$$\begin{cases}V_{xi}=-\dfrac{f_x}{\sum l}l_i\\[2ex] V_{yi}=-\dfrac{f_y}{\sum l}l_i\end{cases} \tag{6-11}$$

式中 $\dfrac{f_x}{\sum l}$——导线边每米长 Δx 的改正数；

$\dfrac{f_x}{\sum l}$——导线边每米长 Δy 的改正数。

计算时改正数和最后改正值均可取到厘米为止。由于数字凑整的原因，有可能还存在微小的不符值，此时应将此微小的不符值分配在长边的 Δx、Δy 上，使改正数总和等于符号相反的坐标增量闭合差，即：

$$\begin{cases}\sum V_x=-f_x\\ \sum V_y=-f_y\end{cases} \tag{6-12}$$

上式可用作检核计算。坐标增量改正数具体计算数值见表 6-5 中的第 6 列和第 8 列。

（五）坐标的计算

根据起始点的已知坐标和改正后的坐标增量，依次计算各点的坐标。假定导线点 1 的坐标 x_1、y_1 为已知，则：

$$\begin{cases}x_2=x_1+\Delta\hat{x}_{1\text{-}2}=x_1+\Delta x_{1\text{-}2}+V_{x_1},\ y_2=y_1+\Delta\hat{y}_{1\text{-}2}=y_1+\Delta y_{1\text{-}2}+V_{y_1}\\ x_3=x_2+\Delta\hat{x}_{2\text{-}3}=x_2+\Delta x_{2\text{-}3}+V_{x_2},\ y_3=y_2+\Delta\hat{y}_{2\text{-}3}=y_2+\Delta y_{2\text{-}3}+V_{y_2}\\ \cdots\cdots\\ x_1=x_5+\Delta\hat{x}_{5\text{-}1}=x_5+\Delta x_{5\text{-}1}+V_{x_5},\ y_1=y_5+\Delta\hat{y}_{5\text{-}1}=y_5+\Delta y_{5\text{-}1}+V_{y_5}\end{cases} \tag{6-13}$$

最后算得的坐标应与起始点的坐标相同。整个计算过程见表 6-5。

二、附合导线的计算

附合导线计算的步骤和方法，基本上与闭合导线的相同，只是计算角度闭合差和坐标增量闭合差的公式不同。

（一）角度闭合差的计算与调整

如图 6-12 所示为一附合导线，α_{BA}、α_{CD} 为已知坐标方位角。附合导线的角度闭合差为从一已知边方位角出发，使用观测角推算至另一条已知边，推算方位角与已知方位角之差。

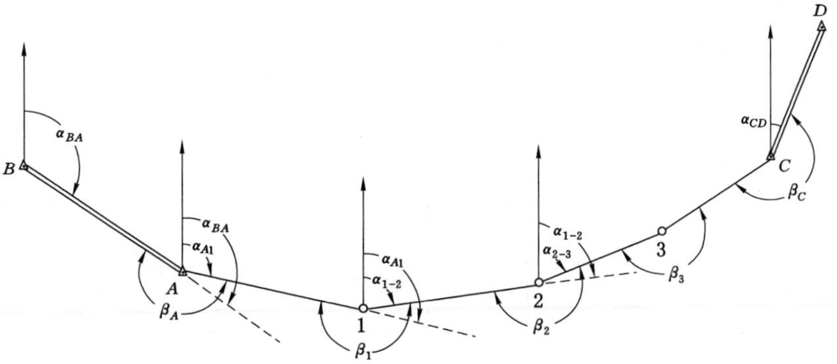

图 6-12　附和导线闭合差推算过程示意图

推算方位角的方法，如果所测的是左角，则仍可用公式(6-3)推算；如观测的是右角，则可用下式推算：

$$\begin{cases}\alpha_{A1}=\alpha_{BA}-\beta_A=(\alpha_{BA}+180°)-\beta_A\\ \alpha_{1\text{-}2}=\alpha_{1A}-\beta_1=(\alpha_{A1}+180°)-\beta_1\\ \alpha_{2\text{-}3}=\alpha_{2\text{-}1}-\beta_2=(\alpha_{1\text{-}2}+180°)-\beta_2\\ \alpha_{3C}=\alpha_{3\text{-}2}-\beta_3=(\alpha_{2\text{-}3}+180°)-\beta_3\\ \alpha_{CD}{}'=\alpha_{C3}-\beta_C=(\alpha_{3C}+180°)-\beta_C\end{cases}\tag{6-14}$$

将上式相加得：

$$\alpha_{CD}{}'=(\alpha_{BA}+n\cdot 180°)-\sum_1^n\beta_{右}\tag{6-15}$$

式中　n—— 测角数；

$\sum_1^n\beta_{右}$ —— 未改正过的观测角值。

由式(6-14)和式(6-15)可知，导线前一边的方位角等于后一边的方位角加 180°，再减去导线的右角。在实际具体数值计算时，同样要注意方位角的有效范围(0°～360°)，若计算出为负值，要加上 360°；若大于 360°，应减去 360°。由于计算角度闭合差时，仅需算出 $\alpha_{CD}{}'$ 即可，而 $a_{CD}{}'$ 可由式(6-15) 求出。如果观测的是左角，则 $\alpha_{CD}{}'=(\alpha_{BA}-n\cdot 180°)+\sum_1^n\beta_{左}$。

由于测角误差的影响，使得根据式(6-15)算得的 $a_{CD}{}'$与已知方位角 a_{CD} 不符，而产生了角度闭合差 f_β，即：

$$f_\beta=a_{CD}{}'-a_{CD}\tag{6-16}$$

当角度闭合差 f_β 在允许范围($\pm 40''\sqrt{n}$)内时，可按分配闭合导线角度闭合差的原则调整每个观测角值。但由于这里推算方位角时，所用的右角在公式(6-15)中的符号为减号，故须以

与闭合差 f_β 相同的符号分配给各角。因此，当用右角计算时，改正数与 f_β 同号，当用左角计算时，改正数与 f_β 反号。实例见表 6-7。

表 6-7　角度闭合差的计算与调整

点号	观测角 $\beta_{左}$ /(° ′ ″)	改正后的角度 /(° ′ ″)	坐标方位角 α /(° ′ ″)	边长 l /m	坐标增量及改正数		改正后坐标增量		坐标		点号
					Δx/m	Δy/m	Δx/m	Δy/m	x/m	y/m	
(1)	(2)	(3)	(4)	(5)	(6)	(7)	(8)	(9)	(10)	(11)	(12)
1			120 25 45						3 126.50	1 850.25	1
2	+9″ 102 38 30	102 38 39							3 164.35	1 939.06	2
			197 47 06	102.95	−1 −52.14	+4 88.77	−52.15	88.81			
3	+8″ 78 06 40	78 06 48							3 085.89	1 913.92	3
			299 40 18	82.40	+0 −78.46	+3 −25.17	−78.46	−25.14			
4	+9″ 80 38 45	80 38 54							3 151.99	1 797.93	4
			39 01 24	133.55	−1 66.11	+5 −116.04	66.10	−115.99			
1	+9″ 98 35 30	98 35 39							3 216.50	1 850.25	1
			120 25 45	83.05	−1 64.52	+3 52.29	64.51	52.32			
2											2
				401.95	0.03	−0.15	0.00	0.00			

示意简图

角度闭合差检核：

$$\begin{cases} \sum\beta_{理} + (n-2)\times 180^\circ = 360^\circ \\ f = \sum\beta_{测} - \sum\beta_{理} = -35^\circ \\ f_{\beta允} = \pm 60''\sqrt{n} = \pm 120'' \\ f < f_{\beta允} \end{cases}$$

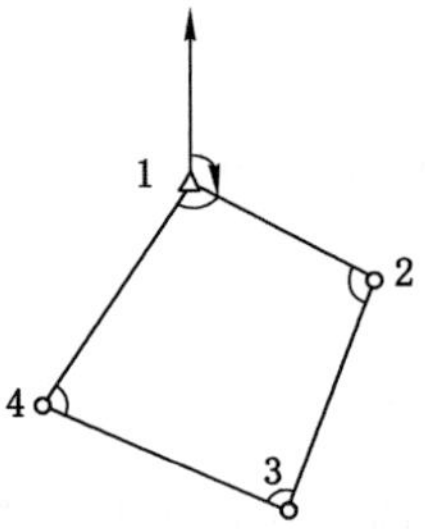

导线闭合差检核：

$$\begin{cases} f_x = \sum \Delta x_{测} = 0.03\ \text{m} \\ f_y = \sum \Delta y_{测} = -0.15\ \text{m} \\ f = \pm\sqrt{f_x^2 + f_y^2} = \pm 0.15\ \text{m} \\ K = f/\sum D \approx 1/2\ 680 \\ K_{允} = 1/2\ 000, K < K_{允} \end{cases}$$

（二）坐标方位角的推算

角度闭合差分配以后，即可根据起始边的坐标方位角 α_{BA} 和调整后的导线右角，推算各边的坐标方位角。最后推算出的 CD 边的坐标方位角 α_{CD}' 应与已知值 α_{CD} 相同，以此作为计算的检核。根据本节所附实例(表 6-7)和图 6-13，利用调整后的右角推算各边方位角如下。

已知：$\alpha_{BA} = 224°03.0'$，$\alpha_{CD} = 24°09.0'$；观测值调整后的右角为：$\beta_A = 245°43.1'$，$\beta_1 = 213°0.6'$，$\beta_2 = 224°48.6'$，$\beta_3 = 214°21.6'$，$\beta_C = 202°0.1'$。

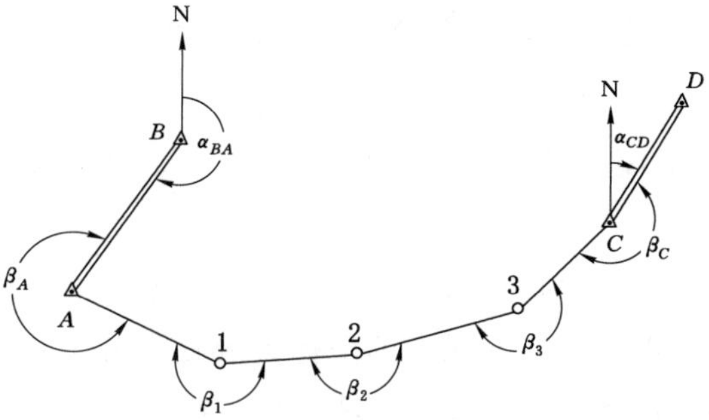

图 6-13　附合导线角度要素示意图

$$\begin{cases}\alpha_{A1}=(224°03.0'+180°)-245°43.1'=158°19.9' \\ \alpha_{1\text{-}2}=(158°19.9'+180°)-213°00.6'=125°19.3' \\ \alpha_{2\text{-}3}=(125°19.3'+180°)-224°48.6'=80°30.7' \\ \alpha_{3C}=(80°30.7'+180°)-214°21.6'=46°09.1' \\ \alpha_{CD}'=(46°09.1'+180°)-202°00.1'=24°09.0'\end{cases}$$

这里 $\alpha_{CD}'=\alpha_{CD}$，说明计算无误。

上述具体数值代入计算时，要注意每步算出的方位角的有效范围(0°～360°)，否则应加或减 360°。

（三）坐标增量的计算

根据导线各边的方位角和边长，计算各坐标增量，计算方法与闭合导线相同。

（四）坐标增量闭合差的分配

附合导线是从一个已知点出发，不像闭合导线那样又回到原来的已知点，而是附合到另外的一个已知点上，因此理论上的坐标增量之和 $\sum\Delta x_{理}$、$\sum\Delta y_{理}$ 不等于零。由图 6-14 可知，附合导线纵横坐标增量的总和，在理论上应分别等于两端已知点的纵横坐标之差，即：

$$\begin{cases}\sum\Delta x_{理}=x_C-x_A \\ \sum\Delta y_{理}=y_C-y_A\end{cases} \tag{6-17}$$

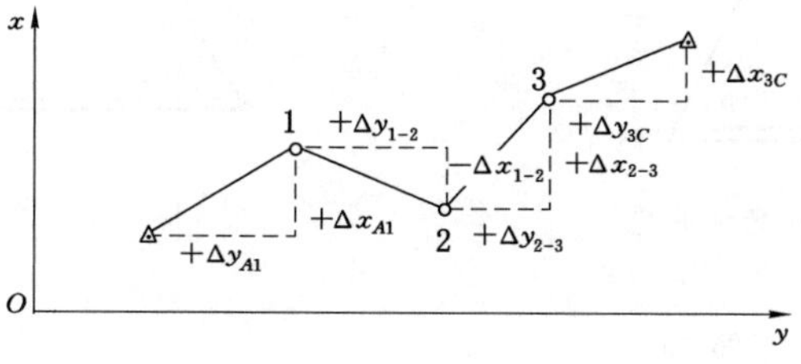

图 6-14　附合导线坐标增量示意图

由于测角和量边都存在误差，计算出的纵横坐标增量的总和 $\sum\Delta x_{测}$、$\sum\Delta y_{测}$ 不能满足上述条件，而产生坐标增量闭合差 f_x、f_y 即：

$$\begin{cases} f_x = \sum \Delta x_{测} - \sum \Delta x_{理} = \sum \Delta x_{测} - (x_C - x_A) \\ f_y = \sum \Delta y_{测} - \sum \Delta y_{理} = \sum \Delta y_{测} - (y_C - y_A) \end{cases} \tag{6-18}$$

计算附合导线全长相对闭合差的公式以及分配 f_x、f_y 的方法，与闭合导线的完全相同。

（五）坐标的计算

坐标增量闭合差分配以后，根据导线一端的高级控制点的坐标以及改正后的坐标增量，按照导线坐标计算的方法，逐点计算各导线点的坐标。最后算出的另一端的高级控制点坐标，应与其已知值相同，以此作为检核。全部附合导线计算实例，参见表 6-7。

第四节　交会法和小三角测量

在地势平坦的地区，因为便于用钢尺直接量距，故常采用经纬仪导线建立测图控制点。而在山区或地形复杂的地区，直接用钢尺量距就有困难。因此，在山区或通视良好的地区，往往采用经纬仪交会点来加密测图控制。此法图形结构简单，外业工作简易，所以不仅在地形测量，而且在矿区地面测量和地质勘探工程测量中也经常使用。在开阔的山区和丘陵地带，小三角测量也是建立图根控制网的常用方法。

交会法按其布设形式的不同，可分为前方交会法、侧方交会法和后方交会法。

一、前方交会法

前方交会是在已知点 A、B 上分别向新点 P 观测水平角 α 和 β（图 6-15），从而可以计算 P 点的坐标。但是为了检核，有时从三个已知点 A、B、C 上分别向新点 P 进行角度观测（图 6-16），由两个三角形分别解算 P 点的坐标。同时为了提高交会点的精度，选择 P 点时应尽可能使交会角 γ 接近于 90°，并保证 $30° \leqslant \gamma \leqslant 150°$。

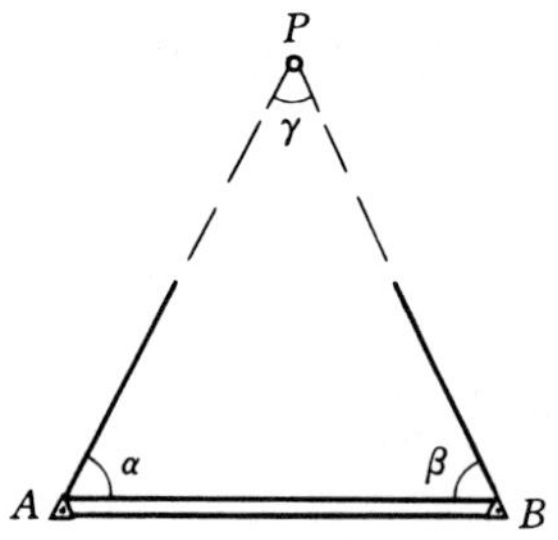

图 6-15　两点前方交会原理

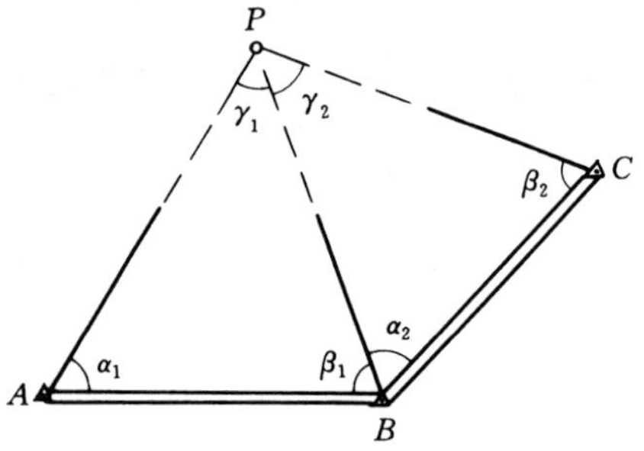

图 6-16　三点前方交会原理

（一）前方交会法的计算步骤

(1) 根据 A、B 两点坐标，反算 AB 边的边长 l_{AB} 和方位角 α_{AB}（图 6-15）

根据已知点坐标反过来计算边长和方位角，称为坐标反算。坐标反算公式为：

$$\tan \alpha_{AB} = \frac{y_B - y_A}{x_B - x_A} = \frac{\Delta y_{AB}}{\Delta x_{AB}} \tag{6-19}$$

$$\alpha_{AB}=\arctan\frac{\Delta y_{AB}}{\Delta x_{AB}} \tag{6-20}$$

$$l_{AB}=\frac{y_B-y_A}{\sin\alpha_{AB}}=\frac{x_B-x_A}{\cos\alpha_{AB}} \tag{6-21}$$

或

$$l_{AB}=\sqrt{\Delta x_{AB}^2+\Delta y_{AB}^2} \tag{6-22}$$

应该指出，按式(6-20)计算出来的方位角是有正有负的，变化范围为$-90°\sim+90°$，与坐标方位角的变化范围0°～360°不一致，因此，还应按坐标增量Δx和Δy的正负号确定AB的方位角，则：

$$R=\arctan\frac{\Delta y_{AB}}{\Delta x_{AB}} \tag{6-23}$$

$$\alpha_{AB}=\begin{cases}R & (\Delta x_{AB}>0,\Delta y_{AB}>0)\\ R+180° & (\Delta x_{AB}<0)\\ R+360° & (\Delta x_{AB}>0,\Delta y_{AB}<0)\end{cases} \tag{6-24}$$

坐标反算可以使用CASIO fx-4800P计算器的Pol(Δx_{AB},Δy_{AB})函数进行。例如A、B两点的坐标增量$\Delta x_{AB}=387.30$，$\Delta y_{AB}=657.72$，则其水平距离和坐标方位角计算如下：

输入数据，屏幕显示内容为：

Pol(387.30,657.72)

$r=763.280\ 347\ 1$

$\theta=59.508\ 193\ 98$

上述显示的r、θ就是A、B两点间的水平距离和坐标方位角。由于计算出的θ是以度为单位的，所以还需按RCL J SHIFT键将其转换为60进制的角度值59°30′29.5″。

(2) 计算γ角

$$\gamma=180°-(\alpha+\beta) \tag{6-25}$$

(3) 计算AP、BP的方位角和边长

由图6-15可知，$\alpha_{AP}=\alpha_{AB}-\alpha$，$\alpha_{BP}=\alpha_{BA}+\beta$，求出$\alpha_{AP}$和$\alpha_{BP}$后，可用$\alpha_{AP}-\alpha_{BP}=\gamma$检核。

按正弦定律，得：

$$l_{AP}=\frac{l_{AB}\sin\beta}{\sin r},l_{BP}=\frac{l_{AB}\sin\alpha}{\sin\gamma}$$

(4) 分别由A、B两点推算P点坐标

$$\begin{cases}x_P=x_A+\Delta x_{AP}=x_A+l_{AP}\cos\alpha_{AP}\\ y_P=y_A+\Delta y_{AP}=y_A+l_{AP}\sin\alpha_{AP}\end{cases} \tag{6-26}$$

或

$$\begin{cases}x_P=x_B+\Delta x_{BP}=x_B+l_{BP}\cos\alpha_{BP}\\ y_P=y_B+\Delta y_{BP}=y_B+l_{BP}\sin a_{BP}\end{cases} \tag{6-27}$$

用上式所求得的两组坐标值应相等，但在计算过程中由于数字凑整关系，可能相差2～3 mm，则可取平均值作为P点的坐标值。

(二) 用计算器计算

(1) P点坐标的计算公式

上面介绍计算步骤，主要是为了了解计算原理。下面推导实用的计算公式。

由于

$$\begin{cases} x_P = x_A + l_{AP}\cos\alpha_{AP} \\ y_P = y_A + l_{AP}\sin\alpha_{AP} \end{cases}$$

由图 6-15 可知：

$$\alpha_{AP} = \alpha_{AB} - \alpha$$

$$l_{AP} = \frac{l_{AB}\sin\beta}{\sin(\alpha+\beta)}$$

故有：

$$\begin{aligned} x_P &= x_A + \frac{l_{AB}\sin\beta}{\sin(\alpha+\beta)}\cdot\cos(\alpha_{AB}-\alpha) \\ &= x_A + \frac{l_{AB}\sin\beta(\cos\alpha_{AB}\cos\alpha + \sin\alpha_{AB}\sin\alpha)}{\sin\alpha\cos\beta + \sin\beta\cos\alpha} \\ &= x_A + \frac{l_{AB}\sin\beta\cos\alpha_{AB}\cos\alpha + l_{AB}\sin\beta\sin\alpha_{AB}\sin\alpha}{\sin\alpha\cos\beta + \sin\beta\cos\alpha} \end{aligned}$$

上式分子、分母同除以 $\sin\alpha\sin\beta$，并顾及 $l_{AB}\cos\alpha_{AB} = \Delta x_{AB}$，$l_{AB}\sin\alpha_{AB} = \Delta y_{AB}$，则：

$$x_P = x_A + \frac{\Delta x_{AB}\cot\alpha + \Delta y_{AB}}{\cot\alpha + \cot\beta}$$

同法可证明：

$$y_P = y_A + \frac{\Delta y_{AB}\cot\alpha - \Delta x_{AB}}{\cot\alpha + \cot\beta}$$

将 $\Delta x_{AB} = x_B - x_A$，$\Delta y_{AB} = y_B - y_A$ 代入，则：

$$\begin{cases} x_P = \dfrac{x_A\cot\beta + x_B\cot\alpha + y_B - y_A}{\cot\alpha + \cot\beta} \\ y_P = \dfrac{y_A\cot\beta + y_B\cot\alpha - x_B + x_A}{\cot\alpha + \cot\beta} \end{cases} \tag{6-28}$$

式(6-28)称为前方交会法的余切公式，用计算器计算的实例见表 6-8。图形中 A、B、P 和 B、C、P 的注字方向为逆时针方向。

(2) 测量精度的检核

由于角度观测有误差，因此两组值推算的 P 点坐标不会完全相同。在图根测量中，由两组计算同一点的坐标较差 e 不得大于 $\frac{M}{5000}m$，M 为比例尺的分母。其中 $e = \sqrt{dx^2 + dy^2}$，d_x、d_y 分别为两组 x_P、y_P 的较差。例如 1∶2 000 地形测图，e 不得超过 $\frac{M}{5\,000} = \frac{2\,000}{5\,000} = 0.4$ (m)。经检核，测量精度符合要求后，即可取其中数作为 P 点坐标的最后结果。

二、侧方交会法

此法实质上与前方交会法相同，也是利用两个高级控制点测定另一未知点的坐标，如图 6-17 所示。

表 6-8　前方交会法计算实例

计算者：　　　　　　　　　　检查者：

示意图	图	野外图	图	备注	
示意图	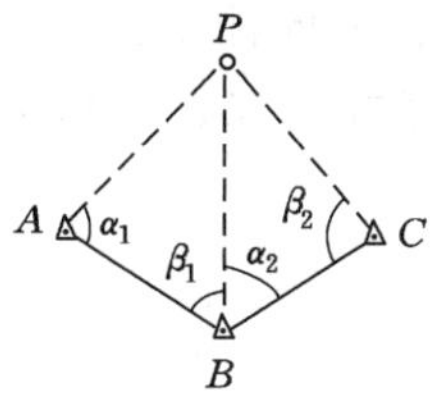	野外图	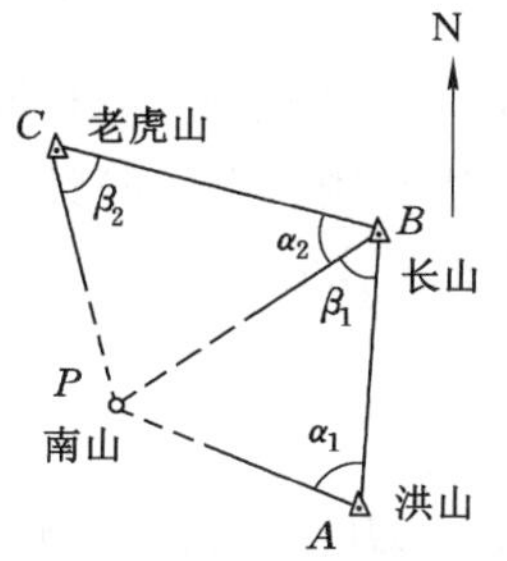	备注	

点之名称		观测角 /(° ′ ″)		坐标 x/m		坐标 y/m		备注
P	南山			x_P	5 479.122	y_P	29 282.878	
A	洪山	α_1	53 07 44	x_A	4 992.54	y_A	29 674.50	
B	长山	β_1	56 06 07	x_B	5 681.04	y_B	29 850.00	
P	南山			x_P	5 479.120	y_P	29 282.868	
B	长山	α_2	35 27 44	x_B	5 681.04	y_B	29 850.00	
C	老虎山	β_2	66 40 44	x_C	5 856.24	y_C	29 233.51	
				中数 x_P	5 479.12	中数 y_P	29 282.88	

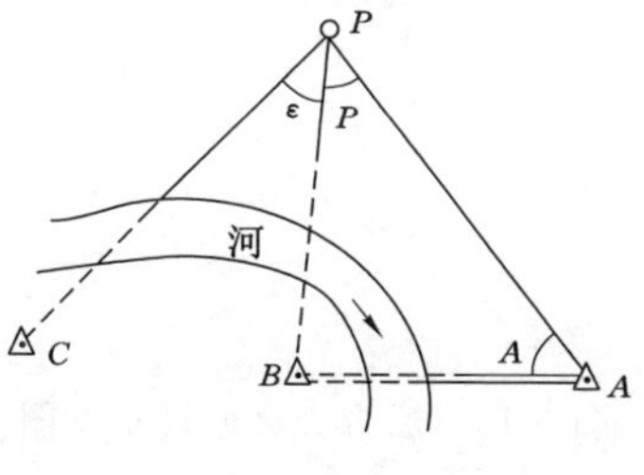

图 6-17　侧方交会原理示意图

A、B 为已知点，P 为未知点。但由于在两已知点中有一点（如 B 点）在高山上或者在河的另一边，这时如仍用前方交会法，将仪器安置在已知点 B 上测水平角，则要花费很多时间，增加很多工作量。为此，可在已知点 A 和未知点 P 上安置仪器，观测水平角 $\angle A$ 和 $\angle P$。利用 $\angle A$、$\angle P$ 和已知点 A、B 的坐标，便可推算 P 点的坐标。为了便于检核测量精度，仪器在 P 点时，除了观测 $\angle P$ 之外，还需瞄准第三个已知点 C，观测 ε 角（称为检验角）作为检核之用。这一方法是仪器安置在一已知点和一未知点上观测水平角，交会测定未知点的位置，称为侧方交会法。

侧方交会法的计算方法与前方交会相同，针对图 6-17，仿照前方交会法的计算公式，可得 P 点坐标计算式为：

$$\begin{cases} x_P = \dfrac{x_B \cot\angle A + x_A \cot(180^\circ - \angle A - \angle P) + y_A - y_B}{\cot[(180^\circ - \angle A - \angle P)] + \cot\angle A} \\ y_P = \dfrac{y_B \cot\angle A + y_A \cot(180^\circ - \angle A - \angle P) - x_A + x_B}{\cot[(180^\circ - \angle A - \angle P)] + \cot\angle A} \end{cases} \tag{6-29}$$

注意:该式以 B、A 为已知点,P 为未知点,按 B、A、P 逆时针方向注记。

侧方交会的检验方法是用式(6-26)计算出 P 点坐标,以反算方法求 α_{PB} 和 α_{PC};用 α_{PB} 和 α_{PC} 之差$\angle BPC$ 与测得的 ε 角比较,确定是否合格。

三、后方交会法

如图 6-18 所示,设 A、B、C 为已知点,P 为未知点。为了测定 P 点的坐标,将仪器安置在 P 点,测出 α、β 角,同时测出检验角 ε(K 点为已知点)。利用 α、β 角值及 A、B、C 三个已知点的坐标,就可算出 P 点的坐标,同时也可用检核角检验测量成果的精度。这个方法的优点是仅需在 P 点安置一次仪器,不必再在三个已知点上安置仪器,这样可以节省不少时间和减少工作量。所以在地质勘探测量中测定钻孔孔位时,以及在露天矿等地面测量中,经常应用这种方法。后方交会法的应用条件是需要有四个高级控制点,且 P 点不在 A、B、C 三点所构成的外接圆圆周附近,否则将算不出结果或计算结果误差很大,所以称这个圆为危险圆。

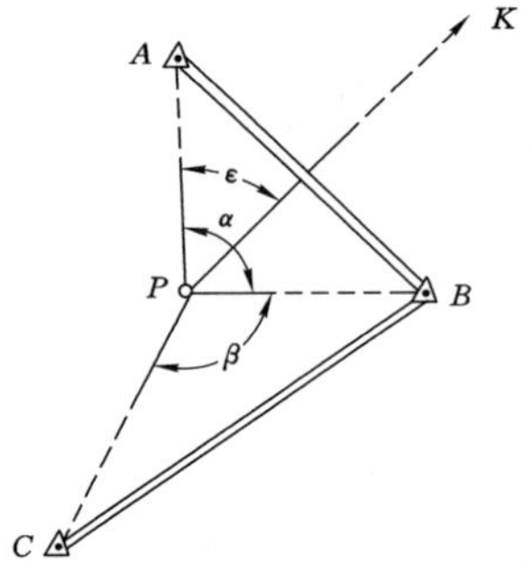

图 6-18　后方交会原理示意图

四、小三角测量

小三角测量是指由于控制的区域较小,将此区域内的地球表面当作平面来进行的三角测量,所以不同于全国性的三角测量。小区域三角测量的三角形边长比较短,例如图根控制测量中的三角形边长,一般仅在 200～500 m 之间。与导线测量相比,它的测角任务虽然比较大,但量距工作量大大减少,所以在开阔的山区和丘陵地带,小三角测量是建立图根控制网的主要方法。

小三角网(锁)布设形式如图 6-19 所示,一般利用高级边作为基线或加测基线,成为独立的小三角网(锁)。

在这里还要介绍一种常用的小三角锁,称为线形三角锁(线形锁)。如图 6-20 所示,线形锁的特点是两端附合于高级点(如 A、B)上,除了要测三角形内角外,还要测出两个定向角 φ_1

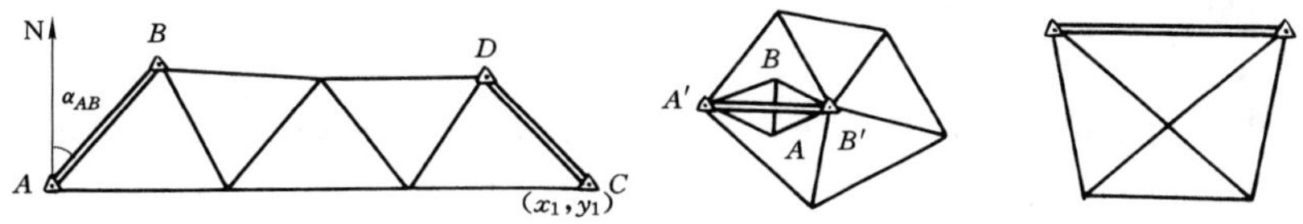

图 6-19　小三角(锁)布设形式

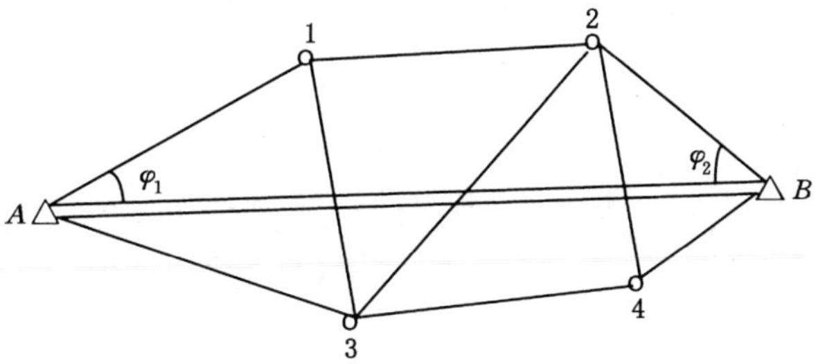

图 6-20　线性三角锁结构

和 φ_2，但不需要丈量基线。由于有了两个高级控制点的坐标、三角形各内角和定向角 φ_1、φ_2，就可以计算各图根控制点的坐标。线形锁的布设灵活简便且不需要丈量基线，故在图根测量中得到了广泛应用。

小三角测量的工作程序也分外业和内业两部分。外业包括选点、造标、角度观测等，独立的小三角锁(网)还需要丈量基线。内业包括野外成果整理、近似平差和计算边长与坐标等。由于篇幅所限，这里不做详细叙述。

第五节　高程控制测量

在地形测量中，最基本的高程控制测量方法是四等水准测量和等外水准测量(图根水准测量)，本节主要介绍这两种方法。

一、技术要求

四等和等外水准测量的技术规格如表 6-9 所列。

表 6-9　四等和等外水准测量的技术规格

等级	水准路线最大长度/km	每千米高程中数中误差/mm	不符值、闭合差/mm		
			测段往返高差不符值	附合路线或环线闭合差	检测已测测段高差之差
四等	15	±10	$\pm 20\sqrt{R}$	$\pm 20\sqrt{L}$	$\pm 60\sqrt{K}$
图根	5	±20	—	$\pm 40\sqrt{L}$	—

注：表中 R 为测段长，L 为附合路线或环线长度，K 为已测测段长度，均以千米为单位。

二、四等和等外水准测量的施测

四等和等外水准路线的布设形式主要有单一的附合水准路线、闭合水准路线、支线水准路线和水准网，如图 6-21、图 6-22 所示。

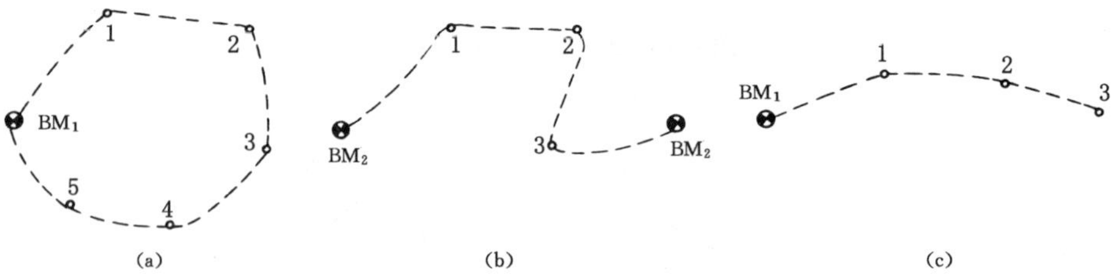

图 6-21　四等和等外水准路线

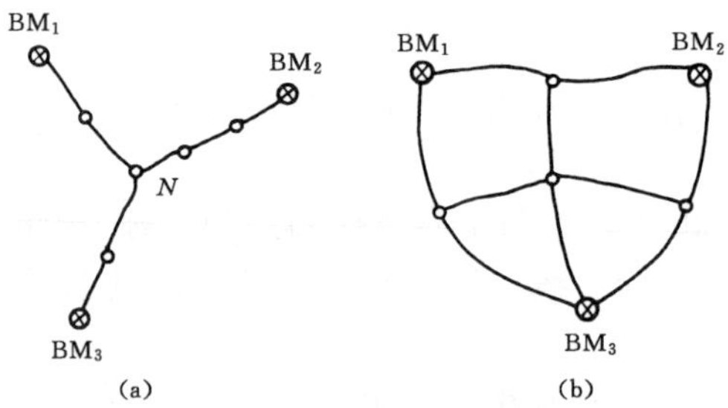

图 6-22　四等和等外水准网

四等和等外水准测量的施测，主要区别在于所使用仪器和观测要求不同，如表 6-10 所示。

表 6-10　四等和等外水准测量的要求

等级	仪器类型	最大视线长度/m	前后视距差/m	前后视距积累差/m	红黑面读数差/mm	红黑面高差之差/mm	视线高度
四等	DS_3	80	5	10	3	5	三丝能读数
等外(图根)	DS_{10}	100	10	50	4	6	

四等和等外水准测量通常采用双面尺法或两次仪高法进行观测，四等水准双面尺法的记录格式如表 6-11 所示。其中，对等外水准测量可以不读(1)(2)和(5)(6)读数而直接读记视距，其中视距部分的计算为：

$$(15)=\{(1)-(2)\}\times 100$$

$$(16)=\{(5)-(6)\}\times 100$$

$$(17)=(15)-(16)$$

$$(18)=\text{前站}(18)+(17)$$

一个测段或水准路线观测结束后的计算与检核为：

（1）高差部分

$$\sum(3)-\sum(4)=\sum(11)=\sum h_{黑}$$

$$\sum\{(3)+K\}-\sum(8)=\sum(10)$$

$$\sum(8)-\sum(7)=\sum(12)=\sum h_{红}$$

$$\sum\{(4)+K\}-\sum(7)=\sum(9)$$

$$\sum h_{中}=\frac{1}{2}(\sum h_{黑}+\sum h_{红})（偶数站）$$

$$\sum h_{中}=\frac{1}{2}\left\{\sum h_{黑}+(\sum h_{红}\pm 100)\right\}（奇数站）$$

表 6-11　四等水准双面尺法的记录格式

测站编号	后尺 下丝 / 上丝	前尺 下丝 / 上丝	方向尺号	标尺读数		K＋黑－红	高差中数
	后距	前距		黑面/mm	红面/mm		
	视距差 d/mm	$\sum d$/mm					
	(1)	(5)	后	(3)	(8)	(10)	
	(2)	(6)	前	(4)	(7)	(9)	
	(15)	(16)	后－前	(11)	(12)	(13)	(14)
	(17)	(18)					
1	1 591	0 739	后 12	1 384	6 171		
	1 097	0 258	前 13	0 551	5 239		
	49.4	48.1	后－前	＋0 833	＋0 932		
	＋1.3	＋1.3					
2	2 471	2 196	后 13	1 934	6 623		
	1 645	1 359	前 12	2 008	6 793		
	82.6	83.7	后－前	－0 074	－0170		
	－1.1	＋0.2					
3	1 914	2 056	后 12	1 726	6 511	＋2	
	1 073	1 231	前 13	1 866	6 553	0	
	84.1	82.5	后－前	－0 140	－0 042	＋2	－0 141
	＋1.6	＋1.8					

（2）视距部分

$$末站(18)=\sum(15)-\sum(16)$$

$$总视距=\sum(15)+\sum(16)$$

三、四等和等外水准测量的内业计算

水准测量的内业计算包括对外业记录的检查、计算并分配闭合差，最后算出各待定点的高程。

(1) 检查和整理外业手簿

检查外业记录，主要检查外业成果是否齐全，每站高差计算是否有错误，观测结果是否合乎精度要求。如经检查无误，则取每站高差的平均值作为水准路线高差的成果。

(2) 水准路线闭合差的计算与分配

四等和等外水准路线测量的高差观测结果应与理论值相一致，由于测量结果存在误差，因此观测所得水准路线的高差值与理论值必然会有差值，即水准路线的闭合差。水准路线闭合差的计算，按水准路线布设形式的不同而有不同的计算方法。

闭合水准路线其高差总和应为零，因此实际观测高差的总和就是闭合差，即：

$$f_h=\sum h' \tag{6-30}$$

式中，$\sum h'=h_1'+h_2'+\cdots$为各站观测高差之和。

附合水准路线的高差总和应等于两端点高级水准点高程 H_B 和 H_A 之差，则闭合差为：

$$f_h=\sum h'-(H_B-H_A) \tag{6-31}$$

支线水准路线，一般采用往、返测，其往、返测高差总和的绝对值应相等且符号相反，故其代数和即闭合差为：

$$f_h=\sum h'_{往}+\sum h'_{返} \tag{6-32}$$

四等及等外水准路线测量的闭合差不能超过一定的限值，其规定见表 6-9。

当闭合差 f 在允许范围内时，即可进行分配，使观测高差值与理论值一致。高差闭合差的分配方法以闭合差相反的符号，按与水准路线的测站数(测段中每千米测站数相差甚大时)或测段长(测段中每千米测站数大致相等时)成正比分配。

按测站数进行分配时，第 i 段高差改正数为：

$$V_i=-\frac{f_h}{n}n_i \tag{6-33}$$

式中，n_i 为第 i 段的测站数；n 为路线总站数。

按测段长进行分配时，第 i 段高差改正数为：

$$V_i=-\frac{f_h}{L}l_i \tag{6-34}$$

式中 L——路线总长；

l_i——第 i 段的长度。

(3) 图根点或水准点的高程计算

由高一级水准点的已知高程，根据改正后的高差依次计算，即 $H_i=H_{i-1}+h_i$。闭合水准路线计算实例，参见表 6-12。

表 6-12　闭合水准路线计算数据

测点	距离/km	测站数	实测高差/m	改正数/mm	改正数高差/m	高程/m
1	2	3	4	5	6	7
A						227.043
	0.5	5	+5.693	−6	+5.687	
1						232.730
	0.4	4	+3.265	−4	+3.261	
2						235.991
	0.3	3	−2.306	−3	−2.309	
3						233.682
	0.6	6	−6.632	−7	−6.639	
A						227.043
合计	1.8	18	+0.020	−20	0.000	

第七章　GNSS 定位测量

第一节　全球卫星定位系统概述

目前共有四大全球卫星导航定位系统(GNSS),分别是美国的全球定位系统(GPS)、中国的北斗卫星导航系统(BDS)、俄罗斯的格洛纳斯卫星导航系统(GLONASS)和欧盟的伽利略卫星导航系统(GALILEO)。

一、全球定位系统的形成与发展

GPS 全球定位系统(Global Positioning System,GPS),一般来说,是指由美国陆海空三军 20 世纪 70 年代联合研制的新一代空间卫星导航定位系统。当时的主要目的是为陆、海、空三大领域提供实时、全天候和全球性的导航服务,并用于情报收集、核爆监测和应急通信等一些军事目的。目前,GPS 由覆盖全球的 24 颗卫星组成,在任意时刻、地球上任意一点都可以同时观测到 4 颗以上卫星,以保证卫星可以采集到该观测点的经纬度和高度,以便实现导航、定位、授时等功能。

1957 年 10 月,世界上第一颗人造地球卫星发射成功,1958 年底,美国海军武器实验室开始建立为美国军用舰艇导航服务的“海军导航卫星系统”(Navy Navigation Satellite System,NNSS)的计划。NNSS 于 1964 年建成并被美国军方投入使用,1967 年 7 月 29 日美国政府宣布解密 NNSS 部分导航电文供民用。NNSS 共有 6 颗工作卫星,距离地球表面的平均高度约为 1 070 km,因其运行轨道面均通过地球南北极构成的子午面,所以又称为子午卫星导航系统,其使用的卫星接收机称多普勒接收机。

70 年代中期,我国开始引进多普勒接收机并首先应用于西沙群岛的大地测量基准联测,国家测绘局和总参测绘局联合测量了全国卫星多普勒大地网,石油和地质勘探部门也在西北地区测量了卫星多普勒定位网。与传统导航、定位方法相比,使用 NNSS 导航和定位具有不受气象条件的影响、自动化程度较高和定位精度高的优点,它开创了海空导航的新时代,也揭开了卫星大地测量(Satellite Geodesy)的新篇章。

由于 NNSS 卫星数量少,运行高度低,地面站的多普勒接收机观测到卫星的时间间隔较长(平均 1.5 h)。应用于大地测量静态定位时,一个测站的平均观测时间为 1～2 d。因而 NNSS 无法提供连续的实时三维定位和导航,而且达不到厘米级的精度。为了满足军事和民用部门对连续实时定位和导航的迫切要求,1973 年 12 月,美国国防部开始组织陆海空三军联合研制新一代军用卫星导航系统,该系统的英文全称为 Navigation by Satellite Timing And Ranging/Global Positioning System(NAVSTAR/GPS),其中文意思是用卫星定时和测距进行导航/全球定位系统,简称 GPS。

随着 GPS 的投入使用，NNSS 于 1996 年 12 月停止使用。GPS 总投资约 200 亿美元，分三个阶段建成：

第一阶段，1974～1978 年，为方案论证阶段。在美国加利福尼亚的范登堡空军基地，利用 Atlas F 火箭，从 1978 年 2 月 22 日发射第一颗 GPS 试验卫星起，到 1985 年 10 月 9 日发射完最后一颗试验卫星，共发射了 11 颗代号为 BLOCK-Ⅰ的 GPS 试验卫星。目前仍有 4 颗试验卫星在工作。

第二阶段，1979～1987 年，为系统论证阶段。

第三阶段，1988～1993 年，为生产实验阶段。

从 1989 年 2 月 14 日第一颗工作卫星发射成功，到 1994 年 3 月 28 日完成第 24 颗工作卫星的发射，GPS 共发射了 24 颗(其中 21 颗工作卫星，3 颗备用卫星)。目前的卫星数已经超过 32 颗，均匀分布在 6 个相对于赤道的倾角为 55°的近似圆形轨道上，每个轨道上有 4 颗卫星运行，它们距地球表面的平均高度约为 20 200 km，运行速度为 3 800 m/s，运行周期为 11 h 58 min。每颗卫星可覆盖全球 38％的面积，可保证在地球上任何地点、任何时刻、在高度 15°以上的天空同时能观测到 4 颗以上卫星。

卫星呈圆柱形，直径为 1.5 m，重约 843 kg，两侧有 4 片拼接成的双叶太阳能电池翼板。两侧翼板受对日定向系统控制，可以自动旋转使电池翼板面始终对准太阳，给 3 组 15 A 的镉镍蓄电池充电，以保证卫星的电源供应。卫星上装有 4 台高精度原子钟，为距离测量提供高精度的时间基准。卫星姿态调整采用三轴稳定方式，由四个斜装惯性轮和喷气控制装置构成三轴稳定系统，使 12 根螺旋形天线组成的天线阵列所辐射的电磁波束始终对准卫星的可见面。

出于军事、政治和经济等原因，美国并未向所有用户开放所有的 GPS 服务功能，并且人为地降低了民用部分的定位精度。美国为了保证 GPS 的领先地位，已经着手建立新一代 GPS (GPS IIF)，进一步提高定位精度和抗干扰能力。

在我国测绘行业，GPS 应用起步较晚，但发展速度很快。据不完全统计，至 1992 年底我国已有上百个单位拥有数百台 GPS 接收机。测绘人员在 GPS 应用基础研究和实用软件开发等方面取得了大量的成果，从而为 GPS 技术全面推广提供了技术保证，也对 GPS 测量是否适合我国国情的可行性研究方面做了大量的试验。

二、格洛纳斯卫星导航系统

为了抗衡美国的 GPS，苏联也设计建立了格洛纳斯卫星导航系统 (GLONASS)，该系统也拥有 24 颗工作卫星。GLONASS 于 20 世纪 70 年代中期启动，1982 年 10 月 12 日发射第一颗 GLONASS 卫星，1996 年 1 月 18 日完成 24 颗卫星的布局，卫星具备完全工作能力。但由于经济原因，一度无法为到寿失效的卫星发射替代卫星，使系统的在轨卫星数量(仅剩 8 颗)急剧下降，严重影响了其使用效能。近年来，随着俄罗斯经济状况的好转和卫星导航定位市场的蓬勃发展，俄罗斯已经开始重建 GLONASS 系统，并积极将该系统向全球民用市场推行。目前 GLONASS 工作卫星已经恢复到 19 颗。

GLONASS 的整体结构类似于 GPS，也是由卫星星座、地面监测控制站和用户设备三部分组成，这里不再赘述。主要不同之处在于星座设计、信号载波频率和卫星识别方法的不同，其空间部分的主要参数如下：

卫星星座：24 颗；

卫星高度：19 100 km；

轨道周期：11 h 15 min；

轨道平面：3 个，每个轨道至少 8 颗卫星；

轨道倾角：64.8°；

载波频率：L_1 为 1 602.000 0+0.562 5i MHz，L_2为 1 246.000 0+0.437 5i MHz，i 为卫星频道编号（$-7 \leqslant i \leqslant 6$）；

卫星识别方法：频分多址（FDMA），即根据载波频率来区分不同卫星。

类似于 GPS，俄罗斯启动了 GLONASS 现代化，主要内容如下：

① 2003 年开始发射第二代卫星 GLONASS-M，至今已发射了 36 颗卫星。该卫星将设计寿命由第一代卫星 GLONASS 的 3 a 提高到 7 a，并搭载了更高精度的原子钟，同时增加第二个民用频率。

② 2011 年 2 月开始发射第三代卫星 GLONASS-K1，该卫星将设计寿命进一步提高到 10 a，并增加了以 CDMA 调制方式的第 3 个频率 L_3 信号（L_3 为 1 202.025 MHz），并将在后续的 GLONASS-K2 卫星发射以 CDMA 调制方式的 L_1、L_2 和 L_3 信号，同时保留以 FDMA 调制的 L_1 和 L_2 信号。

③ 2015 年开始发射新型的 GLONASS-KM 卫星，增强系统的整体性能，扩大 GLONASS 的应用领域。

④ 进行了频率更改计划，如表 7-1 所示。

表 7-1 GLONASS 卫星频道编号更改历程

时间	卫星频道编号
1982～1993 年	0～24
1993～1998 年	0～15、21～24
1998～2005 年	1～13
2005 年至今	−7～6

三、北斗卫星导航系统概述

北斗卫星导航系统（BeiDou Navigation Satellite System，BDS）简称北斗系统，是中国正在实施的自主发展、独立运行的全球卫星导航系统。北斗卫星导航系统由陈芳允院士于 1983 年提出，是我国独立发展、自主运行的卫星导航系统。该系统建成后，能提供高精度、高可靠度的导航、定位、授时和短报文通信服务。

北斗卫星导航系统分三个阶段建设，如图 7-1 所示。

第一阶段，从 2000 年到 2003 年，建成由 3 颗卫星组成的北斗卫星导航试验系统（第一代系统），我国成为世界上除美国和俄罗斯外第三个拥有自主卫星导航系统的国家。

第二阶段，建设北斗卫星导航系统（第二代系统），于 2012 年前形成我国及周边地区的覆盖能力。

第三阶段，到 2020 年完成三十颗卫星发射组网，全面建成北斗三号系统。我国先后发射了 30 颗北斗三号导航卫星（3 颗静止轨道卫星+3 颗倾斜地球同步轨道卫星+24 颗中圆轨道

图 7-1　BDS 阶段卫星

卫星），建成采用无源与有源导航方式相结合的全球卫星导航系统。

BDS 的建设目标是建成独立自主、开放兼容、技术先进、稳定可靠的覆盖全球的北斗卫星导航系统。系统由空间段、地面段和用户段三部分组成，空间段包括 5 颗静止轨道（GEO）卫星、27 颗中圆地球轨道（MEO）卫星和 3 颗倾斜地球同步轨道（IGSO）卫星，地面段包括主控站、注入站和监测站等若干个地面站，用户段包括北斗用户终端以及与其他卫星导航系统兼容的终端。

BDS 采取渐进式建设方案，服务模式由主动式发展成被动式定位，覆盖区域由亚太地区逐渐拓展到全球。

BDS 与 GPS、GALILEO 和 GLONASS 相比，优势在于短信服务和导航结合，增加了通信功能；全天候快速定位，极少的通信盲区，精度与 GPS 的相当，而在增强区域也就是亚太地区，将具备 15 颗可视卫星，相比其他导航系统的 8～9 颗，具有明显优势，精度甚至会超过 GPS 及其他导航系统的精度；向全世界提供免费的服务，在提供无源定位导航和授时等服务时，用户数量没有限制，且与 GPS 兼容；特别适合集团用户大范围监控与管理，以及无依托地区数据采集用户数据传输应用；独特的中心节点式定位处理和指挥型用户机设计，可同时解决“我在哪”和“你在哪”问题。另外，作为中国自主研发系统，高强度加密设计，安全、可靠、稳定，适合我国关键部门应用。

四、伽利略卫星导航系统概述

GALILEO 是欧洲自主、独立的全球多模式卫星导航定位系统，可提供高精度、高可靠性的定位服务，同时实现完全非军方控制和管理。

GALILEO 由 30 颗卫星组成，其中 27 颗工作星、3 颗备份星。卫星分布在 3 个中地球轨道（MEO）上，轨道高度为 23 616 km，轨道运行周期为 14 h 7 min，轨道倾角为 56°。每个轨道上部署 9 颗工作星和 1 颗备份星，某颗工作星失效后，备份星将迅速进入工作位置替代其工作，而失效星将被转移到高于正常轨道 300 km 的轨道上。GALILEO 采用码分多址（CDMA）来区分卫星，同时发射 L 波段 4 个载波频率，其中，E_1 为 1 575.42 MHz，E_{5a} 为 1 176.45 MHz，E_{5b} 为 1 207.14 MHz，E_6 为 1278.75 MHz。GALILEO 系统计划于未来 5～10 a 完成，耗资约 40 亿欧元。为实验和调试 GALILEO 的导航信号和服务质量，2005 年 12 月 28 日和 2008 年 4 月 27 日分别发射了 2 颗试验卫星 GIOVE-A、GIOVE-B，随后于 2011 年 10 月和 2012 年 10 月分别发射了 2 颗工作卫星，目前已有 4 颗在轨运行卫星。欧盟的一些专家称，该系统可与美国的GPS和俄罗斯的GLONASS兼容，但比后两者更安全、更准确，有助于欧洲太空业的发展。

GALILEO按不同用户层次分为免费服务和有偿服务两种级别。免费服务包括：提供L_1频率基本公共服务，与现有的GPS民用基本公共服务信号相似，预计定位精度为10 m；有偿服务包括：提供附加的L_2或L_3信号，可为民航等用户提供高可靠性、完好性和高精度的信号服务。GALILEO定义了5种类型的服务：

① 开放服务(Open Service，OS)：向所有民用用户开放的免费业务。

② 商业服务(Commercial Service，CS)：为商业应用提供实施控制接入的有偿服务。

③ 公共管理服务(Public Regulated Service，PRS)：为公共管理安全和军事应用提供实施控制接入的有偿服务。

④ 生命安全服务(Safety-of-Life Service，SoL)：确保飞机、车辆运行安全的服务。

⑤ 搜索和救援服务(Search and Rescue Service，S&R)：失踪目标搜索和相应救助的有偿服务。

第二节　GNSS基本概念及定位原理

一、GNSS基本概念

具有全球导航定位能力的卫星导航定位系统称为全球卫星导航定位系统，英文全称为Global Navigation Satellite System，简称GNSS。目前，除GPS、BDS、GLONASS、GALILEO外，许多国家也在发展自己的区域卫星导航系统，如日本的QZSS、印度的IRNSS等。

二、GNSS定位原理

(一) 基本定位观测方程

已知数据：如图7-2所示，卫星坐标三维向量r^j，由广播星历提供轨道参数后计算出的卫星j在地球三维坐标系中的向量形式为$r^j=(x^j,y^j,z^j)$；

观测数据：卫星至测站距离ρ_i^j，其向量形式为$e_i^j\rho_i^j$，e为ρ方向单位向量(方向余弦)；

待求量：测站i在地球上的三维位置向量为$R_i=(x_i,y_i,z_i)$，向量方程为：

$$R_i=r^j-e_i^j\rho_i^j \tag{7-1}$$

R_i中有三个未知数，但ρ_i^j只有一个观测量，不能解出三个未知数，从原理上说至少应有三个不同卫星的ρ_i^j才能解算出上述方程的三个未知数。

如图7-2所示，已知r^1、r^2、r^3，观测ρ_i^1，ρ_i^2，ρ_i^3，求$R_i=(x_i,y_i,z_i)$。

有方程式：

$$\| r^j-R_i \| =\rho_i^j \quad (j=1,2,3) \tag{7-2}$$

式中，$\| \cdot \|$表示求向量的模，即长度。则有：

$$\sqrt{(x^j-x_i)^2+(y^j-y_i)^2+(z^j-z_i)^2}=\rho_i^j \quad (j=1,2,3) \tag{7-3}$$

由上面的分析可以看出，只要知道三个卫星至测站的距离，就可实现三维坐标的定位。至于卫星至测站的距离，可以通过卫星发射的测距码获得，常称之为伪距观测量；也可以通过加

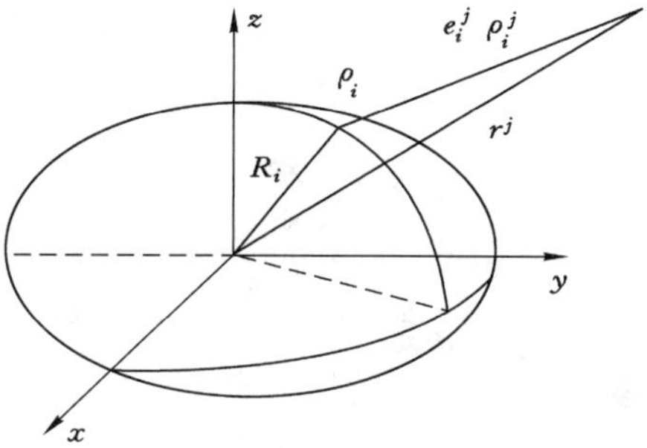

图 7-2　基本定位原理图

载测距码和导航信息的载波的相位数测量获得，常称之为载波相位观测量。

（二）伪距观测值 ρ_i^j 特性

在实际中，我们不能直接观测卫地的几何距离，而是观测到包含了卫星和接收机时钟误差和时间延迟误差的伪距离 ρ_i^j，称为伪距观测值，它实际可由下式表达出来：

$$\rho_i^j = c(T_i - T^j) = c[(T_T + T_{R_i} + T_{A_i} + \Delta T_u) - (T_T + \Delta T_s)] \tag{7-4}$$

式中　c——光速；

T_i——接收机收到信号时的钟面读数；

T^j——卫星在该信号发射时的钟面读数；

T_T——卫星信号发射时刻的 GNNS 正确时间；

T_{R_i}——信号在真空中的运行时间，$T_{R_i} = R/c$，R 为真空几何距离；

T_{A_i}——由于空气中有电离层、对流层介质而产生的延迟时间；

ΔT_u——用户接收机钟与 GNSS 确定时间的偏差；

ΔT_s——卫星钟与 GNSS 正确时间的偏差。

对式(7-4)略加整理，可得到下式：

$$\begin{cases} \rho_i^j = c[(T_{A_i} + T_{R_i} + \Delta T_u + T_s^j)] = cT_{R_i} + cT_{A_i} - c(\Delta t_{us}^j) \\ \rho_i^j = R_i^j + c(\Delta t_{us}^j) + cT_{A_i} \cdot \Delta t_{us}^j = \Delta T_u - \Delta T_s^j \quad (j = 1,2,3) \end{cases} \tag{7-5}$$

由此可见，在卫星钟差为已知的前提下，伪距为真空几何距离加电离层延迟和对流层延迟，再加未知的卫星接收机钟差延迟，即：

$$\rho_i^j \sqrt{(x^j - x_i)^2 + (y^j - y_i)^2 + (z^j - z_i)^2} = c\Delta t_{us}^j + cT_{A_i} \quad (j = 1,2,3) \tag{7-6}$$

式中，T_{A_i} 可以通过信号传播的电离层、对流层的理论预先确定；ΔT_s^j 可由广播星历的计算确定；ΔT_{us}^j 可简写为 ΔT_u。式(7-6)共有 x_i、y_i、z_i 和 ΔT_u 四个未知数，观测四颗卫星的伪距可以唯一确定上述四个未知参数。图 7-3 为 GNSS 定位的几何原理。

以上定位原理说明，用 GNSS 技术可以同时实现三维定位与接收机时间的定时。显然，这属于绝对定位。一般来说，利用 C/A 码进行实时绝对定位，各坐标分量精度在 5～10 m，三维综合精度在 15～30 m；利用军用 P 码进行实时绝对定位，各坐标分量精度在 1～3 m，三维综合精度在 3～6 m；利用相位观测值进行绝对定位技术比较复杂，目前其实时或准实时各坐标分量的精度在 0.1～0.3 m，事后 24 h 连续定位的三维各坐标分量精度可达 2～3 cm。

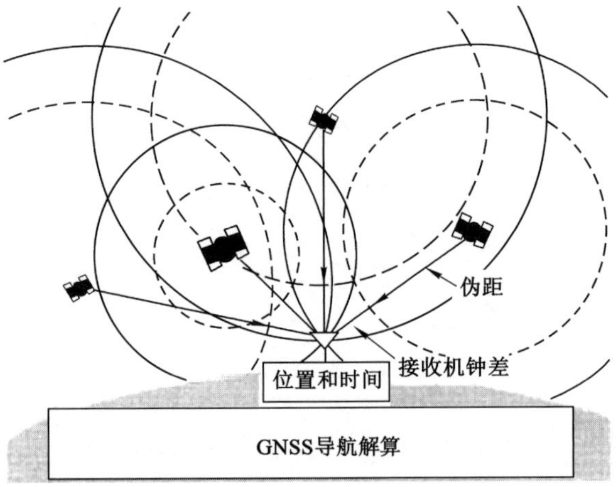

图 7-3　GNSS 定位的几何原理

第三节　GNSS 外业测量及数据处理

以 GNSS 测量的实施为例，GNSS 测量外业实施工作一般可分为技术方案设计、外业工作、内业工作等几个阶段。其中，外业工作可包括选点与建立标志（布网）和外业观测。

一、外业测前工作

（1）项目的提出

一个 GNSS 测量工程项目，往往是由工程发包方、上级主管部门或其他单位或部门提出，由 GNSS 测量队伍具体实施。对于一项 GNSS 测量工程项目，一般有如下一些要求：测区位置及其范围、用途和精度等级、提交成果的内容、时限要求、投资经费。

（2）技术设计

一个完整的技术设计，主要应包含如下内容：项目来源、测区概况、工程概况、技术依据、现有测绘成果、施测方案、作业要求、观测质量控制、数据处理方案、详细的数据处理方案、提交成果要求。

（3）测绘资料的搜集与整理

需要收集整理的资料主要包括测区及周边地区可利用的已知点的相关资料（点之记、坐标等）和测区的地形图等。

（4）仪器的检验

对各种仪器包括接收机及相关设备、气象仪器等进行检验，以确保它们能够正常工作。

（5）踏勘、选点埋石

综合应用地形图、遥感图、摄影图和有关点之记进行选点、埋石工作。

二、外业测量的实施

首先，实地了解测区情况、点位情况（点的位置、上点的难度等）、测区内经济发展状况、民风民俗、交通状况、测量人员生活安排等。其次，了解卫星状况预报，评估障碍物对 GNSS 观测可能产生的不良影响。最后确定作业方案，根据卫星状况、测量作业的进展情况以及测区的实际情况来确定具体的布网和作业方案。

（一）选点

为保证对卫星的连续跟踪观测和卫星信号的质量，要求测站上空应尽可能地开阔，在 10°～15°高度角以上不能有成片的障碍物。

为减少各种电磁波对卫星信号的干扰，在测站周围约 200 m 的范围内不能有强电磁波干扰源，如大功率无线电发射设施、高压输电线等。

为避免或减少多路径效应的发生，测站应远离对电磁波信号反射强烈的地形、地物，如高层建筑、成片水域等。

为便于观测作业和今后的应用，测站应选在交通便利、测点方便的地方，还应选择在易于保存的地方。

（二）布网

（1）GNSS 网的技术设计

GNSS 网的技术设计是一项基础性工作。这项工作应根据网的用途和用户的要求来进行，其主要内容包括精度指标的确定和网的图形设计等。

GNSS 网设计的出发点是在保证质量的前提下，尽可能地提高效率，努力降低成本。因此，在进行 GNSS 网的设计和测设时，既不能脱离实际的应用需求，盲目地追求不必要的高精度和高可靠性，也不能为追求高效率和低成本，而放弃对质量的要求。

一般 GNSS 网应根据同一时间段内观测的基线边，即同步观测边构成闭合图形(称同步环)，例如三角形(需 3 台接收机，同步观测 3 条边，其中 2 条是独立边)、四边形(需 4 台接收机)、多边形等，以增加检核条件，提高网的可靠性。然后，可按点连式、边连式和网连式这三种基本构网方法，将各种独立的同步环有机地连接成一个整体。不同的构网方式，可额外地增加若干条复测基线闭合条件(即对某一基线多次观测之差)和非同步图形(异步环)闭合条件，即用不同时段观测的独立基线联合推算异步环中的某一基线，将推算结果与直接解算的该基线结果进行比较，所得到的坐标差闭合条件，进一步提高了 GNSS 网的几何强度及其可靠性。关于各点观测次数的确定，通常应遵循网中每点必须至少独立设站观测两次的基本原则。

（2）GNSS 基线向量网的布网形式

GNSS 网常用的布网形式有以下几种：跟踪站式、会战式、多基准站式(枢纽点式)、同步图形扩展式等。

① 跟踪站式布网：若干台接收机长期固定安放在测站上，进行常年、不间断的观测，即一年观测 365 d，一天观测 24 h，这种观测方式很像是跟踪站，因此，这种布网形式被称为跟踪站式。

跟踪站式布网的特点：采用跟踪站式的布网形式布设 GNSS 网时，接收机在各个测站上进行不间断的连续观测，观测时间长、数据量大，而且在处理这种方式采集的数据时，一般采用精密星历。采用此种形式布设的 GNSS 网具有很高的精度和框架基准特性。每个跟踪站为保证连续观测，一般需要建立专门的永久性建筑即跟踪站，用以安置仪器设备，这使得这种布网形式的观测成本很高。此种布网形式一般用于建立 GNSS 跟踪站(AA 级网)，对于普通用途的 GNSS 网，由于此种布网形式观测时间长、成本高，故一般不被采用。

② 会战式布网：布设 GNSS 网时，一次组织多台 GNSS 接收机，集中在一段不太长的时间内共同作业。在作业时，所有接收机在若干天的时间里分别在同一批点上进行多天、长时段的同步观测，在完成一批点的测量后，所有接收机又都迁移到另外一批点上进行相同方式的观测，直至所有的点观测完毕，这就是所谓的会战式布网。

会战式布网的特点：采用会战式布网形式所布设的 GNSS 网，因为各基线均进行过较长时间、多时段的观测，可以较好地消除 SA 等因素的影响。此种布网方式一般用于布设 A、B 级网。

③ 多基准站式布网：多基准站式布网是用若干台接收机在一段时间里长期固定在某几个点上进行长时间的观测，这些测站称为基准站。在基准站进行观测的同时，另外一些接收机则在这些基准站周围相互之间进行同步观测。

多基准站式布网的特点：采用多基准站式的布网形式所布设的 GNSS 网，由于在各个基准站之间进行了长时间的观测，因此可以获得较高精度的定位结果，这些高精度的基线向量可以作为整个 GNSS 网的骨架。另外，其余的接收机同步观测除了自身间有基线向量相连外，它们与各个基准站之间也存在有同步观测，因此，也有同步观测基线相连，这样可以获得更强的图形结构。

④ 同步图形扩展式布网：使用多台接收机在不同测站上进行同步观测，在完成一个时段的同步观测后，又迁移到其他测站上进行同步观测，每次同步观测都可以形成一个同步图形。在测量过程中，不同的同步图形间一般有若干个公共点相连，整个 GNSS 网由这些同步图形构成。

同步图形扩展式布网的特点：同步图形扩展式的布网形式具有扩展速度快、图形强度较高，且作业方法简单的优点。同步图形扩展式是布设 GNSS 网时最常用的一种布网形式。

三、外业观测

① 制定测量安排表。内容包括：同步环测量起止时间、搬站时间、每一个同步环里各接收机所在观测点，以及车辆、司机的安排和调度等，一定要保证所采用的起算点的成果不能有质量问题。

② 严格按照作业规定要求进行外业观测。按时到站，严格对中整平，认真在 GNSS 测量前和测量后量取天线高并记录，定时检查接收机工作状态以及电源情况、卫星状况、记录状况等。

③ 每天可以根据具体的情况修改测量安排表，继续进行测量。

④ 成果检核。观测成果的外业检核是确保外业观测质量、实现预期定位精度的重要环节。所以，当观测任务结束后，必须在测区及时对外业观测数据进行严格的检核，并根据情况采取淘汰或必要的重测、补测措施。

四、内业计算及数据处理

GNSS 测量一般采用连续同步观测，通常在十多秒或几十秒就自动记录一组数据，其数据之多、信息量之大是常规测量方法无法相比的。另外，采用的数学模型和算法的形式多样，数据处理的过程相当复杂。在实际工作中，一般借助微机系统，利用与 GNSS 信号接收机配套的数据处理软件来处理测得的数据，使得内业计算自动化达到较高的程度，这也是 GNSS 能够被广泛使用的重要原因之一。

静态相对测量数据处理的基本步骤:粗加工、预处理、基线解算、GNSS网与地面网的联合网平差处理、坐标转换和高程转换。

内业计算要求对各项检核内容进行严格检查,确保准确无误,才能进行后续的平差计算和数据处理。数据处理过程如图7-4所示。

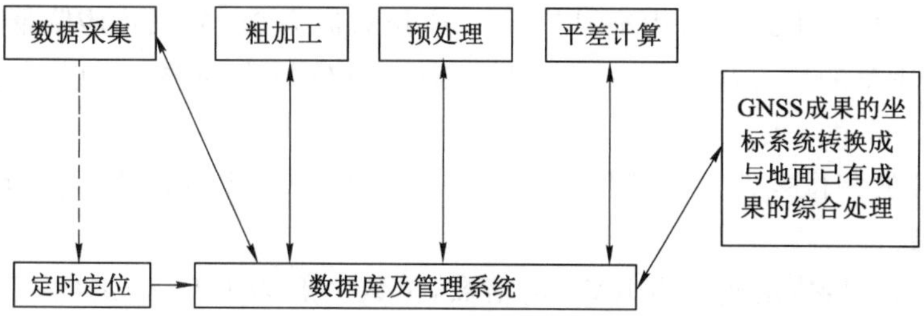

图7-4　数据处理示意图

（一）粗加工(人工)

(1) 原始观测数据

在进行基线解算之前,首先需要从接收机上下载原始的GNSS观测数据,至少应当有观测值文件、星历参数文件、测站信息文件、电离层参数和UTC参数文件。

(2) 外业输入数据的检查与修改

读入GNSS观测数据后,就需要对观测数据进行必要的检查,检查的项目包括测站名、点号、测站坐标、天线高等。

（二）预处理(计算机)

① GNSS卫星轨道方程的标准化:多项式拟合GNSS卫星轨道方程。

② 时钟多项式的拟合和标准化。

③ 观测值文件的标准化:各接收文件的记录格式、类型、项目、采样、密度、数据单位应统一。

④ 观测值进行各种模型改正。

⑤ 双频观测相位线性合成为单频观测值。

⑥ 同步环中每两台接收机同步测量的单频或合成单频载波相位形成单差分、双差分、三差分观测值。

⑦ 诊断、确定、修复各种组合载波相位或单频载波相位、各种差分载波相位整周跳变。

⑧ 平均计算每一个观测点的伪距定位坐标。

（三）基线向量的解算

(1) 基线向量解算过程

① 由三差分载波相位观测方程计算基线矢量。

② 由双差分载波相位观测方程计算基线向量。

(2) 设定基线解算的控制参数(人工)

基线解算的控制参数用以确定数据处理软件采用何种处理方法来进行基线解算,设定基线解算的控制参数是基线解算时一个非常重要的环节，通过控制参数的设定，可以实现基线的精化处理。

（四）基线质量分析和检验

基线的质量检验需要通过如下分析检验才能进行网平差：

（1）每一条基线的检验

模糊度的可靠指标 Ratio，短边绝对值为 3，或相对值为 95%，长边应降低要求。

反映观测值质量的均方根误差 RMS、参考因子单位权中误差 m_0 以及有关项的精度估值 m_1。

残差分析：载波相位残差图（单频、双频分别在 0.02～0.04 m 之内），分析残余误差。

（2）调整参数

① 观测值删除率：使用残差为 RMS 的倍数，位数一般为 1.5～3 之间；卫星高度角在 10°～20°之间调整。

② 选择时段、卫星取舍。

③ 双频接收机选择采用 L_1 单频数据，宽巷组合、窄巷组合数据，消去电离层影响的载波相位。

④ 基线间检验：同步环闭合差、异步环闭合差和重复基线较差，分别满足测量规范规定的等级相对精度要求。

调整：通过比较找出超限闭合环中共同的基线，通过调整有关参数，再处理，方法同前。

（五）基线向量网平差

（1）概念

以 GNSS 基线向量为观测值，以其方差阵之逆为权，进行计算，求各 GNSS 网点的坐标并进行精度评定。

（2）分类

① 无约束平差：只约束一个点坐标。

② 约束平差：约束条件多于一个点的坐标，如还有其他已知点坐标或边长、方位角等。

③ 联合平差：GNSS 基线向量观测值、地面常规测量观测值（边长、方位、高差），一起参与平差计算。

④ 三维平差：求出三维地理坐标或平面坐标和海拔高程。

⑤ 二维平差：只求平面坐标。

（3）网平差参数设置

① 观测量范围的选择。

② 参考因子的要求（单位权中误差）限制：$M \leqslant 1.0$。

对原观测量做小量调整，达到彼此协调，正确的平差观测值精度大小应同先验的精度大小一样。

③ 调整尺度：观测值先验精度估计值的调整尺度。

（4）网平差过程

① 三维无约束平差。

② 约束平整。

③ 精度评定。

单位权中误差 m_0 应取值在 1 左右。基线向量改正数绝对值满足：$V_{\Delta x} \leqslant 2$ 倍 M_x 的中误差、$V_{\Delta y} \leqslant 2$ 倍 M_y 的中误差、$V_{\Delta z} \leqslant 2$ 倍 M_z 的中误差。

④ 调整参数。

目前，GNSS数据处理一般采用常用的商业软件完成，这些软件的自动化程度高，具有GNSS基本知识的用户就可完成该数据处理。

第八章　地形图基础

第一节　概　　述

一、地形图基本概念

地图(Map)是按照一定的法则,有选择地以二维或多维形式与手段在平面或球面上表示地球(或其他星球)若干现象的图形或图像,它具有严格的数学基础、符号系统、文字注记,并能用地图概括原则,科学地反映出自然和社会经济现象的分布特征及其相互关系。

地形是地物和地貌的总称。地物是指地面上由人工建造的固定物体和由自然力形成的独立物体,例如房屋、道路、河流、桥梁、树林、边界、孤立岩石等。地面上主要由自然力形成高低起伏的连续形态,如平原、山岭、山谷、斜坡、洼地等,称为地貌。

地形图是按照一定比例尺,用规定符号表示的地物、地貌平面位置和高程的正射投影图。将地面上各种地物的平面位置按一定的比例用线条和符号测绘在图纸上,并测定地面代表性点位的高程,这种图称为地物平面图;如果既测绘地物的平面位置,又测定地面高程点,并据此绘制表示地貌的等高线,这种图称为等高线地形图,这两种图又通称为地形图。地形图将测区内采集的各种有关的地物和地貌信息转换成图纸形式,为土地资源开发和利用、工程设计与施工、城乡规划与管理和决策提供相关测绘资料。

二、地形图的特性

地图以特有的数学基础、地图语言和抽象概括法则表现地球或其他星球自然表面的时空现象,反映人类的政治、经济、文化和历史等人文现象的状态、联系和发展变化。它具有以下特性:

(1) 可量测性

由于地图采用了地图投影、地图比例尺和地图定向等特殊数学法则,人们可以在地图上精确量测点的坐标、线的长度和方位、区域的面积、物体的体积和地面坡度等。

(2) 直观性

地图符号系统称为地图语言,它是表达地理事物的工具。地图语言由符号、色彩和注记构成,它能准确地表达地理事物的位置、范围、数量和质量特征、空间分布规律以及它们之间的相互联系和动态变化。利用地图可以直观、准确地获得地理空间信息。

(3) 一览性

地图是缩小了的地面表象,它不可能表达出地面上所有的地理事物,需要通过取舍和概括的方法表示出重要的物体,舍去次要的物体,这就是地图制图综合。地图制图综合能使地面上任意大小的区域缩小制图，正确表达出读者需要的内容，使读图者能一览无余。

三、地形图主要内容

地形图是空间信息的载体，用地形图符号语言来传递信息。地形图包含丰富的自然地理、人文地理、社会经济信息，直观反映各种自然地理要素和社会经济要素的空间位置、分布特征，分布范围、数量、质量特征、动态变化以及各种地理事物之间的相互联系和制约关系。在地形图上，能确定点的坐标、点与点之间的距离和直线间的夹角；确定直线的方位；确定点的高程和两点间的高差；勾绘出集水线（山谷线）和分水线（山脊线），标示出洪水线和淹没线；计算指定范围的面积和体积，确定地块面积、土石方量、蓄水量、矿产量等；了解各种地物、地类、地貌等的分布情况，计算诸如村庄、树林、农田等数据，获得房屋的数量、质量、层次等资料；截取断面，绘制断面图。利用地形图作底图，可以编绘出一系列专题地图，如地质图、水文图、农田水利规划图、土地利用规划图、建筑物总平面图、城市交通图和地籍图等。所以，地形图在国土整治、资源勘察、土地利用、环境保护、城乡规划、工程设计、矿产采掘、河道整理、军事指挥、武器发射等方面的应用非常广泛。

四、地形图的识读

地形图的主要内容是用各种线画符号和文字注记所表示的地物和地貌，通过这些符号和注记可以认识地球表面的自然形态，全面了解制图区域的地理概况、各要素的相互关系。为了正确应用地形图，首先必须看懂地形图。下面以图 8-1 所示的一幅 1∶10 000 比例尺地形图（局部）为例介绍地形图的识读方法。通过对地形图的阅读分析获取全图区域内地理环境的全面信息，找出事物之间的内在联系。

五、地形图的图廓外注记

通过地形图的图廓外注记识读，可全面了解地形图的基本情况。地形图图廓外注记的内容包括：图号、图名、接图表、比例尺坐标系统和高程系统、图式版本、等高距、测图时间、测绘单位、图廓线、坐标格网、三北方向线和坡度尺等，它们分布在东、南、西、北四面图廓线外。

（1）图号、图名和接图表

为了区别各幅地形图所在的位置和拼接关系，每一幅地形图都编有图号和图名。图号是根据统一的分幅进行编号；图名是用本图内最著名的地名、最大的村庄或突出的地物、地貌等的名称来命名。图号、图名注记在北图廓上方的中央，如图 8-1 上方所示。在图的北图廓左上方，画有该幅图四邻各图号（或图名）的略图，称为接图表。中间一格画有斜线的代表本图，四邻分别注明相应的图号（或图名）。接图表的作用是便于查找到相邻的图幅。

（2）比例尺

如图 8-1 下方所示，在每幅图南图框外的中央均注有数字比例尺，在数字比例尺下方绘出图示比例尺，其作用是便于用图解法确定图上直线的距离。对于 1∶500、1∶1 000 和 1∶2 000 等大比例尺地形图，一般只注明数字比例尺，不注明图示比例尺。

（3）平面坐标系统和高程系统

对于 1∶1 万或更小比例尺地形图，通常采用国家统一的高斯平面坐标系，如 1954 北京坐

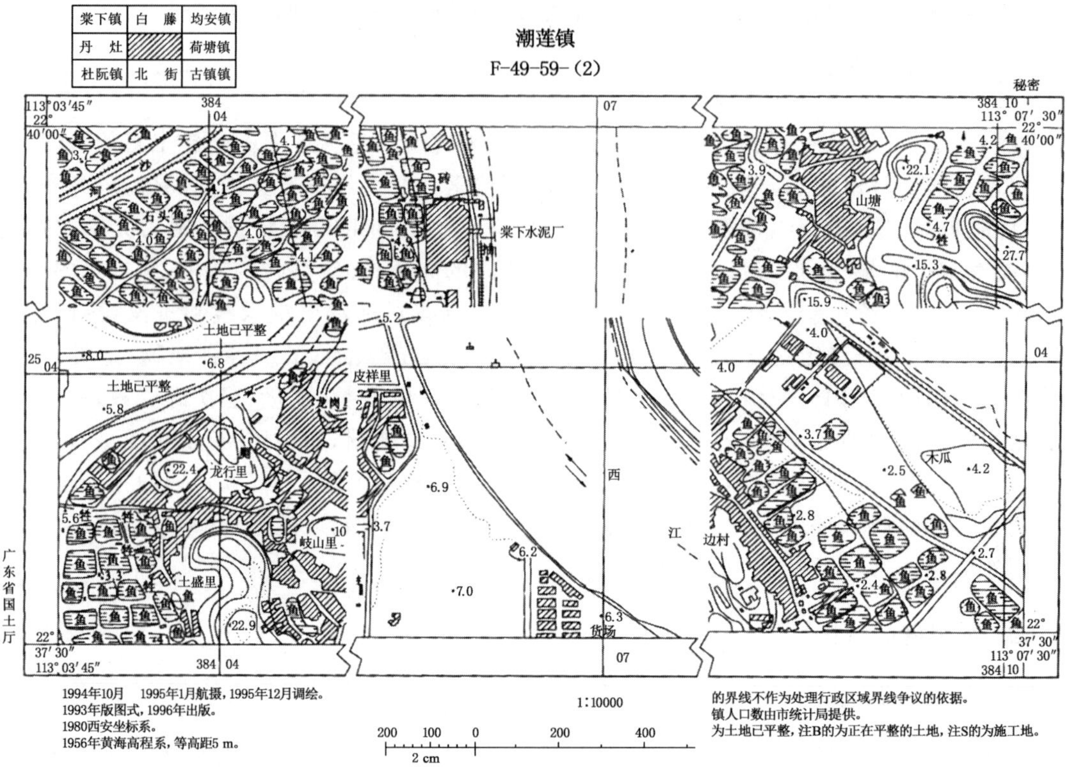

图 8-1　1∶10 000 地形图(局部)

标系、1980 西安坐标系、CGCS2000 坐标系。城市地形图一般采用通过城市中心的某一子午线为中央子午线的任意带高斯平面坐标系，称为城市独立坐标系。当工程建设范围比较小时，也可得到测区平面的假定直角坐标系。高程系统一般使用 1956 年黄海高程系或 1985 国家高程基准。但也有一些地方高程系统，如上海及其邻近地区即采用“吴淞高程系”，广东地区采用“珠江高程系”等。各高程系统之间只需加减一个常数即可进行换算。地形图采用的坐标系统和高程系统在南图廓外的左下方用文字说明。

(4) 测图时间

测图时间注明在南图廓左下方，用户可以根据测图时间以及测区的开发情况，判断地形图的现势性。

(5) 经纬度与坐标格网

图 8-1 是梯形分幅。梯形分幅的图廓是由上、下两条纬线和左、右两条经线所构成，经差为 3′45″，纬差为 2′30″。本图幅位于东经 113°3′45″～113°7′30″、北纬 22°37′30″～22°40′00″所包括的范围。图 8-1 中的方格网为平面直角坐标格网，它是平行于以投影带的中央子午线为 x 轴和以赤道为 y 轴的直线，其间隔通常是 1 km，也称为公里格网。

图 8-1 的第一条坐标纵线 y 为 38 404 km，其中的 38 为高斯投影统一 3°带的带号，其横坐标值应为 404－500＝－96 km，即位于 38 号带中央子午线以西 96 km 处。图中第一条坐标横线 x 为 2 504 km，则表示位于赤道以北 2 504 km 处。由经纬线可以确定各点的地理坐标和任一直线的真子午线方位角，由公里格网可以确定各点的高斯平面坐标和任一直线的坐标方

位角。

(6) 三北方向线关系图

三北方向是指真子午线北方向、磁子午线北方向和高斯平面坐标系的纵轴方向。三个方向间的角度关系一般绘制在中、小比例尺图的东图廓线的坡度比例尺上方。如图 8-2 所示，该图幅的磁偏角为 2°16′(西偏)，坐标纵轴偏于真子午线以西 0°21′，而磁子午线偏于坐标纵线以西 1°55′。利用该关系图，可对图上任一方向的真方位角、磁方位角和坐标方位角三者之间进行相互换算。

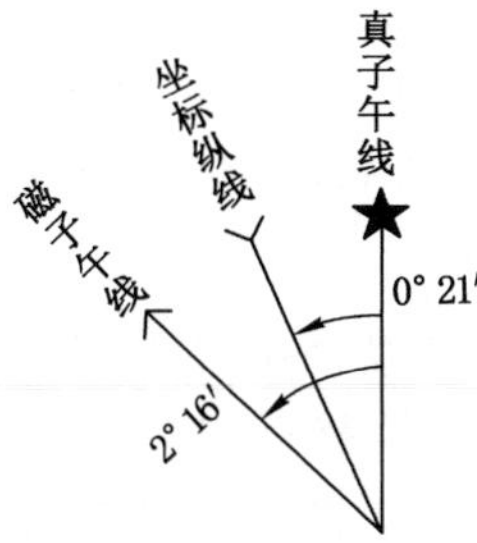

图 8-2　三北方向线关系图

六、地物与地貌的识别

应用地形图应了解地形图所使用的地形图图式，熟悉一些常用的地物和地貌符号，了解图上文字注记和数字注记的确切含义。地形图上的地物、地貌是用不同的地物符号和地貌符号来表示的。比例尺不同，地物、地貌的取舍标准也不同，随着各种建设的不断发展，地物、地貌又在不断改变。要正确识别地物、地貌，阅读前应先熟悉测图所用的地形图图式、规范和测图日期。下面分别介绍地物、地貌的识别方法。

(1) 地物的识别

识别地物的目的是了解地物的大小、种类、位置和分布情况。通常按先主后次的程序，并顾及取舍的内容与标准进行。按照地物符号先识别大的居民点、主要道路和用图需要的地物，然后再扩大到识别小的居民点、次要道路、植被和其他地物。通过分析，就会对主、次地物的分布情况以及主要地物的位置和大小形成较全面的了解。

(2) 地貌的识别

识别地貌的目的是了解各种地貌的分布和地面的高低起伏状况。识别时，主要是根据基本地貌的等高线特征和特殊地貌(如陡崖、冲沟等)符号进行的。山区坡陡的地貌形态复杂，尤其是山脊和山谷等高线犬牙交错，不易识别。可先根据江河、溪流等水系找出山谷、山脊系列，无河流时可根据相邻山头找出山脊。再按照两山谷间必有一山脊、两山脊间必有一山谷的地貌特征，即可识别山脊、山谷地貌的分布情况。结合特殊地貌符号和等高线的疏密进行分析，就可以较清楚地了解地貌的分布和高低起伏情况。最后将地物、地貌综合在一起，整幅地形图就像立体模型一样展现在眼前。

七、地形图的精度

人眼能分辨的图上最小距离是 0.1 mm，对 1∶M 比例尺的地形图，对应的实地水平距离为 0.1M mm，0.1M mm 称为比例尺的精度。对于 1∶1 万比例尺的地形图，小于 0.1×10 000＝1 m 的实地水平距离在图上分辨不出来；对于 1∶1 000 比例尺的地形图，小于 0.1×1 000＝0.1 m 的实地水平距离在图上无法分辨。测绘地形图碎部点位时的距离测量精度参照比例尺的精度制定。《城市测量规范》规定：对于城市大比例尺地形图，地物点平面位置精度为地物点相对于邻近图根点的点位中误差在图上不得超过 0.5 mm；邻近地物点间距中误差在图上不得超过 0.4 mm。山地、高山地和设站施测困难的旧街坊内部，其精度要求按上述规定适当放宽，分别为 0.75 mm 和 0.6 mm。高程精度的规定是：城市建筑区和平坦地区的铺装地面的高程注记点相对于邻近图根点的高程中误差不得超过 0.07 m，一般地面则不得超过 0.15 m。在等高线地形图上，根据相邻等高线内插求得地面点相对于邻近图根点的高程中误差，在丘陵地区不得超过 1/2 等高距，在山地不得超过 2/3 等高距，在高山地不得超过 1 个等高距。

对于数字地形图（数字线划图）：地物点相对于邻近图根点的点位中误差不得大于±10 cm，施测困难的不得大于±15 cm；相邻地物点间距中误差不得大于±10 cm，施测困难的不得大于±15 cm；地面高程注记点相对于邻近图根点的高程中误差在稳固坚实地面不得大于±5 cm，其他地面不得大于±10 cm；高程中误差不得大于±10 cm。由于野外实测的数字地形图在数图转换以及图形绘制过程中不存在精度损失，因此，野外采集数据的精度即为数字地形图的精度。

第二节　国家基本比例尺地形图

地形图上任一线段的长度与它所代表的实际水平距离之比，称为地形图比例尺。

一、国家基本比例尺地形图

我国把 1∶100 万、1∶50 万、1∶25 万、1∶10 万、1∶5 万、1∶2.5 万、1∶1 万、1∶5 000 这 8 种比例尺的地形图规定为国家基本比例尺地形图。其中，1∶100 万地形图为小比例尺地形图，1∶50 万、1∶25 万地形图为中比例尺地形图，大于 1∶10 万（包含 1∶10 万）比例尺的地形图为大比例尺地形图。

按照地形图图式规定，比例尺书写在图幅下方正中处。为了用图方便以及减弱由图纸伸缩而引起的误差，在绘制地形图时，常在图上绘制图示比例尺。图 8-3 所示为 1∶1 000 的图示比例尺，绘制时先在图上绘制两条平行线，再把它分成若干相等的线段，称为比例尺的基本单位，一般为 2 cm，将左端的一段基本单位又分成十等分，每等分的长度相当于实地 2 m。而每一基本单位所代表的实地长度为 2 cm×1 000＝20 m。

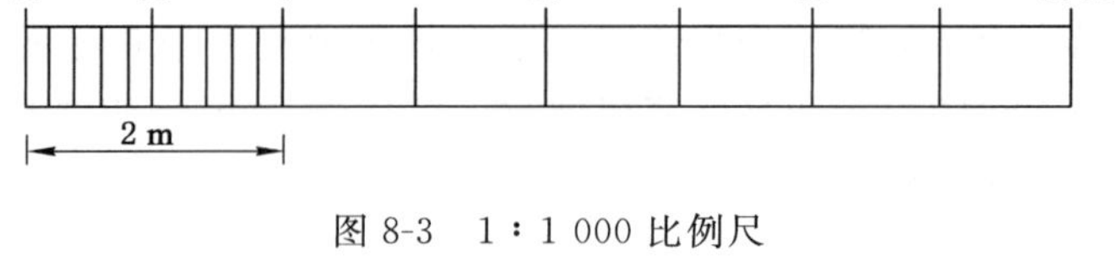

图 8-3　1∶1 000 比例尺

二、国际基本比例尺地形图的数学基础

为了精确地将不规则的地球表面上的各种自然现象和社会事物表示在平面图纸上，必须先了解以下几点：第一，必须搞清楚地球是一个怎样的形体，即要解决地球椭球体的问题。第二，地球椭球体的大小如何达到适宜于平面图纸表现的程度，即要解决地图比例尺的问题。第三，如何在地球椭球体上建立坐标网，即要解决经纬网、大地网、大地控制点的问题。第四，如何将球面坐标网与图纸平面坐标网建立严格的可以用数学方法解算的一一对应的函数关系，即要解决地图投影的问题。然后依据相互对应的坐标网，将地面上的事物在平面图纸上确定其位置。因此，地球椭球体、比例尺、经纬网、大地网、大地控制点、地图投影等构成了地图的数学基础。

(1) 大地坐标系

地球椭球体建立后，在其上建立相应的球面坐标系统就可以进一步进行测量和制图工作。我国自 1953 年至 1978 年，从当时苏联引进的克拉索夫斯基椭球体为参考椭球，建立了 1954 北京坐标系。为适应我国测绘工作发展的需要，我国于 1978 年决定建立中国国家大地坐标系，并选择陕西省西安市附近泾阳县永乐镇某点为大地原点，进行大地定位，这就是 1980 西安坐标系。

目前，CGCS2000(China Geodetic Coordinate System 2000)国家大地坐标系是我国当前最新的国家大地坐标系。CGCS2000 坐标系原点包括海洋和大气的整个地球的质量中心；2000 国家大地坐标系的 Z 轴由原点指向历元 2000.0 的地球参考极的方向，该历元的指向由国际时间局给定的历元为 1984.0 的初始指向推算，定向的时间演化保证相对于地壳不产生残余的全球旋转，X 轴由原点指向格林尼治参考子午线与地球赤道面(历元 2000.0)的交点，Y 轴与 Z 轴、X 轴构成右手正交坐标系。

(2) 高斯投影

当测绘区域范围较大时，把地球椭球体表面上的图形展绘到平面上，必然产生变形，此时要考虑地球曲率对距离、高程测量和制图的影响，即不能用水平面代替水准面测绘。为解决图形从地球椭球面转换到地图平面的问题，通常采用地图投影的方法。中华人民共和国成立后，国家基本比例尺地形图一律规定采用高斯—克吕格投影，简称高斯投影。

(3) 地球椭球体

为了在地球表面上定位，通常用一个可用数学模型定义和表达的几何形体——地球椭球体代替地球的形状，作为数据计算处理的基准。国际上有多种地球椭球体，我国国家基本比例尺地形图一般采用克拉索夫斯基、ICA-75、CGCS2000 等地球椭球体。

三、地形图比例尺的精度

人们用肉眼能分辨的图上最小距离为 0.1 mm，因此，一般在图上量测就只能达到图上 0.1 mm 的准确性，通常把图上 0.1 mm 所表示的实地水平长度，称为比例尺的精度。比例尺越大，其比例尺精度也越高，但是在同一测区，采用较大比例尺测图往往比采用较小比例尺测图的工作量和投资要大，因此采用哪一种比例尺测图，应从工程规划、施工实际需要的精度出发，不应盲目追求更大比例尺的地形图。不同比例尺地形图的比例尺精度见表 8-1 所示。

表 8-1　地形图比例尺精度

比例尺	1∶500	1∶1 000	1∶2 000	1∶5 000	1∶10 000
比例尺精度/m	0.05	0.1	0.2	0.5	1.0

根据比例尺的精度,可以确定在测图时量距应准确到什么程度。例如,测绘 1∶1 000 比例尺地形图时,其比例尺的精度为 0.1 m,故量距的精度只需 0.1 m,小于 0.1 m 在图上表示不出来。另外,当设计规定需在图上能量出的实地最短长度时,根据比例尺的精度,可以确定测图比例尺。

四、地形图比例尺的选用

图的比例尺越大,其表示的地物、地貌越详细,精度也越高,但一幅图所能包含的地面面积越小,同样测绘工作量也会成倍增加。所以,应该按实际需要选择适合的测图比例尺。城市和工程建设规划、设计和施工中,要用到多种比例尺的地形图,其比例尺的选用如表 8-2 所示。

表 8-2　地形图比例尺的选用

<table>
<tr><th>比例尺</th><th>用途</th></tr>
<tr><td>1∶10 000</td><td rowspan="2">城市总体规划、厂址选择、区域布置、方案比较</td></tr>
<tr><td>1∶5 000</td></tr>
<tr><td>1∶2 000</td><td>城市详细规划及工程项目初步设计</td></tr>
<tr><td>1∶1 000</td><td rowspan="2">建筑设计、城市详细规划、工程施工设计、地下管线图、工程竣工图</td></tr>
<tr><td>1∶500</td></tr>
</table>

地形图按组织测绘的部门和服务对象的不同可以分为以下几类:一是由国家测绘行政管理部门统一组织测绘,可作为国民经济建设、国防建设、科学研究的基础资料的国家基本比例尺地形图;二是由部门或单位针对工程建设的规划设计和具体施工的特殊需要,在小范围内通过地面实际测量的供工程建设使用的大比例尺地形图。地形图按介质载体可分为数字地形图和纸质地形图。

第三节　国家基本比例尺地形图的分幅和编号

一、国家基本比例尺地形图的分幅与编号

《国家基本比例尺地形图分幅和编号》(GB/T 13989—2012)自 2012 年 10 月起实施,新测和更新的基本比例尺地形图,均须按照此标准进行分幅和编号。新的分幅编号对照以前有以下特点:1∶5 000 地形图列入国家基本比例尺地形图系列,使基本比例尺地形图增加到 8 种;1∶100 万分幅虽仍以 1∶100 万地形图为基础,经纬差也没有改变,但划分的方法不同,即全部由 1∶100 万地形图逐次加密划分而成;编号仍以 1∶100 万地形图编号为基础,后接相应比例尺的行、列代码,并增加了比例尺代码。因此,所有 1∶5 000～1∶50 万地形图的图号均由五个元素 10 位代码组成。编码系列统一为一个根部,编码长度相同,计算机处理和识别时十

分方便。

(1) 分幅

1∶100 万地形图的分幅按照国际 1∶100 万地形图分幅的标准进行。

每幅 1∶100 万地形图划分为 2 行 2 列，共 4 幅 1∶50 万地形图，每幅 1∶50 万地形图的分幅为经差 3°，纬差 2°。

每幅 1∶100 万地形图划分为 4 行 4 列，共 16 幅 1∶25 万地形图，每幅 1∶25 万地形图的分幅为经差 1°30，纬差 1°。

每幅 1∶100 万地形图划分为 12 行 12 列，共 144 幅 1∶10 万地形图，每幅 1∶10 万地形图的分幅为经差 30′，纬差 20′。

每幅 1∶100 万地形图划分为 24 行 24 列，共 576 幅 1∶5 万地形图，每幅 1∶5 万地形图的分幅为经差 15′，纬差 10′。

每幅 1∶100 万地形图划分为 48 行 48 列，共 2 304 幅 1∶2.5 万地形图，每幅 1∶2.5 万地形图的分幅为经差 7′30″，纬差 5′。

每幅 1∶100 万地形图划分为 96 行 96 列，共 9 216 幅 1∶1 万地形图，每幅 1∶1 万地形图的分幅为经差 3′45″，纬差 2′30″。

每幅 1∶100 万地形图划分为 192 行 192 列，共 36 864 幅 1∶5 000 地形图，每幅 1∶5 000 地形图的分幅为经差 1′52″，纬差 1′15″。

(2) 编号

1∶100 万地形图的编号与地形图的梯形分幅和编号方法基本相同。1∶100 万地形图的图号是由该图所在的行号(字符码)与列号(数字码)组合而成，如北京所在的 1∶100 万地形图的图号为 J50；1∶50 万～1∶5 000 地形图的编号均以 1∶100 万地形图编号为基础，采用行列式编号方法。将 1∶100 万地形图按所含各比例尺地形图的经差和纬差划分成若干行和列，行从上到下、列从左到右按顺序分别用阿拉伯数字(数字码)编号。图幅编号的行、列代码均采用三位十进制数表示，不足三位时补 0，取行号在前、列号在后的排列形式标记，加在 1∶100 万图幅的图号之后。为了使各种比例尺不致混淆，分别采用不同的英文字符作为各种比例尺的代码，见表 8-3。

表 8-3　我国基本比例尺代码

比例尺	1∶50 万	1∶25 万	1∶10 万	1∶5 万	1∶2.5 万	1∶1 万	1∶5 000
代码	B	C	D	E	F	G	H

1∶50 万～1∶5 000 比例尺地形图的编号均由五个元素 10 位代码构成，即 1∶100 万图的行号(字符码)1 位，列号(数字码)2 位，比例尺代码(字符)1 位，该图幅的行号(数字码)3 位，列号(数字码)3 位。

例如，图 8-4 中晕线所示为 1∶50 万地形图，图号为 J50B001002；图 8-5 中晕线所示为 1∶25 万地形图，图号为 J50C003003；图 8-6 中单斜晕线所示为 1∶10 万地形图，图号为 J50D010010；双晕线所示为 1∶5 万地形图，图号为 J50E017016；平行晕线所示为 1∶2.5 万地形图，图号为 J50F042002；黑块所示为 1∶1 万地形图，图号为 J50G093004；而在 1∶100 万地形图上最东南角的 1∶5 000 地形图的图号为 J50H192192。

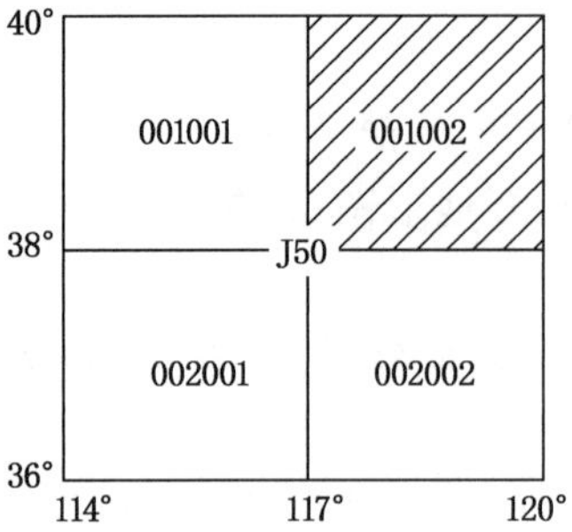

图 8-4　1∶50 万地形图图号

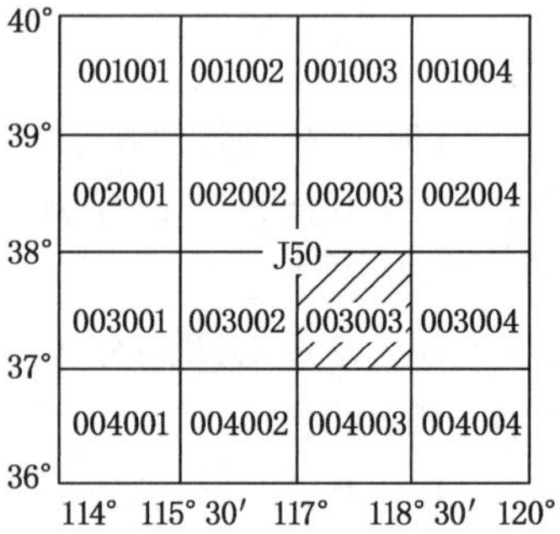

图 8-5　1∶25 万地形图图号

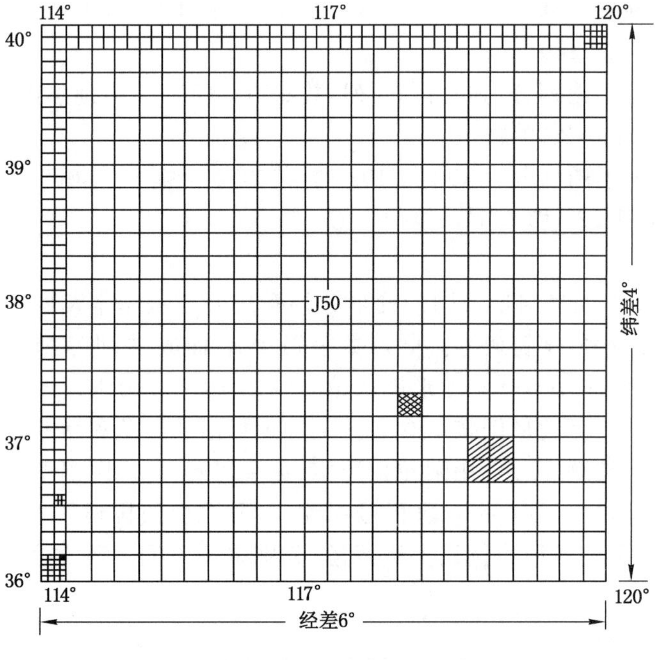

图 8-6　1∶10 万～1∶5 000 比例尺地形图图号

二、地形图的梯形分幅与编号

(一) 1∶100 万比例尺地形图的分幅与编号

1∶100 万地形图分幅与编号采用国际 1∶100 万地图会议(1913 年,巴黎)的规定进行。标准分幅的经差是 6°,纬差是 4°。即自赤道向北或向南分别按纬差 4°分成横行,依次用 A、B、…、V 表示。行号前分别冠以 N 和 S,区别北半球和南半球(我国地处北半球,图号前的 N 全部省略),如图 8-7 所示。

由于随纬度的增高经线收敛于两极而地图面积迅速缩小,所以规定在纬度 60°～76°之间双幅合并,即每幅图经差 12°,纬差 4°。在纬度 76°～88°之间四幅合并,即每幅图经差 24°,纬差 4°。纬度 88°以上单独为一幅。我国处于纬度 60°以下,故没有合幅的问题。自经度 180°开始

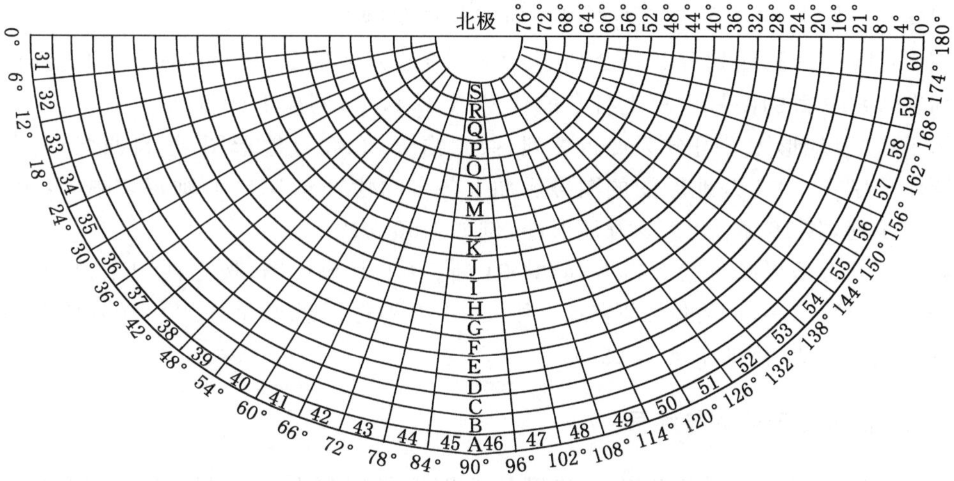

图 8-7　地形图的分幅与编号

起算，自西向东按经差 6°分成纵列，依次用 1、2、…、60 表示。“行号-列号”即组成某幅 1∶100 万地形图的编号。例如，北京某地的经度为东经 116°24′20″，纬度为 39°56′30″，则所在的 1∶100 万地形图的图号为 J-50，如图 8-8 所示。

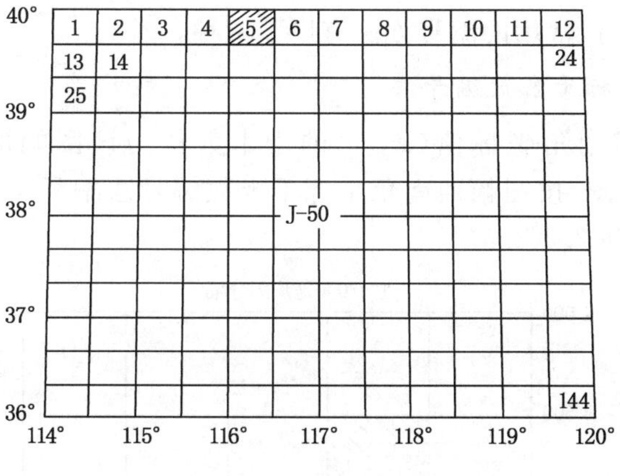

图 8-8　地形图的梯形分幅与编号

（二）1∶50 万、1∶25 万、1∶10 万地形图的分幅与编号

每一幅 1∶100 万地形图分为 2 行 2 列，共 4 幅 1∶50 万地形图，按自西向东、自北向南的排列顺序分别以 A、B、C、D 为代号，例如 J-50-A。

每一幅 1∶50 万地形图分为 2 行 2 列，共 4 幅 1∶25 万地形图，按自西向东、自北向南的排列顺序分别在 1∶50 万的图号后加上各自的代号 a、b、c、d，则每一幅 1∶100 万地形图分为 4 行 4 列，共 16 幅 1∶25 万地形图，例如 J-50-A-a。

每一幅 1∶100 万地形图按经差 30′、纬差 20′划分为 12 行 12 列，共 144 幅 1∶10 万地形图，按自西向东、自北向南的排列顺序分别以 1、2、3、…、144 为代号。如图 8-8 所示，北京某地的 1∶10 万地形图的编号为 J-50-5。

（三）1∶5 万、1∶2.5 万、1∶1 万地形图的分幅与编号

每幅 1∶10 万地形图划分 2 行 2 列，共 4 幅 1∶5 万地形图，按自西向东、自北向南的排列顺序分别在 1∶10 万的图号后写上各自的代号 A、B、C、D，例如 J-50-5-A。

每幅 1∶5 万地形图又可分为 2 行 2 列，共 4 幅 1∶2.5 万地形图，按自西向东、自北向南的排列顺序分别在 1∶5 万地形图的图号后加上各自的代号 a、b、c、d，则每一幅 1∶10 万地形图分为 4 行 4 列，共 16 幅 1∶2.5 万地形图，例如 J-50-5-A-a。

每幅 1∶10 万地形图分为 8 行 8 列，共 64 幅 1∶1 万地形图，按自西向东、自北向南的排列顺序分别以(1)(2)…(64)的代号表示。则 1∶1 万地形图编号是在 1∶10 万地形图图号后加上各自的代号而成，例如 J-50-5-(24)。

三、地形图的矩形分幅与编号

大比例尺地形图通常采用以坐标格网线为图框的矩形分幅，图幅的大小为 50 cm×50 cm、50 cm×40 cm 或 40 cm×40 cm，每幅图中以 10 cm×10 cm 为基本方格。一般规定，对 1∶5 000 比例尺的图幅，采用纵、横各 40 cm 的图幅，即实地为 2 km×2 km＝4 km^2 的面积；对 1∶2 000、1∶1 000 和 1∶500 比例尺的图幅，采用纵、横各 50 cm 的图幅，即实地分别为 1 km^2、0.25 km^2 和 0.062 5 km^2 的面积。以上均为正方形分幅，也可采用纵距为 40 cm、横距为 50 cm 的分幅，总称为矩形分幅。图幅编号与测区的坐标值联系在一起，便于按坐标查找图幅。地形图按矩形分幅时，常用的编号方法有以下两种。

（一）图幅西南角坐标千米数编号法

以每幅图的图幅西南角坐标值(x,y)的千米数作为该图幅的编号，如图 8-9 所示为 1∶1 000 比例尺的地形图，按图幅西南角坐标千米数编号法编号。其中，画阴影线的两幅图的编号分别为 3.0-1.5 和 2.5-2.5。

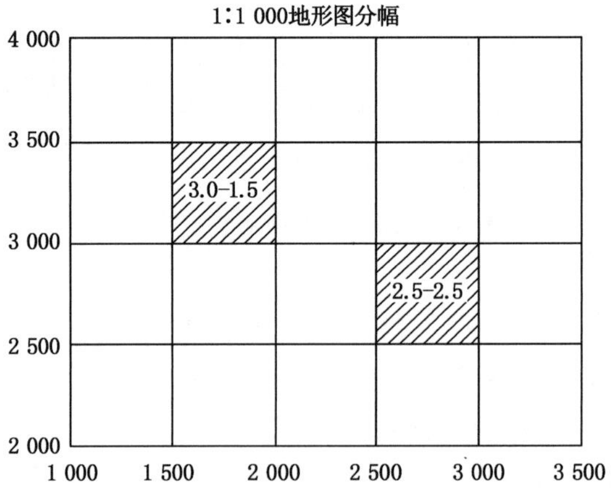

图 8-9　图幅西南角坐标千米数编号法

（二）基本图幅编号法

将坐标原点置于城市中心，x、y 坐标轴将城市分成Ⅰ、Ⅱ、Ⅲ、Ⅳ四个象限，如图 8-10(a)所示。以城市地形图最大比例尺 1∶500 图幅为基本图幅，图幅大小为 50 cm×40 cm，实地范

围为东西 250 m,南北 200 m。行号按坐标的绝对值 0～200 m 编号为 001，200～400 m 编号为 002,……;列号按坐标的绝对值 0～250 m 编号为 001,250～500 m 编号为 002,……;依此类推。x,y 编号中间以下划线分隔,成为图幅号。

如图 8-10(b)所示为 1∶500 比例尺图幅在第一象限中的编号。每 4 幅 1∶500 比例尺的图构成 1 幅 1∶1 000 比例尺的图。因此,同一地区 1∶1 000 比例尺图幅的编号如图 8-10(c)所示。每 16 幅 1∶500 比例尺的图构成 1 幅 1∶2 000 比例尺的图,同一地区 1∶2 000 比例尺图幅的编号如图 8-10(d)所示。图幅编号的示例如图 8-10 所示,甲图为在第一象限的 1∶500 比例尺的地形图,其数字地形图的编号应为 A001_002;乙图为在第二象限的 1∶1 000 比例尺的地形图,其数字地形图的编号应为 F003_003;丙图为在第四象限的 1∶2 000 比例尺的地形图,其数字地形图的编号应为 L005_001。

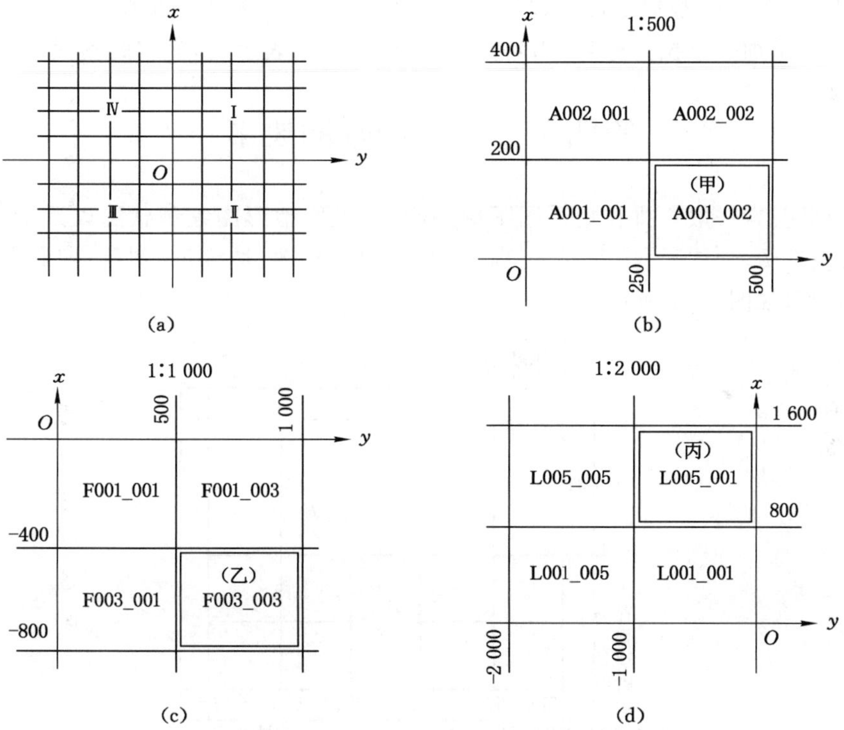

图 8-10　基本图幅编号法

这种编号方法的优点是看到编号就可以知道图的比例尺,其图幅的坐标值范围也很容易计算出来。例如,有一幅图编号为 F039_053,知道是一幅 1∶1 000 比例尺的图,位于第二象限(城市的东南区),其坐标值的范围为:

$$x:-200\ \text{m}\times(39-1)\sim-200\ \text{m}\times40=-7\ 600\ \text{m}\sim-8\ 000\ \text{m}$$

$$y:250\ \text{m}\times(53-1)\sim250\ \text{m}\times54=13\ 000\ \text{m}\sim13\ 500\ \text{m}$$

另外,已知某点坐标,即可推算出其在某比例尺地形图的图幅编号。例如,某点坐标为(7 650,−4 378),知其在第四象限,可以计算出所在 1∶1 000 比例尺地形的图幅编号。

$$n_1=[\text{int}(\text{abs}(7\ 650))/400]*2+1=39$$

$$m_1=[\text{int}(\text{abs}(-4\ 378))/500]*2+1=17$$

故在 1∶1 000 比例尺图上的编号为 H039_017。

四、地形图的正方形分幅与编号

比例尺为 1∶500、1∶1 000、1∶2 000 的地形图大多采用正方形分幅法，它是按统一的直角坐标格网来划分的。

比例尺为 1∶500、1∶1 000、1∶2 000 的基本地形图采用测区所在的某城市独立坐标系，50 cm×50 cm 正方形分幅。编号采用图廓西南角坐标整公里数的 x-y 形式表示，起始图号为 000-000。

比例尺为 1∶1 000 的基本地形图以所在位置的 1∶2 000 基本地形图编号为基本图号，并在基本图号之后附加一个位置标号(用大写英文字母 A、B、C、D)作为它的图幅编号。

比例尺为 1∶500 的基本地形图以所在位置的 1∶2 000 基本地形图编号为基本图号，并在基本图号之后附加一个位置标号(用阿拉伯数字 01～16 表示)作为它的图幅编号。

第四节　地形图辅助要素

地形图辅助要素一般安排在地形图图形外侧，是说明地形图编制状况以及为方便地形图使用的内容，包括图名、图号、接图表、图廓、三北方向偏角图、坡度尺、图例、编制单位、编制时间及编制参数等，如图 8-11 所示。

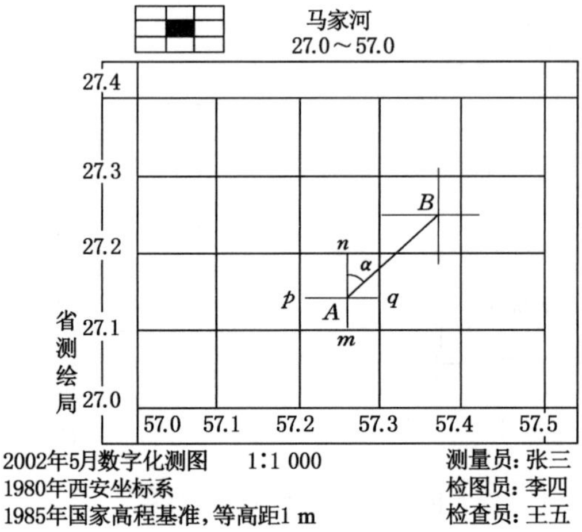

图 8-11　地形图辅助要素

(1) 图名和图号

图名即本幅图的名称，是以所在图幅内最著名的地名、厂矿企业和村庄的名称来命名。为了区别各幅地形图所在的位置关系，每幅地形图上都编有图号。图号是根据地形图分幅和编号方法编定，并把它标注在图廓北上方的中央，如图 8-12 所示。

(2) 接图表

接图表是说明本图幅与东、西、南、北四邻图幅的关系，供索取相邻图幅时用。居中画有斜线的一格代表本图幅，四邻的八幅图幅分别注明相应的图名(或图号)，并绘注在图廓的左上

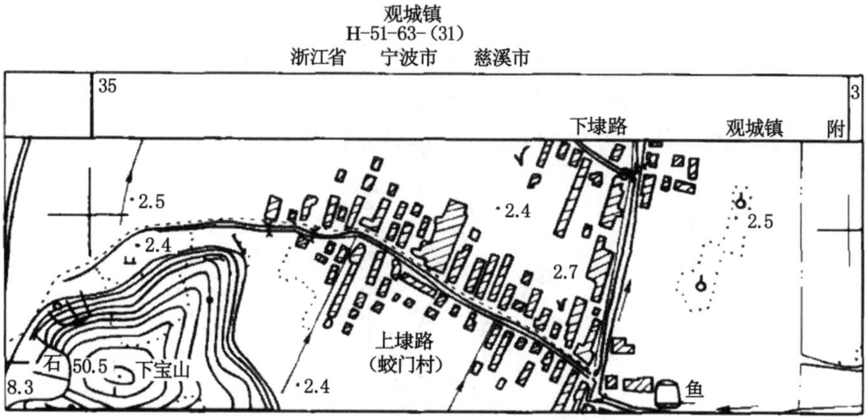

图 8-12　图名与图号表示方法示意图

方，如图 8-13 所示。

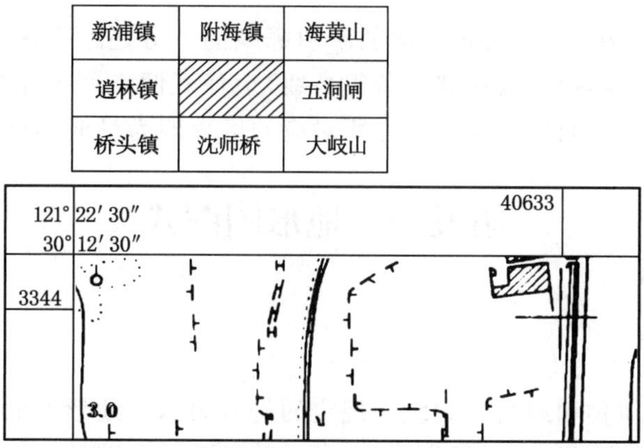

图 8-13　接图表

(3) 图廓

按照梯形分幅法统一编号的各种比例尺的地形图图廓有内图廓、外图廓之分。南北内图廓是纬线，东西内图廓是经线，也是该图幅与东、西、南、北相邻图幅的边界线。一般在 1∶5 万地形图的内、外图廓之间还绘有分度带，将它绘成若干段黑白相间的线条，每段黑线或白线的长度表示实地经差或纬差 1′。内图廓与分度带构成地形图的地理坐标网即经纬网。

内图廓与外图廓之间以千米为单位注记的平面直角坐标值，其纵横网格构成地形图的平面直角坐标网。由于平面直角坐标网中相互垂直的直线组成的正方形网格间距是整千米数，所以也叫方里网。如图 8-13 中的 3344 表示纵坐标为 3 344 km(从赤道起算)，40633 中的 40 为该图幅所在的 6°带投影带号，633 表示该纵线的横坐标千米数。所以，在地形图上可以用地理坐标(经纬度)，也可以用平面直角坐标确定位置。外图廓用粗线表示，起整饰作用。

采用正方形或矩形分幅的内图廓就是坐标格网线。在内图廓四角处注有坐标值，并在内廓线内侧，每隔 10 cm 绘有 5 mm 的短线，表示坐标格网线的位置。在图幅内绘有每隔 10 cm 的坐标格网交叉点。

(4) 三北方向偏角图

在1∶1万、1∶2.5万、1∶5万地形图的南图廓线的下方,还绘有真子午线、磁子午线和坐标纵轴(中央子午线)方向及三者之间的角度关系,称为三北方向偏角图(图8-14)。利用三北方向偏角图,可对地形图上任一方向的真方位角、磁方位角和坐标方位角三者间作相互换算。

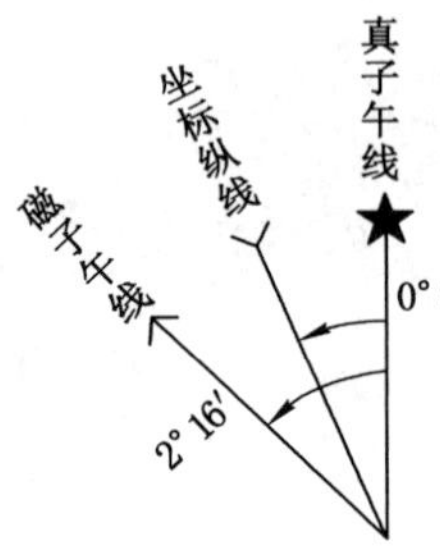

图8-14　三北方向偏角图

(5) 坡度尺

在1∶1万、1∶2.5万、1∶5万地形图的南图廓线的下方还绘有坡度尺,应用时只需用卡规在地形图上相邻两条等高线(或相邻六条等高线)上任意两点间卡量出水平距离,然后与坡度尺上纵向线段比量,相等的纵向线段下方所对应的度数即为量取的坡度。

第五节　地形图图式

一、地物地貌符号

在地形图上,各种地物和地貌采用统一规定的符号表示。地形图的内容丰富,可归纳为数学要素、地形要素和整饰要素(辅助要素)三大类。数学要素为图廓、坐标格网、比例尺等;地形要素为地物和地貌符号;整饰要素有图名、图号、接图表等。一个国家的地形图图式是统一的,它属于国家标准,国家测绘地理信息局组织制定了几种国家基本比例尺地形图图式(GB/T 20257.1～4—2017)。地形图图式中的符号有三类:地物符号、地貌符号和注记符号。

(一) 地物符号

地物符号分为比例符号、非比例符号和半比例符号。

(1) 比例符号

有些地物轮廓较大,如房屋、运动场、稻田、花圃、湖泊等,其形状和大小可以按测图比例尺缩小,用规定符号和注记说明地物的性质特征,这些符号称为比例符号。如表8-4中,从编号1到26都是比例符号(编号14b和15除外)。

(2) 非比例符号

有些重要或目标显著的独立地物,若面积甚小(如三角点、导线点、水准点、塔、碑、独立树、路灯、检修井等),其轮廓亦较小,无法将其形状和大小按照地形图的比例尺绘到图上,则不考虑其实际大小,只准确表示物体的位置和意义,采用规定的符号表示。这种符号称为非比例符号,如表8-4中从编号27到44都是非比例符号。

表 8-4　地形图常用注记、地物和地貌符号

编号	符号名称	1∶500　1∶1 000	1∶2 000
1	一般房屋 混——房屋结构 3——房屋层数	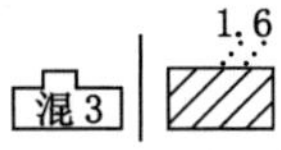	
2	简单房屋	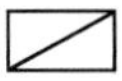	
3	建筑中的房屋	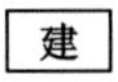	
4	破坏房屋		
5	厨房		
6	架空房屋		
7	库房	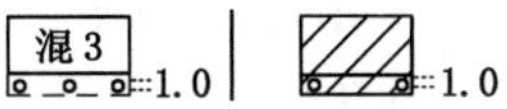	
8	台阶	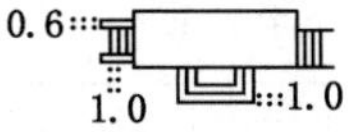	
9	无看台的露天体育场	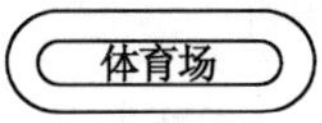	
10	游泳池		
11	过街天桥	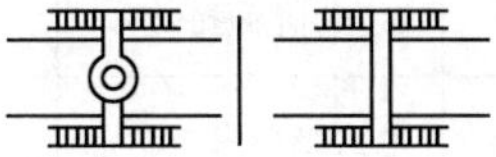	
12	高速公路 a——收费站 0——技术等级代码	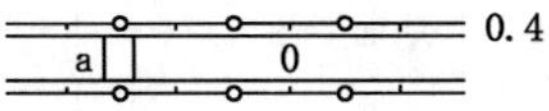	
13	等级公路 2——技术等级代码 (G325)——国道路线编码	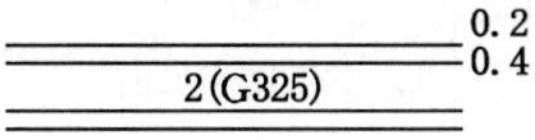	
14	乡村路 a. 依比例尺的 b. 不依比例尺的	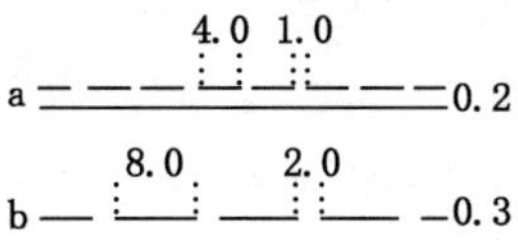	
15	小路	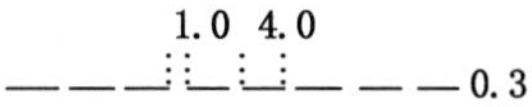	
16	内部道路	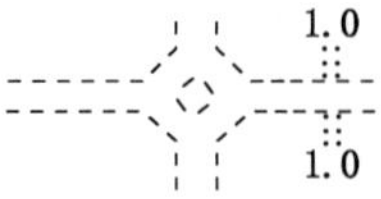	
17	阶梯路	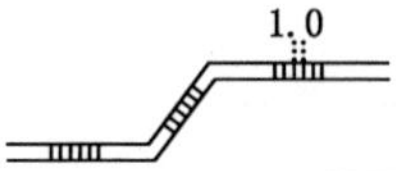	
18	打谷场、球场		
19	旱地	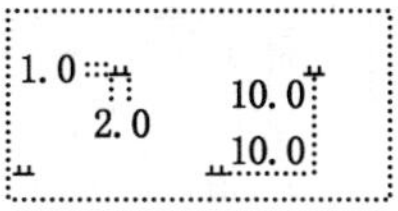	
20	花圃	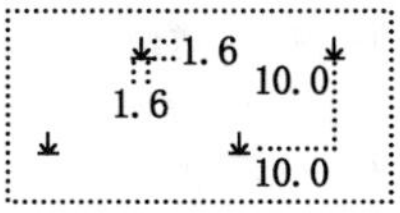	
21	育林地	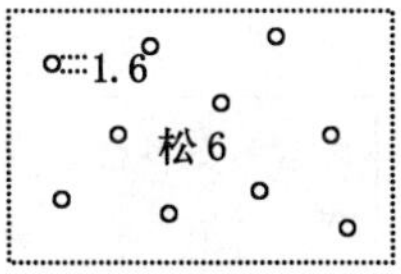	
22	人工草地	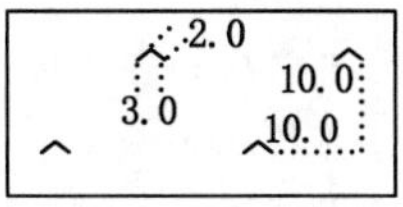	
23	稻田	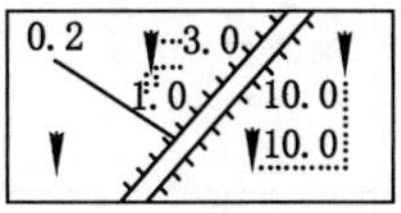	
24	常年湖		

续表(8-4)

编号	符号名称	1∶500　1∶1 000	1∶2 000
25	池塘		
26	常年河 a. 水准线 b. 高水界 c. 流向 d. 潮流向 涨潮 落潮	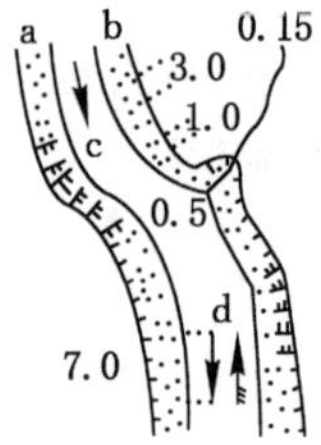	
27	喷水池		
28	GPS 控制点	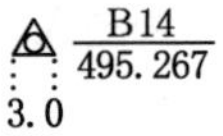	
29	三角点 凤凰山——点名 394.468——高程	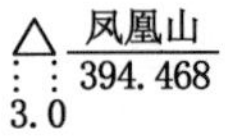	
30	导线点 116——等级,点号 84.46——高程	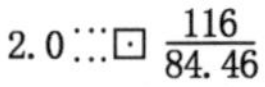	
31	埋石图根点 16——点号 84.46——高程	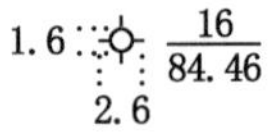	
32	不埋石图根点 25——点号 62.74——高程	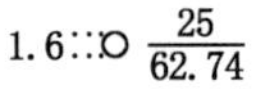	
33	水准点 Ⅱ京石 5——等级、点名、点号 32.804——高程	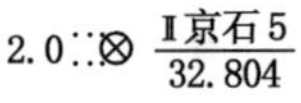	
34	加油站	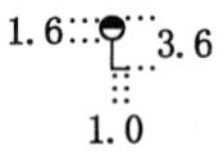	
35	路灯	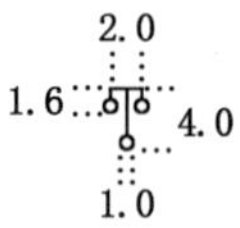	

编号	符号名称	1∶500　1∶1 000	1∶2 000
36	独立树 a. 阔叶 b. 针叶 c. 果树	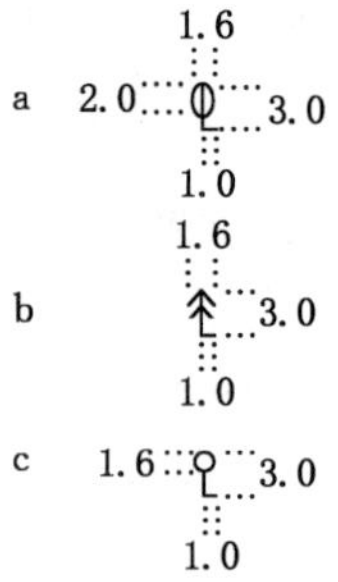	
37	独立树 棕树、椰子、槟榔	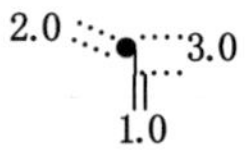	
38	上水检修井	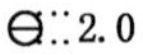	
39	下水(污水)、雨水检修井	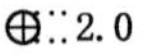	
40	下水暗井	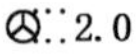	
41	煤气、天然气检修井	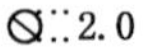	
42	热力检修井	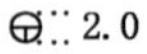	
43	电信维修井 a. 电信人孔 b. 电信手孔	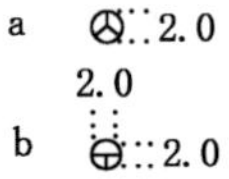	
44	电力维修井	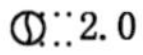	
45	地面下的管道	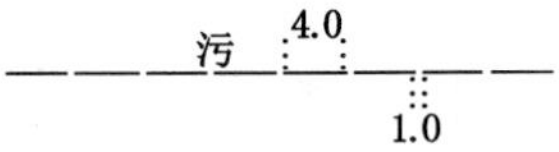	
46	围墙 a. 依比例尺的 b. 不依比例尺的	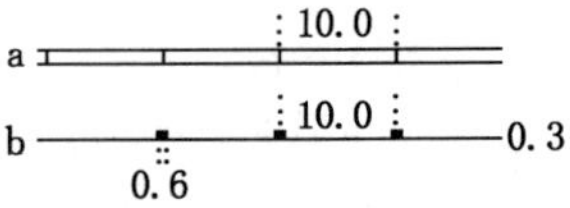	
47	挡土墙	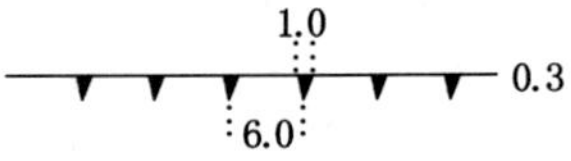	
48	栅栏、栏杆	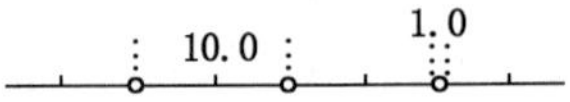	

续表(8-4)

编号	符号名称	1∶500　1∶2 000	1∶1 000
49	篱笆	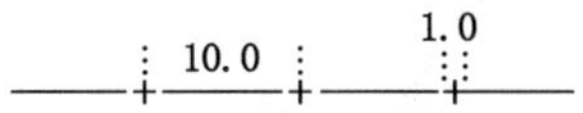	
50	活树篱笆	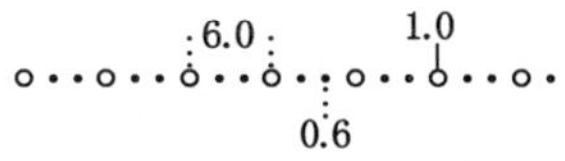	
51	铁丝网	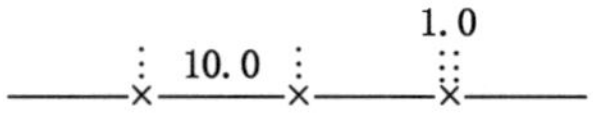	
52	通信线 地面上的		
53	电线架	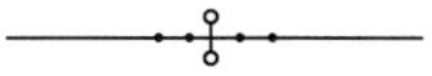	
54	配电线 地面上的	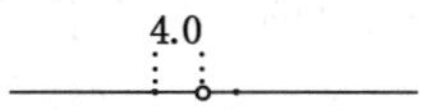	
55	陡坎 a. 未加固的 b. 加固的	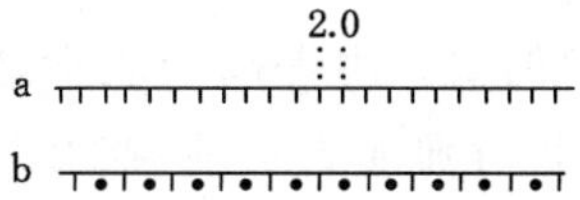	
56	散树、行树 a. 散树 b. 行树	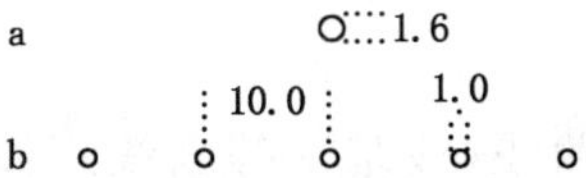	

编号	符号名称	1∶500　1∶1 000	1∶2 000
57	一般高程点及注记 a. 一般高程点 b. 独立性地物的高程	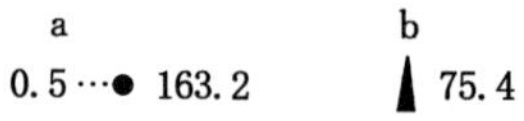	
58	名称说明注记	**友谊路**　中等线体4.0(18k) **团结路**　中等线体3.5(15k) 胜利路　中等线体2.75(12k)	
59	等高线 a. 首曲线 b. 计曲线 c. 间曲线	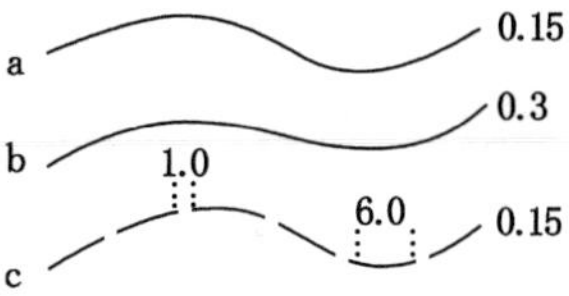	
60	等高线注记	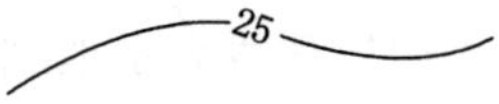	
61	示坡线	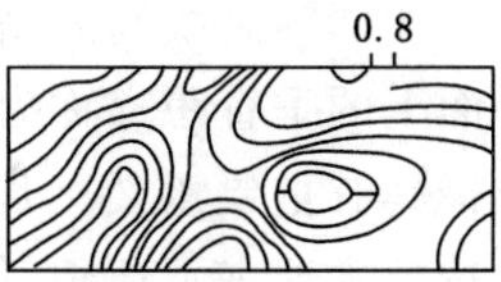	
62	梯田坎	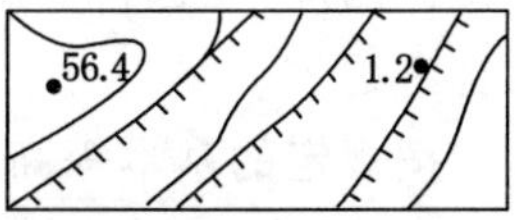	

(3) 半比例符号

半比例符号一般又称为线形符号。对于沿线形方向延伸的一些带状地物，如铁路、通信线、管道、垣栅等，其长度可按比例缩绘，而宽度无法按比例表示的符号称为半比例符号。线形符号的中心就是实际地物的中心线。

(二) 地貌符号

地貌是指地球表面高低起伏的自然形态，其内容复杂，变化万千。在地形图上表示地貌的方法有很多种。在测量工作中，表示地貌的方法一般是等高线。等高线又分为首曲线、计曲线、间曲线和助曲线。在计曲线上注记等高线的高程；在谷地、鞍部、山头及斜坡方向不易判读的地方和凹地的最高、最低一条等高线上，绘制与等高线垂直的短线，称为示坡线，用以指示斜坡降落方向。等高线画法遵从相应的规定。

(1) 等高线

等高线是指地面上高程相等的各相邻点所连成的闭合曲线，也就是水平面(严格来说应是水准面)与地面相截所形成的闭合曲线。我们日常见到的池塘或蓄水库的水面与岸边的交线就是一条等高线。等高线投影过程示意图如图 8-15 所示。

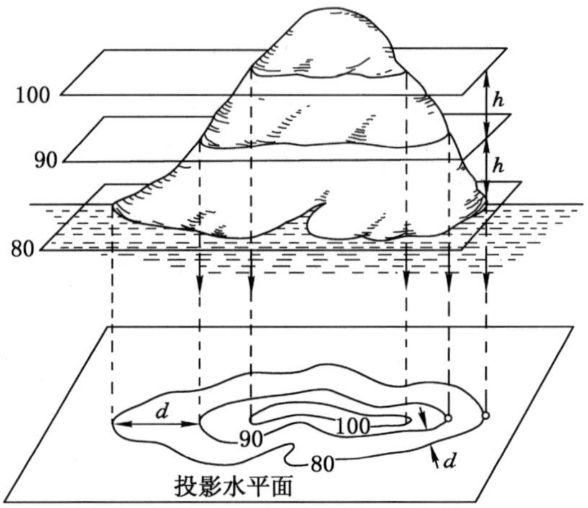

图 8-15　等高线投影过程示意图

用等高线表示地貌,不但能简单而正确地显示地貌的形状,而且还能根据它较精确地求出图上任意点的高程。因此,工程上用的地形图,都用等高线表示地貌。

相邻等高线间的高差称为等高距(或称等高线间隔),如图 8-15 中的 h。相邻等高线在水平面上的垂直距离称为等高线平距,如图 8-15 中的 d。用等高线表示地貌时,对于等高距的选择具有重要意义。若选择的等高距过大,则不能精确地表示地貌的形状;如等高距过小,虽能较精确地表示地貌,但这不仅会增大工作量,而且还会影响图的清晰度,给使用地形图带来不便。因此,在选择等高距时,应结合图的用途、比例尺以及测区地形坡度的大小等多种因素综合考虑。

按规定的基本等高距测绘的等高线称为首曲线(或基本等高线),如图 8-16 中的 88、90、92、…、102 等,其基本等高距为 2 m。

为了用图方便,每隔四级首曲线描绘一根较粗的等高线,称为计曲线(或加粗等高线)。如图 8-16 中高程为 90 m、100 m 的等高线就是计曲线。地形图上只有计曲线注记高程,首曲线上不注记高程。

当首曲线不能详细表示地貌特征时,则需在首曲线间加绘间曲线。其等高距为基本等高距的 1/2,故也称半距等高线,一般用长虚线表示,如图 8-16 中高程为 93 m 和 97 m 的等高线。如采用了间曲线仍不能表示较小的地貌特征时,则应当在首曲线和间曲线间加绘助曲线,其等高距为基本等高距的 1/4,一般用短虚线表示,如图 8-16 中高程为 92.5 m 的等高线,即为助曲线。

等高线具有以下特点:

① 在同一条等高线上的各点,其高程相等。

② 等高线必定是一条闭合曲线,不会中断,由于一幅图所示的范围有限,如在本图幅内不闭合,则在相邻图幅内仍最终自成闭合。

③ 一条等高线不能分叉为两条,不同高程的等高线,不能相交或者合并成一条,在悬崖处

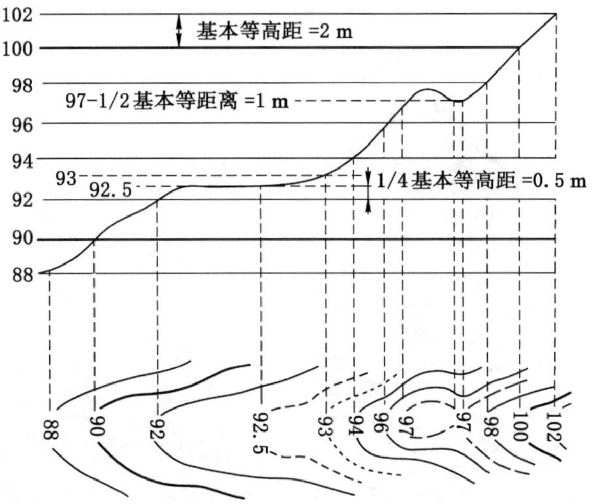

图 8-16　等高线示意图

的等高线虽然相交，但必须有两个交点。

④ 等高线越密则表示坡度越陡，等高线越稀则表示坡度越缓，等高线之间平距相等则表示坡度相等。

⑤ 经过河流的等高线不能直接跨越而过，应该在接近河岸时，渐渐折向上游，直到与河底等高处才能越过河流，然后再折向下游渐渐离开河岸。

⑥ 等高线通过山脊线时，与山脊线成正交，并凸向低处，等高线通过山谷线时，则应与山谷线成正交，并凸向高处。

(2) 典型地貌表示

山顶：较四周显著凸起的高地称为山地，高大的称为山，矮小的称为丘。山的最高部分为山顶，尖的山顶称为山峰。山侧面斜坡称为山坡。倾斜度在 70°以上的山坡为陡坡，几乎成竖直形态的称为峭壁（绝壁）。下部凹入的峭壁为悬崖，山坡与平地相交处为山脚。

山脊：两山坡之间呈线状延伸的高地称为山脊。山脊最高处的连线称为分水线（或山脊线）。

山谷：两山脊之间的凹入地带称为山谷。两侧山坡称谷坡。两谷坡相交部分叫谷底。谷底最低点连线称合水线（或山谷线）。谷地与平地相交处称谷口。

鞍部：两个山顶之间的低洼山脊处，形状似马鞍形，称为鞍部。

盆地：四周高中间低的地带叫盆地。最低处称为盆底。

地球表面的形状虽千差万别，但实际上都可以看作是一个不规则的曲面。这些曲面是由不同方向和不同倾斜的平面所组成，两相邻倾斜面的交线称其为棱线，山脊线和山谷线都是棱线，也称为地貌特征线。如果将这些棱线特征点的高程及平面位置测定，则棱线的方向和坡度也就确定了。

山顶点、盆地中心最低点、鞍部最低点、谷口点、山脚点、坡度变换点等，这些都称为地貌特征点。这些特征点和特征线就构成地貌的骨架。在地形图测绘中，立尺点应选择在这些特征点上，如图 8-17 所示。

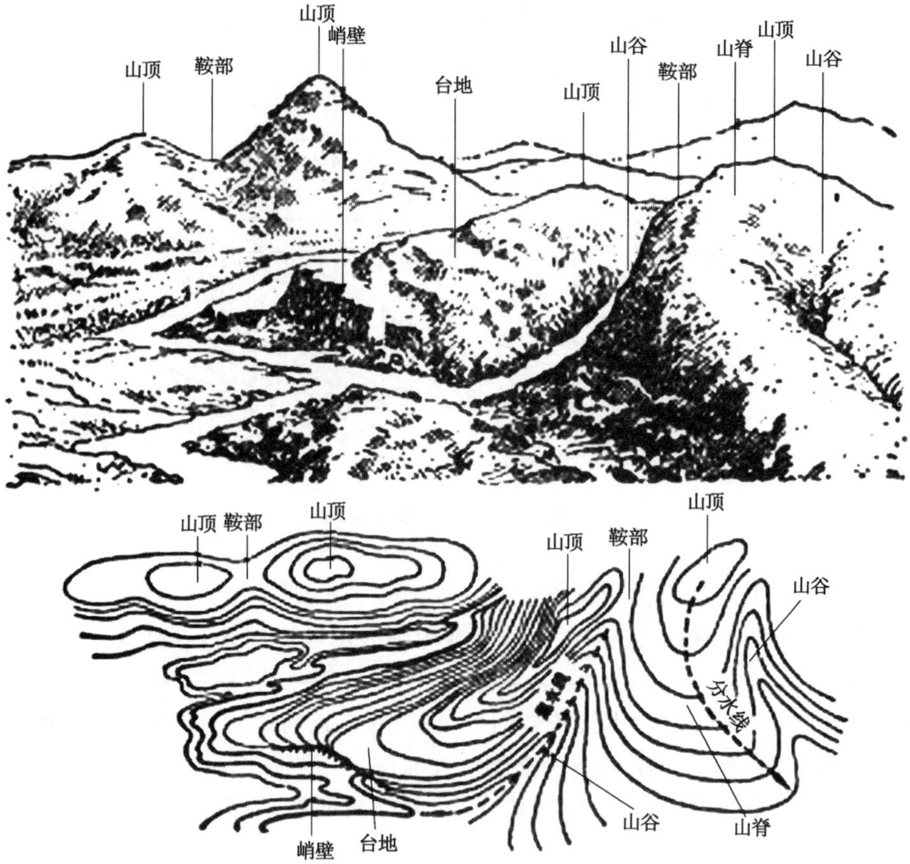

图 8-17　典型地貌表示

（三）注记符号

用文字和数字或特定的符号加以说明或注释的符号，称为地物注记。它包括文字注记、数字注记、符号注记三种。如房屋的结构、层数、地名、路名、单位名（编号文字）、计曲线的高程、碎部点高程、独立性地物的高程以及河流的水深、流速等（编号数字）。

二、地物地貌的识别

应用地形图时应了解使用的地形图，熟悉一些常用的地物和地貌符号，了解图上文字注记和数字注记的确切含义。地形图上的地物、地貌是用不同的地物符号和地貌符号来表示的。

比例尺不同，地物、地貌的取舍标准也不同，随着各种建设的不断发展，地物、地貌又在不断改变。要正确识别地物、地貌，阅读前应先熟悉测图所用的地形图图式、规范和测图日期。下面分别介绍地物、地貌的识别方法。

（1）地物的识别

识别地物的目的是了解地物的大小、种类、位置和分布情况。通常按先主后次的程序，并顾及取舍的内容与标准进行。按照地物符号先识别大的居民点、主要道路和用图需要的地物，然后再扩大到小的居民点、次要道路、植被和其他地物。通过分析就会对主次地物的分布情况、主要地物的位置和大小形成较全面的了解。

（2）地貌的识别

识别地貌的目的是了解各种地貌的分布和地面的高低起伏状况。识别时，主要是根据等高线特征和特殊地貌（如陡崖、冲沟等）符号进行的。山区坡陡的地貌形态复杂，尤其是山脊和山谷等高线犬牙交错，不易识别。可先根据江河、溪流等水系找出山谷、山脊系列，无河流时可根据相邻山头找出山脊。再按照两山谷间必有一山脊、两山脊间必有一山谷的地貌特征，即可识别山脊、山谷地貌的分布情况。结合特殊地貌符号和等高线的疏密进行分析，就可以较清楚地了解地貌的分布和高低起伏情况。最后将地物、地貌综合在一起，整幅地形图就像立体模型一样展现在眼前。

第九章　大比例尺地形图测绘

第一节　测图前准备工作

测图前需准备好仪器工具和有关资料，将控制点展绘在图纸上，并制定出工作计划。待测区完成控制测量工作后，就可以以测定的图根控制点作为基准，进行地形图的测绘。

一、图纸准备

现在测绘单位大多用聚酯薄膜替代绘图纸测绘地形图。聚酯薄膜图纸厚度一般为 0.07～0.1 mm，经过热定型处理后，伸缩率小于 0.2‰。聚酯薄膜图纸具有透明度好、伸缩性小、不怕潮湿等优点。图纸弄脏后，可以水洗，便于野外作业。在图纸上着墨后，可直接复晒蓝图。缺点是易燃、易折，在使用与保管时要注意防火、防折。

二、绘制坐标方格网

聚酯薄膜图纸分空白图纸和印有坐标方格网的图纸。印有坐标方格网的图纸又有 50 cm×50 cm 正方形分幅和 40 cm×50 cm 矩形分幅两种规格。如果购买的聚酯薄膜图纸是空白图纸，则需要在图纸上精确绘制坐标方格网，每个方格的尺寸为 10 cm×10 cm。绘制方格网的方法有对角线法，坐标格网尺法及使用 AutoCAD 绘制等。对角线法绘制坐标方格网的操作方法如图 9-1 所示，将高硬度铅笔(或专用绘图笔)削尖，用长直尺沿图纸的对角方向画出两条对角线，相交于 O 点；自 O 点起沿对角线量取等长的 4 条线段 OA、OB、OC、OD，连接 A、B、C、D 点得一矩形；从 A、B 两点起，沿 AD、BC 每隔 10 cm 取一点；从 A、D 两点起，沿 AB、DC 每隔 10 cm 取一点。分别连接对边 AD 与 BC、AB 与 DC 的相应点，即得到由 10 cm×10 cm 的正方形组成的坐标方格。为了保证坐标方格网的精度，绘制前应严格检查直尺是否平直，其长度分划线是否准确。坐标方格网绘制后，应进行以下几项检查：

① 同一条对角线方向的方格角点应位于同一直线上，偏离不应大于 0.2 mm。

② 检查各个方格的对角线长度，其长度与理论值 141.4 mm 之差不应超过 0.2 mm。

③ 图廓对角线长度与理论值之差不应超过 0.3 mm。如果超过限差要求，应该重新绘制，对于印有坐标方格网的图纸，则应予以作废。

三、展绘控制点

坐标方格网绘制后，将测区所分图幅的坐标值注记在相应格网边线的外侧，如图 9-2 所示。展点时，先根据控制点的坐标，确定其所在的方格。例如，A 点坐标值 $x=614.60$ m，$y=$

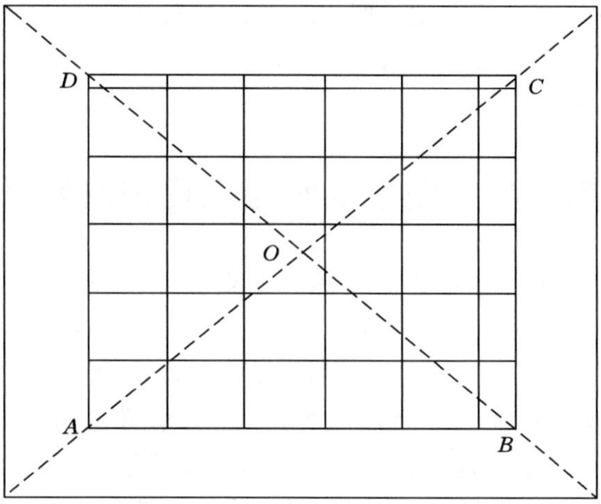

图 9-1　对角线绘制坐标方格网

656.78 m，其位置是在 *mnkp* 小方格内，按其坐标值分别从 *p*、*m* 点用测图比例尺向右量 56.78 m，得 *a*、*b* 两点，同法从 *p*、*k* 向上量 14.6 m，得 *c*、*d* 两点，连接 *ab* 和 *cd*，其交点即为控制点 *A* 的位置。在点的右侧画一短横线，在横线的上方注明点号，下方注明高程。为了测图方便，方格网线外边缘的控制点，也应适当展绘。最后用比例尺检查相邻两控制点之间的边长与实际边长是否一致，其差值不得超过图上的±0.3 mm；用量角器检查各已知边的方位角，也不得有明显的误差。

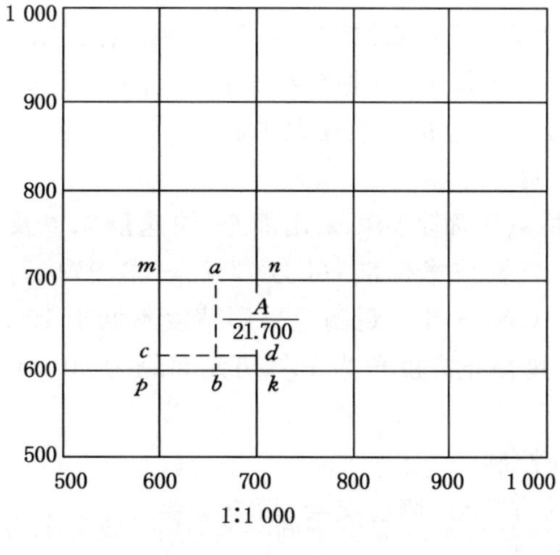

图 9-2　展绘制控制点

四、地形图编辑与整饰

在大比例尺数字测图的过程中，由于实际地形、地物的复杂性，漏测、错测难以避免，这时必须要有一套功能强大的图形编辑系统，对所测地图进行屏幕显示和人机交互图形编辑，在保证精度的情况下消除相互矛盾的地形、地物，对于漏测或错测的部分，及时进行外业补测或重测。另外，对于地图上的许多文字注记说明，如道路、河流、街道等也很重要。图形编辑的另一重要用途是对大比例尺数字化地图的更新，可以借助人机交互图形编辑，根据实测坐标和实地变化情况，随时对地图的地形、地物进行增加或删除、修改等，以保证地图具有很好的现势性。

第二节　图根平面与高程控制测量

直接为测绘地形图而建立的控制测量称为图根控制测量，其控制点称为图根控制点，简称图根点。图根控制分为平面控制和高程控制。图根平面控制采用的坐标系统应与国家或城市的坐标系统相统一。图根平面控制的布设形式，可根据测区的大小和地形情况而定，应尽量利用已有的国家或城市平面控制加密建立，这样既可以与国家或城市坐标系统相统一，又能节省大量的人力和物力。对于独立测区，图根平面控制可以在测区的首级控制或等级控制下布设。图根高程控制必须在国家或城市高程各等级水准点的基础上布设，以取得统一的高程基准。

一、图根平面控制测量

图根平面控制测量可采用图根电磁波测距导线方法、GNSS方法等测定，局部地区控制点的加密可采用交会定点法。

(1) 图根电磁波测距导线

图根电磁波测距导线应布设成附合导线、闭合导线或导线网，其主要技术指标见图根电磁波测距导线的规范要求。

当图根电磁波测距导线布设成结点网时，结点与高级点间、结点与结点间的导线长度应不大于规定长度的0.7倍。因地形限制，图根导线无法附合时，可布设不超过4条边的支导线，长度不超过表9-2中规定的1/2，边长必须往返观测。

(2) GNSS图根平面控制

用GNSS方法测定图根点平面坐标可采用静态、快速静态以及GNSS RTK定位方法，作业要求应按《卫星定位城市测量技术标准》(CJJ/T 73—2019)执行。GNSS网可采用多边形环、附合路线和插点等形式；GNSS外业观测应采用精度不低于10 mm+2 ppm×D的各种单频或双频GNSS接收机，卫星截止高度角为10°，历元间隔为20 s，GNSS网平差计算采用与地面数据进行联合平差。

(3) 图根交会定点平面控制

图根交会定点可采用前方交会、侧边交会、后方交会等形式。交会定点的角度和距离测量技术指标可参照图根导线测量。

二、图根高程控制测量

图根高程控制测量可采用水准测量、电磁波测距三角高程测量和GNSS高程测量方法进行。

(1) 图根水准测量

图根水准测量应在城市三、四等水准点下加密。图根水准测量的主要技术指标见表9-1。

表 9-1　图根水准测量主要技术指标

附合路线长度/km	每千米高差中误差/mm	水准仪级别	水准尺	闭合差或往返差/mm	
				平地	山地
8	±20	DS_3	双面尺	$\pm 40\sqrt{L}$	$\pm 12\sqrt{n}$

注：表中 L 为水准路线的总长，km；n 为测站数。

图根水准可沿图根导线点布设成附合水准路线、闭合水准路线或水准网。当布设成水准网时，结点与高级点间、结点与结点间的路线长度不应超过 6.0 km。条件困难时，可布设图根水准支线，但其长度不应超过 4.0 km，且必须往、返观测。

图根水准应采用精度等级不低于 DS_3 的水准仪或电子水准仪观测。仪器使用前必须进行检验和校正，其 i 角应小于 30″。图根水准测量的视线长度应小于 100 m，红、黑面高差之差应小于±5 mm，红、黑面读数差应小于±3 mm。

(2) 图根电磁波测距三角高程测量

图根电磁波测距三角高程路线应起讫于不低于四等的水准点上，路线中各边应对向观测，其主要技术指标见表 9-2。

表 9-2　图根电磁波测距三角高程测量技术指标

仪器类型		角度观测	距离观测	指标差互差/(″)	垂直角互差/(″)	对向观测高差互差/mm	三角高程路线闭合差/mm
测角	测距						
DJ_6	Ⅱ级	对向 1	单程 1	25	25	$100\times S$	$\leqslant\pm 40\sqrt{L}$

注：表中 S 为对向观测边长，km；L 为三角高程路线总长，km。

进行图根电磁波测距三角高程测量时，应在观测前后分别用小钢卷尺精确量取仪器高和棱镜高，两次量取高度的较差小于 3 mm 时取中数。计算高差时，应考虑地球曲率和大气折光的影响。

(3) GNSS 图根高程测量

采用 GNSS 方法布设图根高程控制点，可联测不低于四等水准的高程点，通过 GNSS 水准拟合的方法确定图根控制点的高程，联测高程点数应不少于 5 点，且均匀分布在网中。

第三节　经纬仪测图法

经纬仪测图法是按极坐标法定位的解析测图法。利用经纬仪的水平度盘、竖盘和安装在经纬仪上的测距仪（或用卷尺）量取测定点位的必要数据，最后用各种作图方法进行绘图。

如图 9-3 所示，在图根控制点 A 上安置经纬仪，量取仪器高。瞄准另一图根控制点 B（称为定向点）进行水平度盘定向，转动照准部依次瞄准地物点 1、2、3 上竖立的水准尺，测定定向点与地物点间的水平角，同时测定测站至地物点的水平距离 D_1、D_2、D_3，计算高差 h。有了这些数据以后，就可以选择一种合适的方法绘图。经纬仪测图法需要把观测数据记录下来，根据数据进行绘图，所以称为经纬仪测记法。

一、经纬仪测记法现场测图

经纬仪测记法现场测图的具体方法如下：经纬仪安置在图根控制点上，将小平板放在经纬

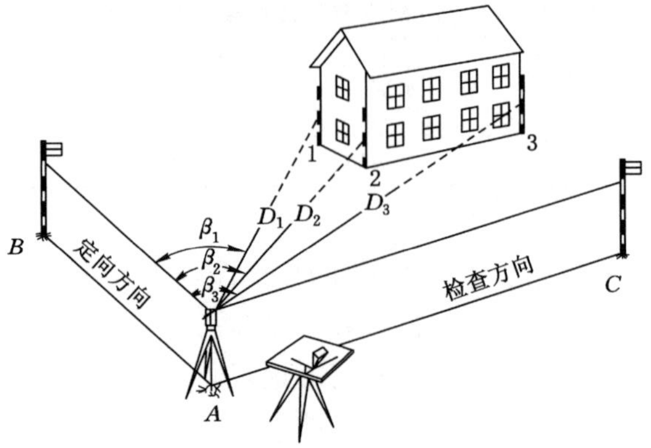

图 9-3　经纬仪测图法

仪旁边，作为一张野外的绘图桌。图根控制点事先展绘在图纸上；测站至地物点的水平角和平距测定以后，随即用量角器和比例尺按极坐标法标定点位；也可以用计算器算得的地物点坐标展绘点位。将地物特征点的点位用线条连接，即可在图上形成地物的平面位置。这种测绘方法，可以与平板仪测图一样，在现场绘制局部的地形图，便于与实地的地物相对照，易于发现测图中可能发生的错误和遗漏。需要测定高程的点，可将测得的高程注记在点旁。

二、经纬仪配量角器测图法

经纬仪测图法是将经纬仪安置在测点上，测定碎部点方向与已知方向之间的夹角，用视距法测定测站点到碎部点的水平距离和碎部点的高程，然后用量角器和比例尺，将碎部点的位置展绘在测站旁所置的小平板的图纸上。其具体步骤如下：

① 安置。如图 9-3 所示，安置经纬仪于测站点 A 上，对中整平量取仪器高 i，并记录在专用的测量手簿中。

② 定向。盘左瞄准另一控制点 B 并配置水平度盘度数为 $0°00'$。B 点称为后视点，亦称为定向点，AB 方向为起始方向或零方向。起始方向边长在图上的长度最好大于 10 cm，以保证定向精度。

③ 立尺。立尺员依次将视距尺立在地物或地貌特征点上。立尺前应商定立尺路线和施测范围，选定主要立尺点，并遵循“概括全貌、点少、能检核”原则，力求做到不漏点、不废点、一点多用、布点均匀。

④ 观测。转动照准部，瞄准立于 1、2、3 点的视距尺，读取视距 Kl、中丝读数 v，竖盘读数 l 和水平角 β。

⑤ 记录。将每一个碎部点所测得的数据，依次记入视距测量手簿中。对于特殊的碎部点，还应在备注栏中加以说明，如山顶、鞍部、房角、消火栓等，以备查用。

⑥ 计算。由竖盘读数求出竖直角 α 后，根据观测值按下式分别计算控制点至碎部点的水平距离 D 和碎部点高程 H：

$$\begin{cases} D = Kl\cos^2\alpha \\ H = H_A + D\tan\alpha + i - v \end{cases} \tag{9-1}$$

⑦ 刺点。在图纸上由测站点 A 向定向点 B 作零方向线 AB 后将小针钉入 A 点，并将量

角器(亦称半圆仪)圆心处小孔套在小针上。如图 9-4 所示，转动量角器，使碎部点水平角值(如 $\beta=59°15'$)对应的量角器刻划线与图上 AB 零方向线重合后，在量角器零方向线(水平角大于 180°时在 180°方向线)上，按测图比例尺定出水平距离 D(64.5 m)的碎部点位置，并在点的右侧注明高程，要求字头向北。同法，可以测出房屋的另外两点 2、3，在图纸上连接 1、2、3 点，即可通过推平行线将房屋画出。

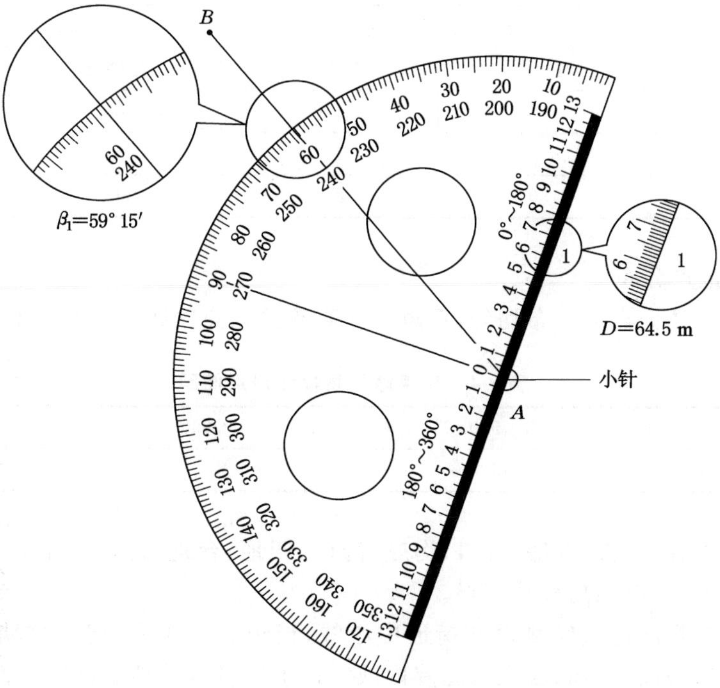

图 9-4　量角器展绘碎部点

第四节　全站仪测图法

地形图测量的根本任务，实际上是测定地面上地物、地貌特征点的平面位置和高程，这些特征点亦称碎部点。测绘地物、地貌特征点的工作，称为碎部测量。碎部测量的方法有经纬仪法、大平板仪测绘法、小平板仪与经纬仪联合测绘法，以及全站式电子速测仪成图法等。

一、全站仪地形图测绘的基本要求

地形图测绘时，仪器设置及测站检查、最大视距和测距长度、高程注记点分布、地物和地貌绘制等工作的基本要求在《城市测量规范》中规定如下。

(1) 仪器设置及测站检查

仪器对中的偏差，不应大于图上 0.05 mm，以较远的一点定向，用其他点进行检核。采用平板仪测绘时，检核偏差不应大于图上 0.3 mm；采用经纬仪测绘时，其角度检测值与原角值之差不应大于 2′。每站测图过程中，应随时检查定向点方向，采用平板仪测绘时，偏差不应大于图上 0.3 mm；采用经纬仪测绘时，归零差不应大于 4′。检查另一测站高程，其较差不应大于 1/5 基本等高距。采用量角器配合经纬仪测图,当定向边长在图上短于 10 cm 时,应以正北或正南方向作起始方向。

(2) 最大视距和测距长度

地物点、地形点视距和测距最大长度要求应符合表 9-3 的规定。

表 9-3　地物点、地形点视距和最大长度

地形图比例尺	视距最大长度/m		测距最大长度/m	
	地物点	地形点	地物点	地形点
1∶500	—	70	80	150
1∶1 000	80	120	160	250
1∶2 000	150	200	300	400

(3) 高程注记点分布

地形图上高程注记点应分布均匀,丘陵地区高程注记点间距宜符合表 9-4 的规定。

表 9-4　丘陵地区高程注记点间距

比例尺	1∶500	1∶1 000	1∶2 000
高程注记点间距/m	15	30	50

山顶、鞍部、山脊、山脚、谷底、谷口、沟底、沟口、凹地、台地、河川湖岸旁、水涯线上以及其他地面倾斜变换处,均应测高程注记点。

城市建筑区高程注记点应测设在街道中心线、街道交叉中心,建筑物墙基脚和相应的地面、管道检查井口、桥面、广场、较大的庭院内或空地上以及其他地面倾斜变换处。

基本等高距为 0.5 m 时,高程注记点应注至厘米;基本等高距大于 0.5 m 时可注至分米。

(4) 地物、地貌的绘制

在测绘地物、地貌时,应遵守"看不清不绘"的原则。地形图上的线划、符号和注记应在现场完成。按基本等高距测绘的等高线为首曲线。从零米起算,每隔四根首曲线加粗一根计曲线,并在计曲线上注明高程,字头朝向高处,但需避免在图内倒置。山顶、鞍部、凹地等不明显处等高线应加绘示坡线。当首曲线不能显示地貌特征时,可测绘 1/2 基本等高距的间曲线。城市建筑区和不便于绘等高线的地方,可不绘等高线。

地形原图铅笔整饰应符合下列规定:

① 地物、地貌各要素应主次分明,线条清晰、位置准确、交接清楚。

② 高程注记的数字,字头朝北,书写应清楚整齐。

③ 各项地物、地貌均应按规定的符号绘制。

④ 各项地理名称注记位置应适当,并检查有无遗漏或不明之处。等高线须合理、光滑、无遗漏,并与高程注记点相适应。

⑤ 图幅号、方格网坐标、测图者姓名及测图时间应书写正确齐全。

二、全站仪野外采集数据

用电子全站仪配合计算机进行地面数字测图是目前最常用的方法。本书第四章已详细介绍了 SET230R 电子全站仪的使用方法和程序功能，其三维坐标测量方法可参阅第四章“全站仪仪器使用”的有关内容。

在图根控制点上安置好全站仪后，输入测站点和后视点号、坐标以及测站的仪器高和目标高（如果用激光免棱镜测距而直接瞄准目标，则目标高为零），然后瞄准后视点进行水平度盘定向，并通过测定后视点的坐标，检查后视定向是否正确。接下来就可以开始对地物点或地形点按极坐标法进行三维坐标测定。

三、全站仪测图

全站仪测绘地形图的方法有编码法、草图法等。当采用编码法作业时，宜采用通用编码格式，也可使用软件的自定义功能和扩展功能建立用户的编码系统进行作业；当采用草图法作业时，应按测站绘制草图，并对测点进行编号。测点编号应与仪器的记录点号相一致。草图的绘制，宜简化地形要素的位置、属性和相互关系等。

先在测站上安置全站仪，量出仪器高 i，后视另一控制点进行定向，使水平度盘读数为 $0°00'00''$。立尺时将棱镜面向全站仪立于碎部点上。观测时，瞄准棱镜的标志中心。测出斜距 L、竖直角 α，读出水平度盘读数 β，并记入内存、手簿或予以手工记录。

外业工作完成后，应该及时对采集的数据进行检查处理、删除或标注作废数据、重测超限数据、补测错漏数据。对检查修改后的数据，应及时与计算机联机通信，生成原始数据文件，利用相关软件辅助制图；当采用手工记录时，按前述经纬仪配合量角器成图的步骤，整理斜距 L、竖直角 α、水平角 β 等数据，计算水平距离 D 和高程 H。然后，将碎部点展绘于纸质地形图上。

四、全站仪与计算机的数据通信

数据通信是指将数据在不同设备之间进行传输的过程。计算机的数据通信以二进制形式进行，一般采用美国标准信息交换码（ASCII 码）作为数据传输码，通信方式可采用并行传送或串行传送两种。并行数据传送是将待传送数据各字符的八位二进制同时进行传送，因而其传送速度较快，但所需传输线路多，成本较高；串行数据传送是将待传送数据各字符的二进制码沿一根传输线一位接一位地顺序传送，成本较低，便于用电话线进行远距离数据传送，但传送速度较慢。电子全站仪与计算机之间的数据通信，一般都采用异步串行传送方式，用 RS232C 串行通信接口和专用通信电缆进行。在数据通信前，还需在双方设置相同的通信参数。

全站仪野外数据采集后，需将工作文件内的观测数据和坐标数据传输至计算机，形成计算机数据文件；电子全站仪又可以接收由计算机传输过来的数据及其他信息，这就是电子全站仪与计算机的双向数据通信。实现数据通信时，需要一根通信电缆，以连接全站仪与计算机，并需要有关通信的应用程序。

全站仪与计算机的双向通信是指二者之间的数据传输不是单向而是双向的。在数字测图系统中，当采用“电子平板模式”时，全站仪与便携计算机用连接电缆连成一体，数据采集与成图同时进行。此时，作为“电子手簿”的计算机需要对全站仪进行何种操作以及何时开始或停止发送数据等实施控制，这些控制主要通过计算机向全站仪发送相应的通信指令来实现。不同型号的全站仪由于其功能的差异，所规定的通信指令会有所不同。因此，在自行研制电子平板测图软件时，必须掌握全站仪双向通信的指令及其功能，同时还必须了解相应的数据格式，以便对由全站仪传输进入计算机的数据进行分离、重组和使用,或者按规定的数据格式经计算机向全站仪传送已知坐标数据。

第五节　GNSS RTK 测图法

一、GNSS RTK 基本知识概述

RTK(Real Time Kinematic)实时动态测量系统主要由参考站(基准站)、移动站及无线电通信设备三部分组成。GNSS RTK 定位技术具有精度高、速度快、施测灵活、点间不必通视等优点,主要任务是利用 RTK 进行地形点野外数据采集,得出测量成果,分析测量过程中存在的问题及解决措施,形成电子文件并上交。

RTK 是载波相位实时动态差分 GNSS 测量技术的简称。在合适的观测条件下,RTK 能够实时进行厘米级精度的定位测量,在控制测量、地形测量、工程测量等诸多测量领域广泛应用,可完成水准仪、经纬仪、全站仪等常规测量仪器承担的工作,并显著提高作业效率和精度。

二、GNSS RTK 系统的组成

GNSS RTK 系统由基准站、若干个流动站及无线电通信系统三部分组成。基准站包括 GNSS 接收机、GNSS 天线、无线电通信发射系统、GNSS 接收机和无线电台使用的电源(12 V 蓄电瓶)及基准站控制器等部分。流动站包括以下几个部分:GNSS 接收机、GNSS 天线、无线电通信接收系统、供 GNSS 接收机和无线电使用的电源及流动站控制器等。RTK 系统结构如图 9-5 所示。

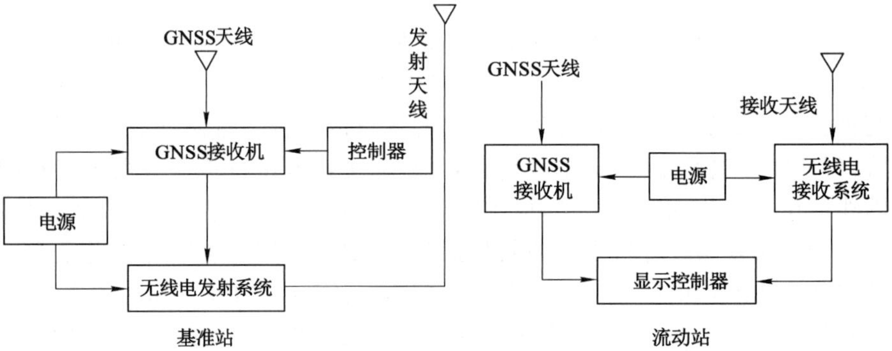

图 9-5　RTK 系统结构图

三、GNSS RTK 工作原理

GNSS 包括地面监控部分、空间星座部分、用户接收部分,各部分均有各自独立的功能和作用,同时又相互配合形成一个有机整体系统。对于静态 GNSS 测量系统,GNSS 系统需要两台或以上的接收机进行同步观测,采集的数据用 GNSS 数据处理软件进行事后处理可得到两测站间在 WGS84 坐标系统中的基线向量,经过平差、坐标转换等工作,才能求得未知的三维

坐标。静态 GNSS 测量在现场无法求得结果，不具备实时性。因此，静态测量型 GNSS 接收机很难直接应用于具体的测绘工程，特别是地形图测绘。

RTK 实时相对定位原理如图 9-6 所示。在 RTK 作业模式下，基准站和移动站同步接收 GNSS 卫星信号，基准站通过通信数据链，将基准站的 WGS84 坐标和接收到的载波相位信号(或载波相位差分信号)发射出去，移动站在接收卫星信号的同时，也通过数据链接收基准站发射的信号，利用随机软件进行解算，精确地计算出基准站和移动站的空间位置关系。移动站实时得到高精度的相对于基准站的 WGS84 三维坐标，然后通过坐标转换和高程拟合，计算出工作中使用的工程坐标和高程。

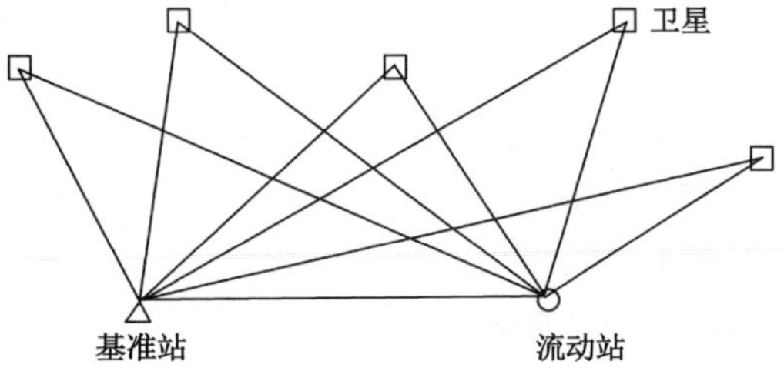

图 9-6　相对定位原理

四、GNSS RTK 测绘地形图

RTK 测量技术的关键在于数据的实时传输。早期数据传输一般通过数据传输电台来实现，随着无线网络的兴起，GNSS 技术应用日益广泛和不断发展，数据传输由原先的电台发展到现在的 GPRS、CDMA 等无线网络，大大提高了数据的传输效率和传输距离。RTK 测量由传统的基准站＋移动站模式，发展为多基站构成网络式的 GNSS 服务体系，出现了广域差分系统模式，该模式已成为 GNSS 技术发展的目标。其中，网络 RTK 技术提供了高精度统一的空间参考框架和高效率的空间定位数据采集手段，在实时动态定位领域取得了革命性的进步。

从 2000 年起，部分城市连续运行参考站系统(CORS)陆续建成，RTK 测量实现了无须架设基准站，定位的可靠性和精度相对较高，作业范围更大，可全天候地获得厘米级实时定位精度。

利用 RTK 对地形图野外数据采集过程主要包括基准站设置、电台设置、数据采集等过程。下面以华测 X900GPS 为例，叙述 GNSS 野外数据采集操作过程。

作业前首先要对基准站进行设置。基准站可架设在已知点或未知点上。然后根据仪器说明书设置参考站的配置集，新建一个作业文件，连接仪器并设置仪器为参考站。

基准站的架设包括电台天线的安装以及电台天线、基准站接收机、DL3 电台、蓄电池之间的电缆连线。基准站应当选择在视野开阔的地方，这样有利于卫星信号的接收。首先将基准站架设在已知点上，将基准站接收机与手薄连接好(进行基准站设置)，设置完成后断开连接，基准站接收机与电台主机连接，电台主机与电台天线连接好；基准站接收机与无线电发射天线最好相距 3 m 以上，最后用电缆将电台和电瓶连接起来。无线电发射天线不是架设的越高越好，根据实际情况调整天线高度。风大时天线应尽量架低，以免发生意外。

移动站在固定状态下就可以进行测量了，打开测地通，选择【测量】→【点测量】。在实际作业过程中，一般都采用当地坐标，在移动站得到固定解进行测量时，手簿“测地通”里所记录的点是未经过任何转换得到的平面坐标。若要得到和已有成果相符的坐标，则需要做“点校正”，获取转换参数。具体步骤如下：

(1) 确定坐标系统

打开测地通，选择【配置】→【坐标系统】，根据已知点选取所需要的坐标系。一般来说，地方坐标系也是用北京 54 坐标系统、西安 80 坐标系统或 CGCS2000 坐标系统，主要是修改中央子午线(标准的中央子午线根据已知点坐标计算出 3°带或 6°带)，而【基准转换】【水平平差】【垂直平差】都无须设置，当点校正后参数将自动保存到此处。

假设测区内有 K4、K5、K7 三个已知点具有地方坐标，但不具有 WGS84 坐标，已知条件如下：

坐标系统：北京 54 坐标；中央子午线：120°；投影高度：0；已知点数据 K4、K5、K7 如下：

K4 X：3 846 323.456 Y：471 415.201 h：116.345

K5 X：3 839 868.970 Y：474 397.852 h：109.932

K7 X：3 840 713.658 Y：473 917.956 h：108.419

(2) 新建保存任务

打开测地通，选择【文件】→【新建任务】，命名一个文件名，选择跟已知点相匹配的“坐标系统”，如“北京 54 坐标系统”或“西安 80 坐标系统”，点击【确定】，再打开【文件】→【保存任务】。

(3) 键入已知点

选择【键入】→【点】，输入已知点 K4 坐标，控制点打上钩，点击【保存】，再继续输入 K5、K7 已知点，点击【保存】。

(4) 点校正

测量已知点，找到 K4、K5、K7 的实地位置，选择【测量】→【测量点】，测量出三个点的坐标，分别命名为 K4-1、K5-1、K7-1，三个点必须在同一个 BASE 下，测量后开始进行点校正。校正方法：选择【测量】→【点校正】，点击【增加】，在网格点名称和 GNSS 点名称两项控件里分别选中已知当地平面坐标 K4 和实测的 WGS84 坐标 K4-1，校正方法选中“水平和垂直”。重复点击【增加】，加入校正点 K5、K7 和 K5-1、K7-1，点击【计算】，得出校正参数，再点击【确定】，完成校正。

(5) 重设当地坐标

在每个测区进行测量和放样的工作有时需要几天甚至更长的时间，为了避免每天都重复进行点校正工作或者每次都要把基站架在已知点上的麻烦，可以在每天开始测量工作以前先做一下“重设当地坐标”的工作。此时就是基准站为任意架设或设置成自启动基站，移动站找一个控制点做一下平移的过程。

(6) 数据导出

打开测地通，选择【文件】→【导出】，根据所需要的格式，导出坐标，一般选用“点坐标”，输入文件名，显示方式和导出的文件类型一般选用默认，导出数据，再将手簿和电脑连接在一起(需先安装微软同步软件和 USB 驱动)，打开【移动设备】→【我的电脑】→【Built-in】→【RT-KCE】，将文件拷出来即可。

五、GNSS RTK 联合全站仪测图实例

在城市测量中，一般流动站和基准站距离达不到 RTK 设备中所标述的最大值(一般为 20 km)。城市中高等级控制点距离远、不通视，普通等级点破坏大，测量过程中通视不方便(车、人容易阻挡视线)。完全利用全站仪耗时间、耗人力，无法快速测量。为能够满足城市测量的需求，以及在短时间内完成作业任务，使用全站仪与 RTK 联合测量可以满足这些需求，并且能够保持较好的精度。在测区范围内利用 RTK 布设控制点，在 RTK 不容易到达或局限性较大的地方可在附近布设控制点，再利用全站仪进行测量，这样可以快速完成各种测量任务且精度也有保证。

下面为 RTK 联合全站仪测图实例。

(1) 测区概况

某单位承担了某测区的测量任务，总面积约为 1.5 km^2，成图比例尺为 1∶2 000。该测区位于丘陵地带，地形条件复杂，测区内有两个主要的山体(山上以荒草和灌木为主)、两个建筑物密集区(村庄和矿山集中区)。

综合测区以上情况，通过认真讨论、试验和分析，决定对接收卫星信号较好的山坡和平坦地区采用 RTK 进行碎部测量，其余地区采用全站仪进行碎部测量。全站仪所需图根控制点利用 RTK 进行测定。测图方式为野外数字化测图，使用一套徕卡 1200 动态 GNSS 接收机、两台徕卡全站仪进行外业采集，应用南方公司 CASS 软件地形地籍软件成图。为便于规划设计，地形图不进行分幅，等高距为 1 m。

(2) 人员配置

在人员分工上，RTK 分为 3 组(每个流动站为一组)，每组 2 人，一人操作 RTK，一人画草图；另有一人留守基准站，负责基准站的安全；人员配置共 7 人，每组画草图的人员将野外采集的数据导入计算机，根据野外草图进行数字化成图。全站仪组为 3 人，1 人施测，1 人跑尺，1 人画草图。

(3) 已有资料分析

测区附近有 3 个四等点，保存完好，精度满足要求。1 个点在测区外，2 个点在测区内，用这 3 个点作 RTK 的点校正。

(4) 数据采集

在本次地形图测绘中，利用 RTK 随时为全站仪测图提供图根点成果，按照《城市测量规范》中地形测量的要求进行地形图的碎部测量。测量方法是全站仪与 RTK 联合进行地形要素的自动采集和存储，并绘成图。对于开阔地段(主要是田野、公路、河流、沟、渠、塘等)直接采用 RTK 进行全数字野外数据采集，实地绘制地形草图；对于树木较多或房屋密集的村庄等采用 RTK 给定图根点位，利用全站仪采集地形地物等特征点，实地绘制草图。回到室内将野外采集的坐标数据通过数据传输线传输到计算机，根据实地绘制的草图，在计算机上利用 CASS11.0 成图软件进行制图。

RTK 作业的具体操作：

① 采用 RTK 技术进行碎部点采集，所采集的数据为当地平面坐标。

② 应用 RTK 采集碎部点时，遇到一些对卫星信号有遮蔽的地带，这时可采用 RTK 给出图根点的点位坐标，然后采用全站仪测量碎部点坐标。

全站仪作业的具体操作：

① 整平对中，对中偏差不得超过 1 mm。

② 启动全站仪，进入文件管理界面，建立文件名，并选择该文件在文件夹下存储。

③ 以后视点为检核点进行检核，偏差在限差范围内方可进行点收集，否则查明原因，符合限差要求后方可采集数据。

④ 采集碎部点数据信息。

(5) 全站仪注意事项

① 一个测站应一个方向观测，切勿盘左盘右不分。

② 一个测站仪器如有碰动，需重新对中、整平、检核。

(6) RTK 成果的质量检验

为了检验 RTK 图根点实际精度，RTK 测量结束后，应用徕卡全站仪对部分通视图根点间的相对位置关系进行实测检查。检查工作共布设了两条附合导线，导线起算点为已知 GNSS 点，共联测检查了 20 个图根点。根据导线测量成果与 RTK 结果的较差，可算出图根点相对于相邻点点位中误差和高程中误差。

由于 RTK 测设的相邻图根点之间并没有直接联系，因此，其“相邻点”与导线测量中所讲的相邻点意义不同，它仅仅是地理位置的相邻，彼此之间没有误差传递，相邻点之间的点位误差只与卫星信号的质量以及卫星的空间分布有关。因此，不能以导线测量的相对误差、角度中误差等指标作为衡量 RTK 相邻点精度的指标。

(7) 应注意的问题

此次实验表明，全站仪联合 RTK 测图，能大大加快工作进度，节省工程成本。与常规测量相比，RTK 测量需要的测量人员少、作业时间短，能够极大地提高工作效率。但是在实施时，也可能会出现一些问题，影响工作进度，主要有以下几个方面：

① 各作业小组要注意协作分工，不要漏测。在 RTK 测量困难地区，应利用全站仪测图。尽量保证当天成图，以便对漏测地区进行及时补测。

② 选择基准站时要考虑数据链能否正常工作，因为电台的功率一般比较低，又是“近直线”方式传播，所以要考虑距离和“视场”。一般基准站选择在靠近测区中央、位置较高的地方。

第六节　数字化测图法

一、数字化测图技术概述

由于现代化测量仪器——全站型电子速测仪的广泛应用，以及微型计算机硬件和软件技术的迅猛发展与渗透，使大比例尺地形测图技术由传统的白纸测图向数字化测图方向发展。地形图的表现形式不仅仅是绘制在纸上的地形图，更重要的是提交可供传输、处理、共享的数字地形信息。这种以数字形式表达地形特征的集合形态称为数字地形图。它采用位置、属性与关系三方面的要素来描述存储的图形对象。数字化测图是获取数字地形图的主要技术途径之一。

数字测图系统是以计算机为核心，在外连输入与输出设备以及各种硬、软件的支持下，对地理空间数据进行采集、输入、成图、输出、管理的测绘系统。它分为地形的数据采集、数据处理与成图、绘图与输出三大部分。大比例尺数字地形图是城市的基本地形图，它可以为与空间位置有关的城市各类 GIS 提供基础地理数据，以便这些信息系统对地理数据进行空间数据分析和管理，使更多行业的用户共享地形图数据资源。由于一个城市或地区大比例尺数字地形图的建设和维护需要很大的投入和较长的时间才能完成，因此大比例尺地形图数据库的建设应坚持充分考虑城市现有地形图资源、经济发展水平和未来发展趋势的原则，有计划、有步骤、因地制宜地实施。通常将传统的白纸测图方法获得的地形图称为图解地形图。大比例尺数字化地形图的生产方法主要有图解地形图的数字化和数字测图两种。

二、图解地形图的数字化

可以采用手扶跟踪数字化和扫描数字化两种方法进行图解地形图的数字化。用图解地形图数字化的方法建立大比例尺数字地形图只是为了充分利用城市原有图解地形图资源，尽快满足城市和工程建设对数字化地形图产品需求的一种应急措施，这样建立的数字化地形图的精度不会高于作为工作底图的图解地形图的精度。

三、地面数字测图

在没有合适的大比例尺地形图的地区，当设备条件许可时，可以直接采用地面数字测图方法，也称为内外业一体化数字测图方法。该方法需要的设备为全站仪(或测距经纬仪)、电子手簿(或掌上电脑和笔记本电脑)、计算机和数字化测图软件。根据所使用设备的不同，内外业一体化数字测图方法有两种实现形式。

(1) 草图法

在野外利用全站仪或电子手簿采集并记录外业数据或坐标，同时用手工勾绘现场地物属性关系草图。返回室内后，下载记录数据到计算机内，将外业观测的碎部点坐标读入数字化测图系统直接展点。根据现场绘制的地物属性关系草图在显示屏幕上连线成图，经编辑和注记后成图。

(2) 电子平板法

野外用安装了数字化测图软件的笔记本电脑或掌上电脑直接与全站仪相连，现场测点，电脑实时展绘所测点位，作业员根据实地情况，现场直接连线，编辑和加注记成图。

采用内外业一体化数字测图方法创建的大比例尺数字地形图的质量明显优于采用图解地形图法获得的数字地形图的质量，但前者的设备投入经费及测图成本明显高于后者。因此，在成图时应根据实际需要，合理选用成图方法。

第七节　地形图的绘制

地形图的绘制包括地物的绘制、地貌的绘制、图幅的拼接和图面整饰等内容。

一、地物的绘制

一般能按比例尺大小表示的地物，应同时测绘，即同一地物的特征点完成后，地物要按图式规定的符号表示，房屋轮廓需要用直线连接起来，而道路河流的弯曲部分应逐点连成光滑的曲线。不能依比例描绘的地物,应按规定的非比例符号表示。

二、地貌的绘制

等高线是根据特征点的平面位置和高程勾绘的。各等高线的高程是等高距的整数倍,如等高距为 1 m,则等高线必须是 1 m 的整数倍。而特征点的高程一般来讲都不是等高距的整数倍,特征点不一定正好是等高线通过的点。但由于特征点是坡度变换或方向变换点,相邻特征点之间的地面坡度可认为是相同的。因此,可在各相邻两特征点之间的连线上,根据等高线至特征点或相邻两等高线之间的高差,按平距与高差成比例关系,内插出有关等高线在图上两特征点连线上的通过位置。

勾绘等高线时,首先用铅笔轻轻描绘出山脊线、山谷线等地性线,再根据碎部点的高程勾绘等高线。不能用等高线表示的地貌,如悬崖、陡崖、土堆、冲沟、雨裂等,应按图式规定的符号表示。

如图 9-7 所示,地面上两碎部点 C 和 A 的高程分别为 202.8 m 及 207.4 m,若取基本等高距为 1 m,则其间有高程为 203、204、205、206 m、207 m 共五条等高线通过。

根据平距与高差成正比的原理,先将 AC 的水平段划分成 6 等份,如图 9-7 所示。可先目估定出高程为 203 m 的 m 点和高程为 207 m 的 q 点,然后将 m、q 的距离四等分,定出高程为 204 m、205 m、206 m 的 n、o、p 点。同法,定出其他相邻两碎部点间等高线应通过的位置。

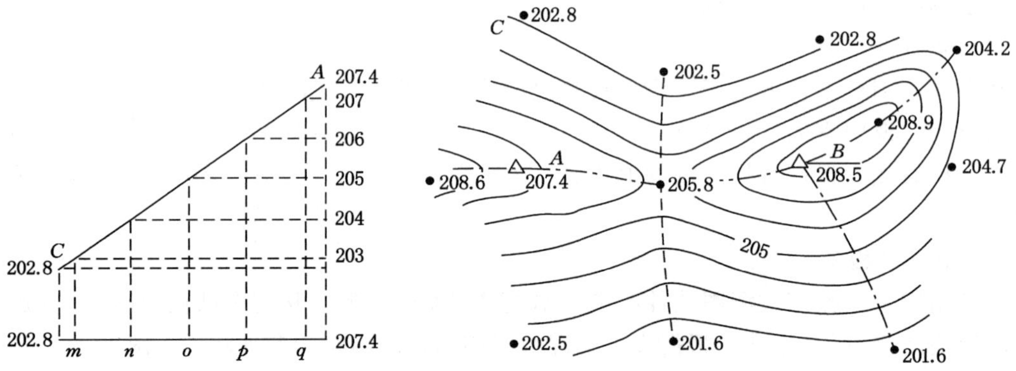

(a) 高程内插　　(b) 勾绘成平滑曲线

图 9-7　等高线绘制

等高线是地面上高程相同的相邻点所连成的一条闭合曲线,水面静止的湖泊和池塘的水边线,实际上就是一条闭合的等高线。勾绘等高线时,要对照实地情况,先画计曲线,后画首曲线,并注意等高线通过山脊线、山谷线的走向。

三、等高线的绘制

在测绘等高线地形图时,对于高低起伏、从表面上看来没有规则的地貌,仍与测绘地物一样,也应测定其地貌特征点,然后才能用等高线正确地表示其形状。虽然自然地貌十分复杂和琐碎，对于地貌特征点也应有取舍原则。因此，地貌特征点的选择十分重要。

不管地形怎样复杂，实际上都可以把地面看成是由向着各个不同方向倾斜和具有不同坡度的面所组成的多面体。山脊线、山谷线、山脚线（山坡和平地的交界线）等可以看作是多面体的棱线，称为地性线。测定地性线的空间位置，地形的轮廓也就确定下来了。因此，这些棱线上的转折点（方向变化和坡度变化处）就是地貌特征点。地貌特征点还包括山顶、鞍部、洼坑底部等以及其他地面坡度变化处。

在地形图上，为了能详尽地表示地貌的变化情况，又不使等高线过密而影响地形图的清晰，必须按规定的基本等高距绘制等高线。对于不能用等高线表示的地形，例如悬崖、峭壁、土坎、土堆、冲沟等，应按图式所规定的符号表示。

由于等高线所代表的地面高程为整米数（少数为 0.5 m），而测定的地面点高程一般不为整数，在这些地面点之间，必须用内插法确定高程为整米数的点，这些点就是等高线通过的位置。

图 9-8 是根据地形点的高程，用内插法求得整米高程点，然后用光滑的曲线连接等高点，绘制成局部等高线地形图。

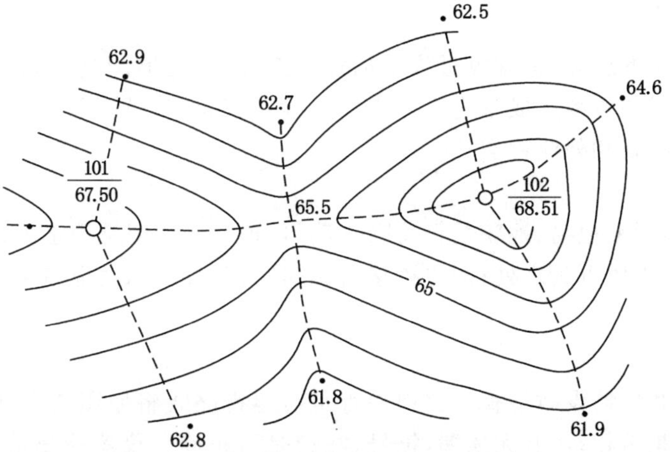

图 9-8　等高线的绘制

当地形测量数据通过计算机绘图时，则等高线的内插计算、曲线的光滑处理和绘制都可以用编制的软件自动进行，最后绘制成等高线地形图。

四、地形图的拼接

测区面积较大时，整个测区划分为若干幅图进行施测，在相邻图幅的连接处，由于测量误差和绘图误差的影响，无论是地物轮廓线还是等高线往往不能完全吻合。图 9-9 表示相邻两幅图相邻边的衔接情况。由图可知，将两幅图的同名坐标格网线重叠时，图中的房屋、河流、等高线、陡坎都存在接边差。若接边差小于表 9-5 规定的平面、高程中误差的 $2\sqrt{2}$ 时，可平均配赋，并据此改正相邻图幅的地物、地貌位置，但应注意保持地物、地貌相互位置和走向的正确性。超过限差时则应到实地检查纠正。

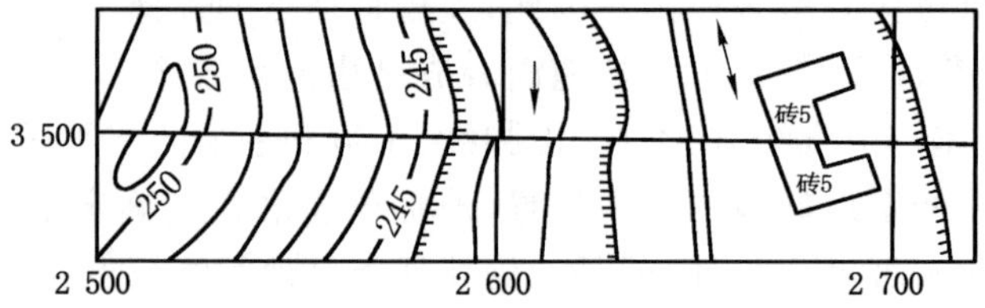

图 9-9　地形图拼接

表 9-5　地物、地形点平面和高程中误差

地区分类	点位中误差/mm	邻近地物点间距中误差/mm	等高线高程中误差/mm			
			平地	丘陵地	山地	高山地
城市建筑区和平地、丘陵地区	≤0.5	≤±0.4	≤1/3	≤1/2	≤2/3	≤1
山地、高山地区	≤0.75	≤±0.6				

五、地形图的检查

为了保证地形图的质量，除施测过程中加强检查外，在地形图测绘完成后，作业人员和作业小组应对完成的成图资料等成果进行严格的自检和互检，确认无误后方可上交。地形图检查的内容包括内业检查和外业检查。

（1）内业检查

检查的内容有：图上地物、地貌是否清晰易读，各种符号注记是否正确；等高线与地形点的高程是否相符，有无矛盾可疑之处；图边拼接有无问题；等等。如发现错误或疑点，应到野外进行实地检查修改。

（2）外业检查

包括巡视检查和仪器设站检查。巡视检查是沿巡视路线将原图与实地进行对照，检查原图所绘内容与实地是否相符，有无遗漏，符号、注记是否正确。仪器检查是在以上两者基础上进行。对于检查中发现的问题与疑点，应到野外安置仪器，实地检查修改。此外，每幅图还可以采用散点法进行检查，检查量一般为原工作量的10%。

六、地形图的整饰清绘

为了使图面清晰、美观、合理，在地形图进行拼接和检查工作完成后，要进行整饰清绘，使图面更加完善。整饰过程遵循一定的次序，一般情况下，整饰的次序是“先图内，后图外，先地物，后地貌，先注记，后符号”，依规定的图式符号进行注记和绘制，最后着墨，成为一张完整的地形原图。

第十章　地形图的应用

第一节　地形图的基本应用

国家基本比例尺地形图是城乡规划管理、土地管理、建筑工程、地学研究、国防军事等领域中的重要资料。特别是在规划选址、土地划拨、规划设计等不同阶段，不仅需要在地形图上进行一定的量算工作，而且还要以地形图为底图，依据其数学基础和地理基础，因地制宜地进行各项专题内容的合理规划和设计。地形图的应用相当广泛，各种建设活动和人们的日常生活几乎都离不开地形图。综合起来地形图有以下应用方向：

① 工程建设中的应用：工程建设一般分为规划设计、施工、运营三个阶段。在规划设计时，必须有地形、地质和经济调查等基础资料，其中地形资料主要是地形图。

② 城市规划中的应用：在进行城市总体规划时，根据城市用地范围大小，一般要选用1∶25 000或1∶10 000或1∶5 000比例尺的地形图。在详细规划阶段，为了满足房屋建筑和各项工程编制初步设计的需要，还要选用1∶2 000、1∶1 000比例尺的地形图。

③ 水库设计中的应用：水库设计一般要用1∶10 000至1∶50 000比例尺的地形图，以确定水库的淹没范围和面积，计算总库容，设计库岸的防护工程，确定沿库岸落入临时淹没和永久浸没地区的城镇、工厂和耕地，拟定相应工程防护措施，设计航道和码头位置，制定库底清理、居民迁移及交通改建等规划。

④ 公路铁路建设中的应用：在公路铁路建设中，首先要在中、小比例尺地形图上进行选线，提出可能的几种方案，然后再到实地踏查。对于大的桥梁和隧道，首先应在1∶25 000或1∶50 000比例尺地形图上研究，然后再到实地进行踏勘，了解地形、地质和水文情况，提出比较方案。之后，还要有1∶500～1∶5 000地形图，如果没有，还需要着手自行测绘，以便进行主体工程和附属工程的设计。

目前地形图根据存储载体形式有纸质地形图和数字地形图两种。纸质地形图在使用时可直接进行地形图阅读、地形图量算、地形图图上作业。在使用数字地形图时，一般是在Autocad、GIS等相关软件中，通过子程序用解析法自动显示、量算图形对象的一些空间数量指标，如点的坐标、线段的长度和方向、图斑的面积等。

一、点位坐标的量测

如图10-1所示，在大比例尺地形图上，都绘有纵、横坐标方格网（或在方格的交会处绘制有一十字线），欲从图上求A点的坐标时，可先通过A点作坐标格网的平行线mn、pq，在图上量出mA和pA的长度，分别乘以数字比例尺的分母M，即得实地水平距离为：

$$x_A = x_0 + \overline{mA} \times M \tag{10-1}$$

$$y_A = y_0 + \overline{pA} \times M \tag{10-2}$$

式中　x_0, y_0——A 点所在方格西南角点的坐标。

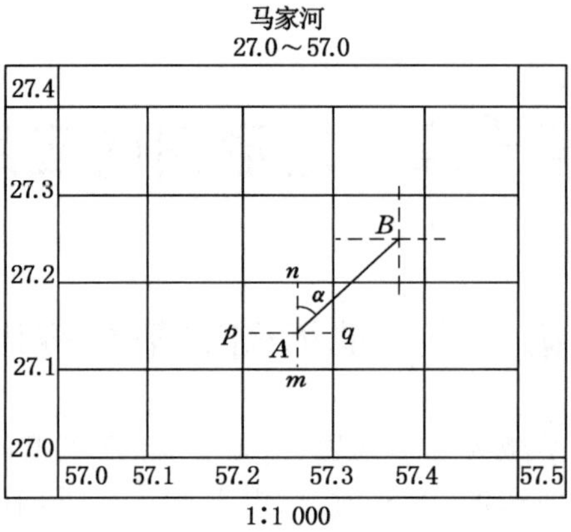

图 10-1　点位坐标量测

为了检核量测结果，并考虑图纸伸缩的影响，还需要量出 An 和 Aq 的长度，若 $\overline{mA}+\overline{An}$ 和 $\overline{pA}+\overline{Aq}$ 不等于坐标格网的理论长度 l（一般为 10 cm），则 A 点的坐标应按下式计算：

$$x_A = x_0 + \frac{l}{\overline{mA}+\overline{An}} \times \overline{mA} \times M \tag{10-3}$$

$$y_A = y_0 + \frac{l}{\overline{pA}+\overline{Aq}} \times \overline{pA} \times M \tag{10-4}$$

二、两点间水平距离的量测

在图 10-1 中，若需要确定 A、B 两点间的水平距离 D_{AB}，可以根据已经量得的 A、B 两点的平面坐标 (x_A, y_A) 和 (x_B, y_B)，按下式计算：

$$D_{AB} = \sqrt{(x_B - x_A)^2 + (y_B - y_A)^2} \tag{10-5}$$

当量测距离的精度要求不高时，可直接在地形图上量取 A、B 两点间的长度 d_{AB}，再根据比例尺计算两点间的水平距离 D_{AB}，即：

$$D_{AB} = d_{AB} \times M \tag{10-6}$$

当量测距离的精度要求不高时，还可利用复式比例尺直接量取两点间的水平距离。

三、直线坐标方位角的量测

如图 10-1 所示，如果需要确定直线 AB 的坐标方位角 α_{AB}，可以根据已经量得的 A、B 两点的平面坐标 (x_A, y_A) 和 (x_B, y_B)，先用下式计算象限角 R_{AB}：

$$R_{AB} = \arctan\left(\frac{y_B - y_A}{x_B - x_A}\right) \tag{10-7}$$

然后，根据直线所在的象限参照表 4-1 计算坐标方位角。当精度要求不高时，可以通过 A 点作平行于坐标纵轴的直线，用量角器直接在图上量取直线 AB 的坐标方位角 α_{AB}。

四、点的高程和两点间坡度的量测

如果所求点刚好位于某一根等高线上，则该点的高程就等于该等高线的高程，否则需要采用比例内插的方法确定。

如图 10-2 所示，图中 E 点的高程为 54 m，而 F 点位于 53 m 和 54 m 两根等高线之间，可过 F 点作一大致与两根等高线垂直的直线，交两根等高线于 m、n 点，从图上量得距离 $\overline{mn}=d$，$\overline{mF}=d_1$，设等高距为 h，则 F 点的高程为：

$$H_F = H_m + h\frac{d_1}{d} \tag{10-8}$$

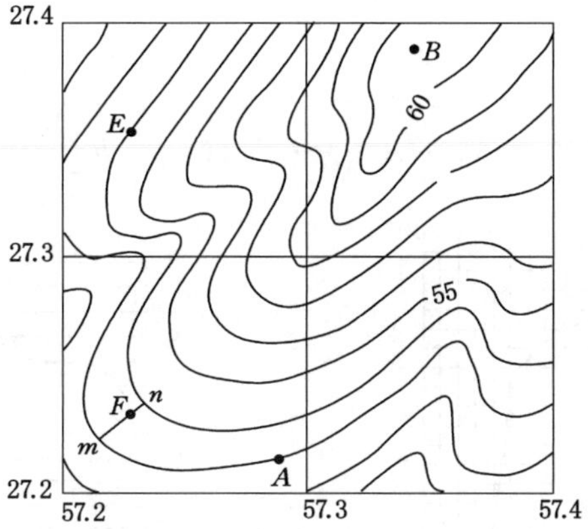

图 10-2　高程与坡度量测

在地形图上量得相邻两点间的水平距离 d 和高差 h 以后，两点间的坡度为：

$$i = \tan\alpha = \frac{h}{dM} \tag{10-9}$$

式中　α——地面两点连线相对于水平线的倾角。

五、图上面积的量算

在工程建设、城市规划、地籍测量中常需要在地形图上量算一定轮廓范围的面积。面积计算的正确与否关系到有关各方的利益，尤其是社会发展的今天，人们对面积的关注程度超出了以往任何时候，作为一个测绘工作者，要正确对待面积量算。只有通过选用适当的计算方法和正确的计算程序，才能保证计算结果的客观、公正和准确。

图上面积的量算方法有透明方格纸法、平行线法、解析法、求积仪法。

(1) 透明方格纸法

如图 10-3 所示，要计算图中曲线内的面积，先将毫米方格纸覆盖在图形上，然后数出图形内完整的方格数 n_1 和不完整的方格数 n_2，则曲线内面积 A 的计算公式为：

$$A = \left(n_1 + \frac{1}{2}n_2\right)\frac{M^2}{10^6} \tag{10-10}$$

式中，M 为地形图比例尺分母；面积 A 的单位为 m^2。

(2) 平行线法

如图 10-4 所示,将绘制有平行线的透明纸覆盖在图形上,使两条平行线与图纸的边缘相切,相邻两平行线间隔的图形面积近似视为梯形。梯形的高为平行线间距 h,图形截割各平行线的长度分别为 $l_1, l_2, \cdots, l_n$,则各梯形面积分别为:

$$\begin{cases} A_1 = \frac{1}{2}h(0 + l_1) \\ A_2 = \frac{1}{2}h(l_1 + l_2) \\ \quad\cdots\cdots \\ A_{n+1} = \frac{1}{2}h(l_n + 0) \end{cases} \tag{10-11}$$

则总面积为:

$$A = A_1 + A_2 + \cdots + A_{n+1} = h\sum_{i=1}^{n} l_i \tag{10-12}$$

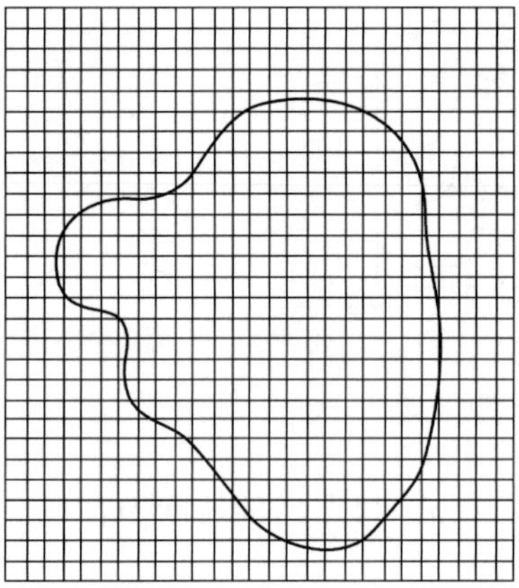

图 10-3 透明方格纸法量算面积

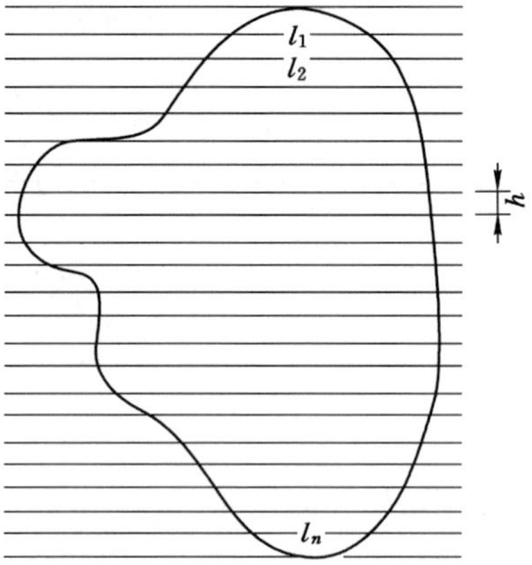

图 10-4 平行线法量算面积

(3) 解析法

如果图形边界为任意多边形,且各顶点的平面坐标已经在图上量出或已经在实地测定,则可以利用多边形各顶点的坐标,用解析法计算出面积。

在图 10-5 中,1、2、3、4 为多边形的顶点,其平面坐标已知,则该多边形的每一条边及其向 y 轴的坐标投影线(图中虚线)和 y 轴都可以组成一个梯形,多边形的面积 A 就是这些梯形面积的和或差,其计算公式为:

$$\begin{aligned} A &= \frac{1}{2}[(x_1 + x_2)(y_2 - y_1) + (x_2 + x_3)(y_3 - y_2) - (x_3 + x_4)(y_3 - y_4) - (x_4 + x_1)(y_4 - y_1)] \\ &= \frac{1}{2}[x_1(y_2 - y_4) + x_2(y_3 - y_1) + x_3(y_4 - y_2) + x_4(y_1 - y_3)] \end{aligned} \tag{10-13}$$

对于任意的 n 边形,可以写出下列按坐标计算面积的通用公式:

$$A = \frac{1}{2}\sum_{i=1}^{n} y_i(x_{i-1} - x_{i+1}) \quad 或 \quad A = \frac{1}{2}\sum_{i=1}^{n} x_i(y_{i+1} - y_{i-1}) \tag{10-14}$$

使用上式时应注意如下几点：

① 各顶点应按顺时针编号。

② 当 x 或 y 的下标为 0 时，应以 n 代替，出现 $n+1$ 时，以 1 代替。

③ 作为检核，计算时各坐标差之和应等于零。

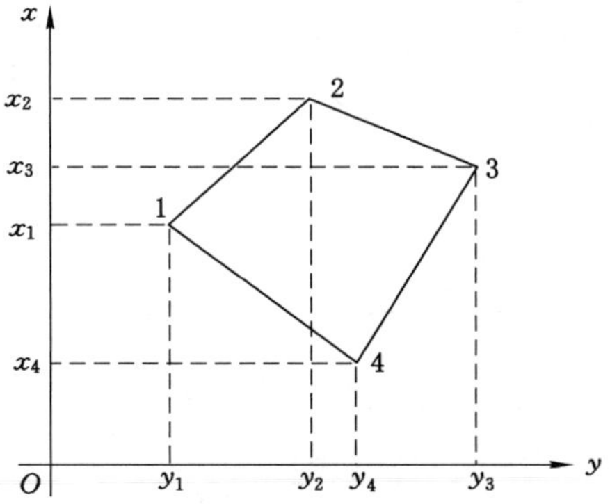

图 10-5　解析法量算面积

(4) 求积仪法

求积仪是一种以地图为对象量算面积的仪器，其优点是操作简便、速度快，适用于任意曲线包围图形的面积量算，且能保证一定的精度。最早使用的是机械求积仪，由于科技的进步，近年来已研制出多种电子求积仪，如数字求积仪、光电求积仪。

① 数字求积仪。数字求积仪是采用集成电路制造的一种新型求积仪，性能优越，可靠性好，操作简便。

② 光电求积仪。光电求积仪主要有光电面积量测仪和密度分割仪。光电面积量测仪是将量测图形经过处理后，进行扫描，通过光电变换将扫描图像各像元反射光强的变化转换为光电流，变成电位的脉冲信号驱动电子计数，达到自动量测面积的目的。密度分割仪是用一个光导摄像装置进行光电扫描，把图像上每一像元的密度值变换为模拟电压信号，经过模数转换，成为不同电平等级的数字信号，通过编码电路处理和电子求积装置量测面积。

第二节　地形图的工程应用

一、绘制地形断面图

在进行道路、隧道、管线等工程设计时，往往需要了解两点之间的地面起伏情况，这时可根据等高线地形图来绘制断面图。如图 10-6(a)所示，在等高线地形图上作 A、B 两点的连线，与各等高线相交，各交点的高程即各等高线的高程，而各交点与 A 点或 B 点的水平距离可在图上量得。画地形断面图时，先画出两条相互垂直的轴线，如图 10-6(b)所示，以横轴表示平距，以纵轴表示高程。然后在地形图上量取 A 点至各交点及地形特征点 c、d、e 的平距，并按作图比例尺把它们分别转绘在横轴上，以相应的高程作为纵坐标，得到各交点在断面上的位置。连接这些点，即得到 AB 方向上的地形断面图。

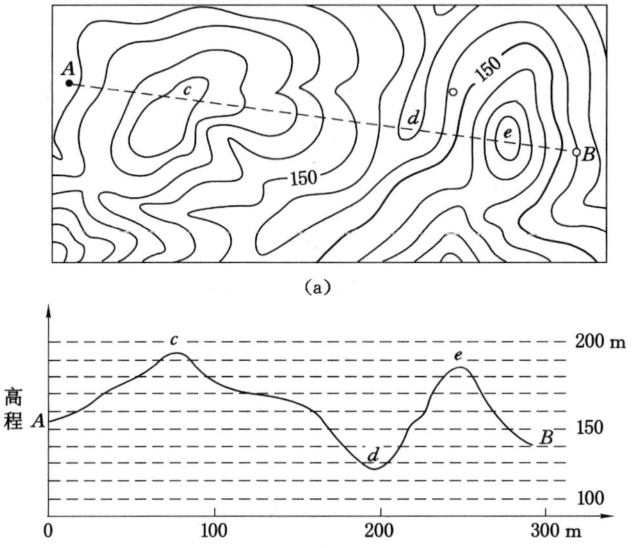

图 10-6　绘制地形断面图

为了更明显地表示地面的高低起伏情况，断面图上的高程比例尺一般比平距比例尺大5～10倍。

二、确定汇水范围

当铁路、道路跨越河流或山谷时，需要建造桥梁或涵洞。在设计桥梁或涵洞的孔径大小时，需要知道将来通过桥梁或涵洞的水流量，而水流量是根据汇水面积来计算的。汇水面积是指降雨时有多大面积的雨水汇集起来，并通过该桥涵排泄出去。为了计算汇水面积，需要先在地形图上确定汇水范围。汇水范围的边界线是由一系列的分水线连接而成的。如图 10-7 所示，根据山脊线是分水线的特点，将山顶点 B、C、D、…、H 等沿着山脊线通过鞍部用虚线连接起来，即得到通过桥涵 A 的汇水范围。据此，可以在地形图上按汇水范围的图形量测其汇水面积。

三、按限制坡度在地形图上选线

道路、管线、渠道等工程，通常都有纵坡度限制，也就是说，设计时要求在满足某一限制坡度条件下，选定一条最短线路或等坡线路，这在工程建设的前期显得相当重要。特别是特殊地貌地段，如在山地或丘陵地区进行道路、管线等工程设计时，往往要求在不超过某一坡度的条件下选定一条最短路线。如图 10-8 所示，需要从低地 A 点到高地 B 点定出一条路线，要求坡度限制为 i，设等高线间距为 h，等高线间平距的图上值为 d，地形图的数字比例尺分母值为 M，根据坡度的定义有 $i=\frac{h}{dM}$，由此求得 $d=\frac{h}{iM}$。如图 10-8 所示，$h=1$ m，$M=1\ 000$，$i=3.3\%$，代入以上公式求出 $d=0.03$ m。

在地形图上以 A 点为圆心，以 3 cm 为半径，用两脚规在直尺上截交 54 m 等高线，得到 a、a' 点，用两脚规截交 55 m 等高线，分别得到 b、b' 点，依次进行，直至 B 点，连接 A、a、b、…、

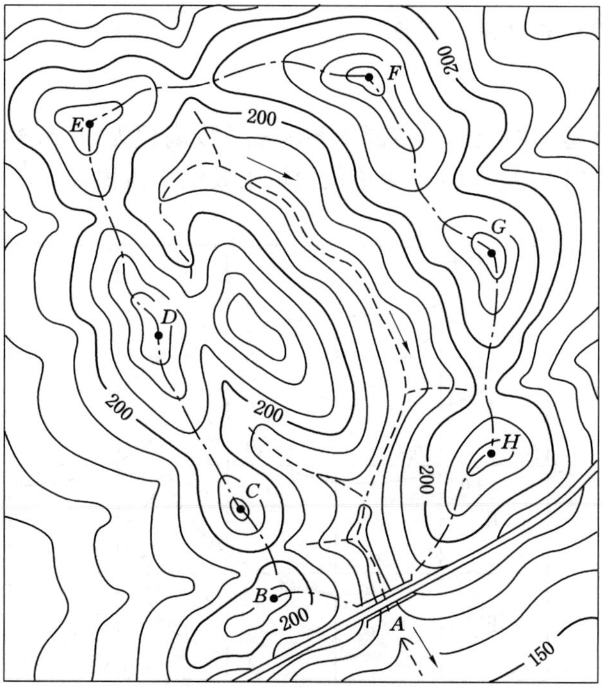

图 10-7　确定汇水范围

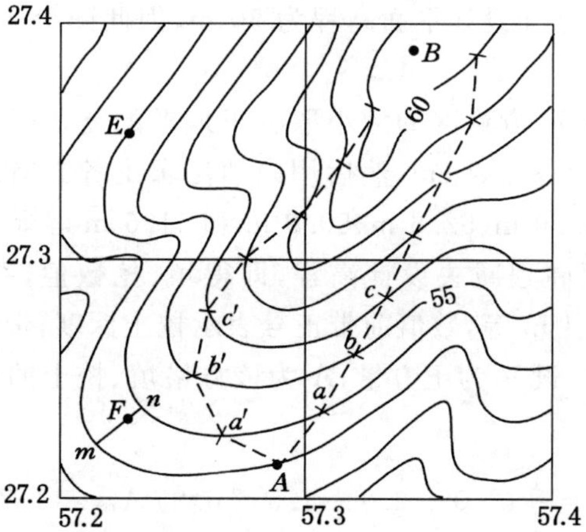

图 10-8　按设计坡度选线

B 和 A、a′、b′、…、B 得到两条满足设计坡度 3.3%的路线。如果等高线的平距大于最小平距，画弧时不能与等高线相交，这说明地面坡度小于限制坡度。在这种情况下，可根据最短路线敷设。一般从图上可以选择的路线不止一条，在此情况下还要综合各种因素，通常考虑选定一条最优路线。

四、确定填挖边界线和计算土方量

(1) 平整成水平面

如图 10-9 所示,在地形图上所示范围内要求平整成高程为 50 m 的水平地面,因此需确定其填挖边界和计算填挖土方量(以 m^3 为单位的填土或挖土体积)。

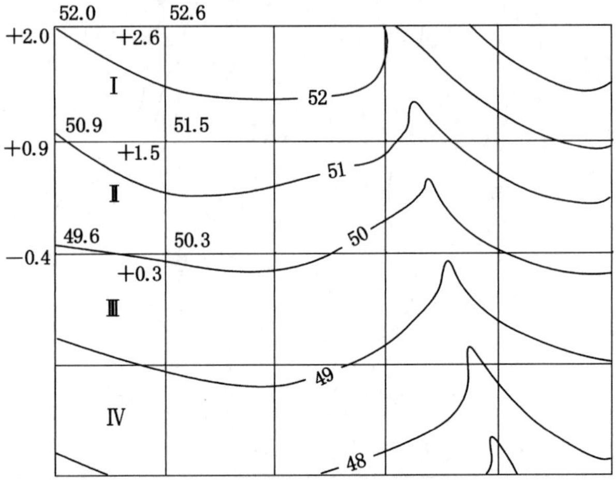

图 10-9 平整为水平面

① 确定填、挖边界线,已知设计平面高程为 50 m,因此图上 50 m 高程的等高线即为填、挖边界线。

② 在地形图上绘方格网,方格网的大小取决于地形的复杂程度、地形图比例尺的大小和精度要求。一般方格边长为图上 2 cm,然后用内插法求出各方格顶点的高程,并注在相应顶点的右上方,如图中数字 52.0 m、52.6 m、50.9 m 和 51.5 m 等即为这些点的高程。

③ 各方格顶点的地面高程减去设计高程,即得填、挖数值,并注在相应顶点左上方,如 +2.0 m、+0.9 m 和 −0.4 m 等,数值前带正号表示挖土深度,带负号表示填土高度。

④ 计算填、挖土方量。设 V 为土方量,A 为该方格填、挖土的面积,则图中方格Ⅰ的挖土土方量为:

$$V_{\text{Ⅰ挖}}=\frac{1}{4}(2.0+2.6+1.5+0.9)A_{\text{Ⅰ挖}}=1.75A_{\text{Ⅰ挖}} \tag{10-15}$$

方格Ⅱ中以 50 m 等高线为分界线,分为挖方区和填方区。挖土土方量为:

$$V_{\text{Ⅱ挖}}=\frac{1}{5}(0.9+1.5+0.3+0+0)A_{\text{Ⅱ挖}}=0.54A_{\text{Ⅱ挖}} \tag{10-16}$$

填土土方量为:

$$V_{\text{Ⅱ填}}=\frac{1}{3}(0+0-0.4)A_{\text{Ⅱ填}}=-0.13A_{\text{Ⅱ填}} \tag{10-17}$$

将所有的填、挖土方量分别相加即可得总的填、挖土方量。

(2) 平整成倾斜平面

图 10-10 是某一地区的等高线地形图,现要求将原地形改造成某一坡度的倾斜平面。一

般根据土方量最少、填挖土方基本平衡的原则来设计斜面的坡度。在地形图上设计倾斜面，确定填挖边界线和土方量计算的步骤如下：

① 首先在地形图上绘方格网，然后根据等高线内插求出各方格顶点的地面高程，并注在各顶点的右上方。

② 按设计要求，并尽量结合自然地形，在地形图上画出设计等高线（图中平行虚线），根据设计等高线求出各方格顶点的设计高程，并注在各顶点的右下方。

③ 计算各顶点的挖深和填高数值时，用顶点的地面高程减去设计高程，其值注在各顶点的左上方。

④ 设计等高线和原地面相同高程的等高线的交点，即不填不挖的点（又称零点）。连接各零点，即为填、挖边界线。

⑤ 计算填、挖土方量，其方法与整理成水平场地时相同。

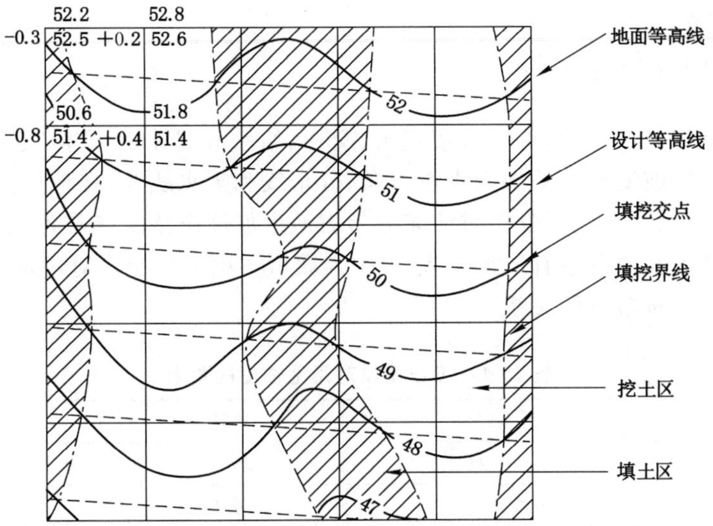

图 10-10　平整为倾斜平面

五、建筑设计中地形图的应用

现代技术设备能够推移大量的土方，在许多情况下，有可能将建设用地完全推平，消平用地上的所有高低起伏。但是，很多事实证明，剧烈改变地形的自然形态，仅在特殊场合下才可能是合理的，因为这种做法需要花费大量的资金，更主要的是破坏了周围的自然环境状态，如地下水、土层、植物生态和地区的景观环境，这就要求在进行建筑设计时应该充分考虑地形特点，进行合理的竖向规划。例如，当地面坡度为 2.5%～5%时，应尽可能沿等高线方向布置较长的建筑物。这样，房屋的基础工程较节约，道路和联系阶梯也容易布置。

地形对建筑物布置的间接影响体现在自然通风和日照效果方面。由地形和温差形成的地形风往往对建筑通风起着主要作用，常见的有山阴风、顶坡风、三谷风、越山风和三垭风等，在布置建筑物时须结合地形，并参照当地气象资料加以研究。为达到良好的通风效果，在迎风坡时高建筑应置于坡上；在背风坡时高建筑应置于坡下。把建筑物斜列布置在鞍部两侧迎风坡面，可充分利用垭口风，以取得较好的自然通风效果。建筑物布列在山堡背风坡面两侧和正下坡，可利用绕流和涡流获得较好的通风效果。在平地，日照效果与地理位置、建筑物朝向和高度、建筑物间隔等有关；而在山区，日照效果除了与上述因素有关外，还与周围地形、建筑物处于向阳坡或背阳坡、地面坡度大小等因素密切相关。因此，日照效果问题就比平地复杂得多，必须对每个建筑物进行具体分析来决定。

在建筑设计中，既要珍惜良田好土，尽量利用薄地、荒地和空地，又要满足投资省、工程量少和使用合理等要求。如建筑物应适当集中布置，以节省农田，节约管线和道路；建筑物应结合地形灵活布置，以达到省地、省工，通风和日照效果均好的目的；公共建筑应布置在小区的中心；对不宜建筑的区域，要因地制宜地利用起来，如在陡坡、冲沟、空隙地和边缘山坡上建设公园和绿化地；自然形成或由采石、取石形成的大片洼地或坡地，高差较大，可用来布置运动场、露天剧场或水池；高地可设置气象台和电视转播站等。建筑设计中所需要的这些地形信息基本上都可以在地形图上获取。

六、城市规划中地形图的应用

城市用地在规划设计之前，首先应按建筑、交通、给水和排水的要求，分析用地的地形，并在地形图上标明不同坡度地区的地面水流方向、分水线和集水线等，在地形方面主要是对不同地面坡度的要求。因此，在地形分析时应充分考虑地形坡度类型及其与各项建筑布设的关系，以便合理地利用地形和改造原有地形。表 10-1 为城市各项工程建设对用地坡度要求，表 10-2 为地形坡度类型与建筑布设的关系。

表 10-1　工程建设对用地坡度的要求

项目	坡度	项目	坡度
工业水平运输	0.5%～2%	铁路站场	0%～1%
居住建筑	0.3%～10%	对外主要公路	0.4%～3%
主要道路	0.3%～6%	机场用地	0.5%～1%
次要道路	0.3%～8%	绿化用地	任何坡度

表 10-2　地形坡度类型与建筑布设的关系

坡度类型	坡度	建筑群与道路的布设方式
平　坡	3%	基本为平地，建筑和道路可根据规划原理自由布置，注意排水
缓　坡	3%～10%	建筑群布置不受约束，车道也可以自由布置，不考虑梯级道路
中　坡	10%～25%	建筑群组受一定限制，车道不宜垂直等高线布设，垂直等高线布设的道路要做梯级道路
陡　坡	25%～50%	建筑群受极大的限制，车道不平行等高线布置时，只能与等高线呈较小的锐角布设
急　坡	50%～100%	建筑设计需作特殊处理，车道只能曲折盘旋而上，或考虑架设缆车道；梯级道路也只能与等高线斜交布设
悬　坡	100%以上	一般为不可建筑地带

下面结合实例来说明怎样分析地形，如图 10-11 所示，从地形图上可以看出这个地区的地形特点如下：

① 光明村以西有一座不太高的小山。

② 光明村东南有一条河流(清河),河的南岸有一沼泽地。

③ 向阳公路东西向地势较南北向平缓。

④ 光明村以西的地形,75 m 等高线以上较陡,65～75 m 等高线一段渐趋平缓,65 m 等高线以下靠近河边,地形更加平坦。总的来说,这块地形除了小山和小丘外还是比较平缓的。

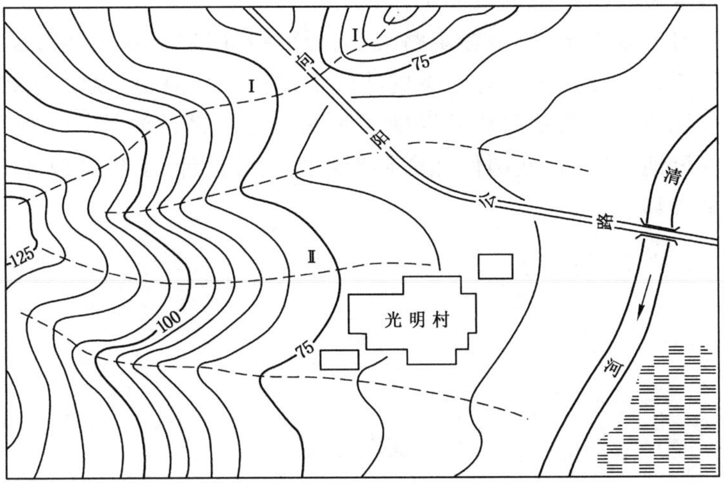

图 10-11　城市规划的地形分析

了解上述地形特点后再作如下分析:

① 根据地形起伏情况,从小山山顶向东北到小丘可找到分水线Ⅰ,从小山向东到向阳公路找出分水线Ⅱ。在分水线Ⅰ和Ⅱ之间可找到集水线。根据地势情况,定出地面水流方向(最大坡度方向)。在分水线Ⅰ以北的地面水排向小丘以北,在分水线Ⅱ以南的地面水则向清河汇集。

② 清河南面的沼泽地区,需进行工程地质和水文地质等分析以后才能确定用途。

七、道路勘测中地形图的应用

在建(构)筑物、市政设施、线路工程等的勘测设计中,地形图的应用也是相当广泛的。如道路一般以平直较为理想,实际上,由于地形和其他原因的限制,要达到这种理想状态是很困难的。为了选择一条经济且合理的路线,必须进行路线勘测。路线勘测一般分为初测和定测两个阶段。

路线勘测是一个涉及面广、影响因素多、政策性和技术性强的工作。在路线勘测之前,要做好各种准备工作。首先要搜集与路线有关的规划统计资料以及地形、地质、水文和气象资料,然后进行分析研究,在地形图(通常为 1∶5 000 的地形图)上初步选择路线走向,利用地形图对山区和地形复杂、外界干扰多、牵涉面广的区域进行重点研究。研究应进行多种方案的综合比较。

初测是根据基本确定的路线走向、道路控制点和路线等级标准而进行的外业调查勘测工作。通过初测,要求对路线的基本走向方案做进一步的论证比较,概略地拟定中线位置,提出切合实际的初步设计方案和修建方案，确定主要工程的概略数量，为编制初步设计和设计概算提供所需的全部资料。因此，在指定的范围内，若有现势性强的大比例尺地形图和测量控制网，则初测就可直接利用该地形图编制路线各方案的带状地形图和纵断面图；若没有合适的大比例尺地形图，就应先布设导线，测量路线各设计方案所经地带的带状地形图和纵断面图；收集沿线水文、地质等有关资料，为纸上定线、编制比较方案的初步设计提供依据。根据初步设计，选定某一方案，即可转入路线的定测工作。

定测是具体核对路线方案，实地标定路线，进行路线详细测量，实地布设桥涵等构造物，并为编制施工图搜集资料。在选定设计方案的路线上进行中线测量、纵断面和横断面测量，以便在实地定出路线中线位置和绘制路线的纵横断面图。对布设桥涵等构造物的局部地区，还应提供或测绘大比例尺地形图，这些图件和资料为路线纵坡设计、工程量设计等道路的技术设计提供了详细的测量资料。

第十一章　测设的基本工作

第一节　施工测量与测设

测绘工作的主要任务是确定地面点与点之间的平面和高程位置关系，也可将其分成测定和测设两大部分。测定是将地物和地貌按一定的比例尺缩小绘制成地形图；测设是将在图纸上设计好的建筑物和构筑物的位置在实地标定出来，本章主要介绍测设的基本工作。

一、施工测量

在施工过程中进行的一系列测量工作称为施工测量。施工测量的目的是把设计的建筑物、构筑物的平面位置和高程，按设计要求以一定的精度测设在地面上，作为施工的依据，以衔接和指导各工序间的施工。施工测量的过程与地形测量相反。

施工测量的内容主要包括：施工控制网的建立、建筑物主要轴线的测设、建筑物的细部测设（如基础模板的测设、构件与设备的安装测量等）、工程竣工测量、施工过程中以及工程竣工后的建筑物变形监测。总之，施工测量贯穿于工程建设的全过程。

二、施工测设

测设工作是根据工程设计图纸上待建的建筑物、构筑物的轴线位置、尺寸及其高程，算出待建的建筑物、构筑物各特征点（或轴线交点）与控制点（或已建成建筑物特征点）之间的距离、角度、高差等测设数据，然后以地面控制点为根据，将待建的建筑物、构筑物的特征点在实地标定出来，以便施工。建筑物或构筑物的测设也称之为放样，测设工作与测定工作目的不同，两者的工作顺序恰好相反。

第二节　施工测设的基本工作

不论测设对象是建筑物还是构筑物，测设的基本工作是测设已知的水平直线距离、水平角度和高程。

为了避免因建筑物众多而引起测设工作的紊乱，并能严格地保持所有建筑各部分之间的几何关系，测设的程序应遵循从整体到局部的原则。即首先测设建筑物的轴线，然后测设建筑物的细部。轴线的测设依据施工控制网进行，而细部测设则依据轴线进行。

根据测设的操作过程不同，测设方法可以分为两类：直接测设法和归化测设法。

直接测设法是根据已知点和测设点之间的几何关系在实地直接测设出点位置的一种方法。归化测设法则是先用直接测设法初步测设出点位，然后将此点作为过渡点，再用测量的方法测定过渡点与已知点之间的关系，计算出过渡点和设计点位的差值，最后在实地上根据该差值将过渡点改正到设计点的位置上。归化测设法的作业过程大致可分为初放、精测、计算、改点几个过程。当直接测设法不能满足测设的精度要求时，可以采用归化测设法，以提高测设的精度。

对于测图工作而言，测量的精度由测图的比例尺而定，比例尺越大，其精度就越高。但在测设工作中，测设的精度取决于下列因素：

① 设计中确定建筑物的方法。

② 建造建筑物所用的材料。

③ 建筑物之间有无连接设备。

④ 建筑物的用途。

⑤ 施工的方法和程序。

第三节　水平距离、水平角与高程的测设

距离和角度的测设是确定平面点位的基本放样元素，它们的不同组合就产生了不同的点位放样方法。在平面测设中，以确定水平直线距离、水平角为目的。高程的测设是利用水准测量的方法，根据已知水准点，将设计高程测设到现场作业面上。

一、水平距离的测设(放样)

水平距离是指地面上两点之间的水平长度。测设水平距离是从地面上某一已知起点开始，沿某一已知方向，根据设计长度用钢尺或激光测距仪等工具，将另一端点测设到地面上。

(一) 往返测设分中法

用这种方法测设水平距离时，先在已知起点上沿标定方向用钢尺等工具直接量取设计长度，并在地面上临时标出其端点，这一过程称为往测。然后，从终点向起点再量取其长度，称为返测。往测长度与返测长度之差称为较差。若往返测较差在设计精度范围以内，则可取平均值作为最或然值，最后将终点沿标定的方向移动较差的一半，并用标志固定下来，测设工作即告完成。

测设的水平距离一般是根据控制点和待定点的坐标反算得到，用钢尺放样时，应考虑钢尺的尺长改正。

采用这种方法测设水平距离既可提高测设精度，又可进行检核，防止出现差错。

若地面具有一定的坡度，则应特别注意将尺持平、拉直，标定点位一定要正确无误。若地面坡度比较均匀，则可用水准仪事先测定 A、B 之间的高差 h，借此可计算地面倾角 α 和倾斜距离 S。测设时，可以直接从 A 点沿倾斜地面量取倾斜距离 S，求出 B 点位置，并用临时标志标定下来。而后按上述方法进行返测、分中，确定 B 点的最终位置。

【例 11-1】 欲测设 AB 的水平距离 $D=20.000$ m，测得 A、B 两点高差 $h=+0.500$ m，测设时的温度 $t=+26$ ℃，所用钢尺的尺长方程式为 $l_t=30+0.004+1.25\times10^{-5}\times(t-20\ ℃)\times30$ m。测设时在地面上应量的长度 D' 为多少？

解： 首先按距离丈量中的方法求出三项改正。

尺长改正：

$$\Delta l_d = D\frac{l'-l_0}{l_0} = 20\times\frac{30.004-30.000}{30.000} = +0.0027\ (\text{m})$$

温度改正：

$$\Delta l_t = D\alpha(t-t_0) = 20.000\times1.25\times10^{-5}\times(26-20) = +0.0015\ (\text{m})$$

倾斜改正：

$$\Delta l_h = -\frac{h^2}{2D} = -\frac{0.500^2}{2\times20.000} = -0.0062\ (\text{m})$$

测设长度时，尺长、温度、倾斜改正数的符号与量距时相反，故测设的长度为：

$$D' = D-\Delta l_d-\Delta l_t-\Delta l_h = 20.000-(+0.0027)-(+0.0015)-(-0.0062) = 20.002\ (\text{m})$$

所以，从 A 点开始沿 AB 方向实量 20.002 m 得到 B 点，则 AB 的水平距离正好为 20.000 m。

（二）归化测设法

归化法是精密测设水平距离的方法之一。测设时，先确定欲测设距离的方向，并在该方向的起点上用钢尺量取设计长度，大致确定终点的位置，作为临时点标定在地面上。而后反复丈量多次，取其平均值作为 S' 的精确值(图 11-1)。

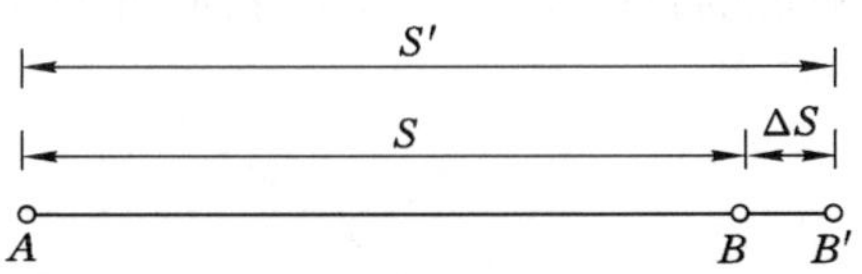

图 11-1　归化法测设水平距离

根据设计值 S 与实量值 S' 计算距离归化值：

$$\Delta S = S' - S \tag{11-1}$$

根据 ΔS 的大小和符号，将 B' 点移到 B 点上，并在实地进行标定。当 ΔS 为正值时，B' 点沿原方向退回至 B 点。在这种情况下，$B'B$ 的定向较为方便，因此在选择临时点 B 时，通常使 S' 略大于 S。

使用该法时必须使用经过检定的钢尺，设计长度中应减去尺长改正数、温度改正数和倾斜改正数。

（三）测距仪或电子速测仪测设水平距离

如图 11-2 所示，安置测距仪于 A 点，瞄准已知方向。沿此方向移动反光棱镜位置，使仪器显示值略大于测设的距离 D'，定出点 C'。在 C' 点安置反光棱镜，测出反光棱镜的竖直角 α 及斜距 S(加气象改正)。计算水平距 $D'=S\cos\alpha$，求出 D' 与应测设的水平距离 D 标定之差 $\Delta D=D'-D$。根据 ΔD 的符号在实地用小钢尺沿已知方向改正 C' 至 C 点，并用木桩标定其点位。为了检核，应将反光棱镜安置于 C 点再实测 AC 的距离，若不符合应再次进行改正，直到测设的距离符合限差为止。

如果用具有跟踪功能的测距仪或电子速测仪测设水平距离，则更为方便，它能自动进行气象改正及将倾斜距离归算成平距并直接显示。测设时，将仪器安置在 A 点，瞄准已知方向，测出气象要素、气温及气压，并输入仪器，此时按功能键盘上的测量水平距离和自动跟踪键(或钮)，一人手持反光棱镜杆(杆上圆水准气泡居中，以保持反光棱镜杆竖直)立在 C 点附近。只要观测者指挥手持棱镜者沿已知方向线前后移动棱镜，观测者即能在速测仪显示屏上测得瞬时水平距离。当显示值等于待测设的已知水平距离值时，即可定出 C 点。

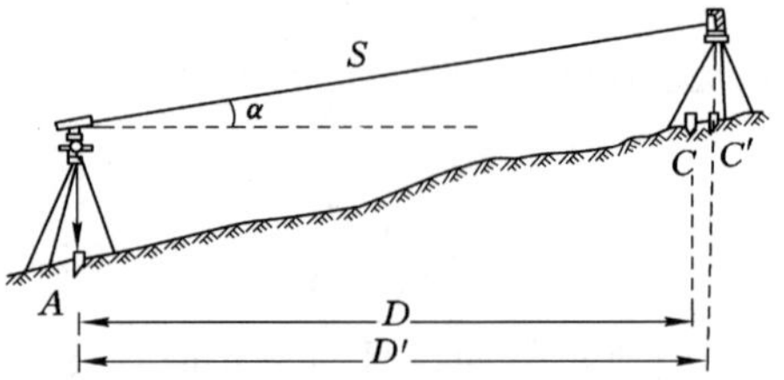

图 11-2　测设水平距离

二、水平角的测设(放样)

测设水平角通常是在某一控制点上，根据某一已知方向及水平角的设计值，用仪器找出另一个方向，并在地面上标定出来。欲测设的水平角一般可利用三个点的平面坐标反算两个坐标方位角，并根据坐标方位角计算欲测设的水平角。如图 11-3 中的 A 为已知点，AP 为已知方向，β 为待测设的水平角。测设的目的是确定 AB 方向，并将 B 点标定在地面上。

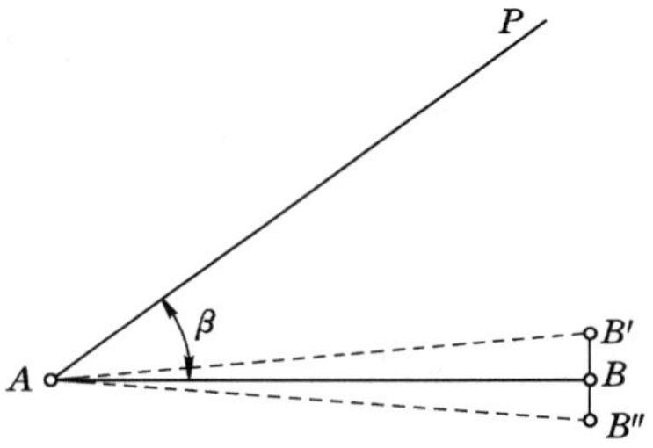

图 11-3　盘左盘右分中法测设水平角

水平角的测设通常采用盘左盘右分中法和归化测设法两种。

(一) 盘左盘右分中法

采用盘左盘右分中法时，先把经纬仪安置于 A 点上。如图 11-3 所示，用盘左瞄准 P 点并读数，接着将望远镜沿顺时针方向转过 β 角，视准线指向 AB' 方向，随即将 B' 点标定在地面上。而后用盘右重新瞄准 P 点，并用同样的方法将 B'' 点标定在地面上。最后取 B' 和 B'' 的中点作为 B 点的最终位置，此时 $\angle PAB$ 即为测设到地面上的 β 角。

采用这一方法测设水平角可以消除或减弱经纬仪的视准轴、水平轴和度盘偏心等仪器误差的影响。该法测设简单，速度快，但精度较低。

(二) 归化测设法

首先根据 β 角的设计值初步测设得 B' 点，用木桩临时将其标定在地面上。接着采用测回法精确测定 β' 角(图 11-4)，并量取 AB' 的水平距离 S，而后根据 β' 值与设计值 β 计算两者之差 $\Delta\beta=\beta-\beta'$，并计算 AB' 的垂距 $e=S\sin\Delta\beta$。

由于 $\Delta\beta$ 值通常很小，所以：

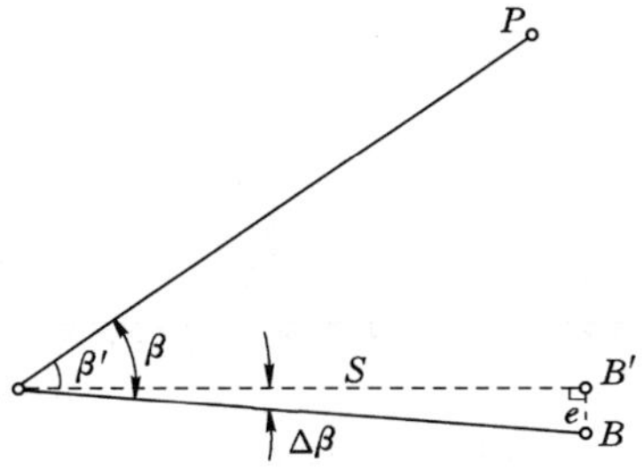

图 11-4　归化法测设水平角

$$e = \frac{S\Delta\beta}{\rho''} \tag{11-2}$$

式中，$\Delta\beta$ 称为角度归化值；e 称为线性归化值。

最后，沿 AB' 的垂线方向用钢尺精确量取水平距离 e，得 B 点，并用标志将它固定在地面上。此时 $\angle PAB$ 即为测设到地面上的 β 角。

归化测设法测设水平角的精度取决于 β' 角的测量精度和 e 的测设精度。

三、已知高程的测设（放样）

高程测设通常利用水准仪进行，有时也用经纬仪测设或卷尺直接丈量。

（一）高程测设的一般方法

测设所给定的设计高程是根据施工现场已有的水准点来引测的。它与水准测量的不同之处在于高程测设不是测定两固定点之间的高差，而是根据一个已知高程的水准点，测设所给定的点的设计高程。在建筑设计和施工的过程中，为了计算方便，一般把建筑物的室内地坪用 ±0.000 标高表示，基础、门窗等的标高都是以 ±0.000 为依据，相对于 ±0.000 进行测设。

【例 11-2】　假设在设计图纸上查得建筑物的室内地坪高程为 $H_i = 8.500$ m，而附近有一个水准点 A，其高程为 8.350 m，现要求把建筑物的室内地坪标高测设到木桩上。

解：　在木桩 B 和水准点 A 之间安置水准仪，先在水准点 A 上立尺，若尺上读数为 1.050 m，则视线高程：

$$H_A = 8.350 + 1.050 = 9.400\ (\text{m})$$

根据视线高程和室内地坪高程即可算出 B 点尺上的应有读数为：

$$b = H_A - H_i = 9.400 - 8.500 = 0.900\ (\text{m})$$

然后在 B 点立尺，使尺根紧贴木桩一侧上下移动，直至水准仪水平视线在尺上的读数为 0.900 m 时，紧靠尺底在木桩上划一道红线，此线就是室内地坪 ±0.000 标高的位置。

在某些工程中，例如在坑道掘进中，需要测设的高程常常设在洞顶。如图 11-5 所示，设 A 为已知高程的水准点，B 为待测设的高程点。在测设顶部的高程点时，应将水准尺倒立在 B 点上。故在 B 点应有前视读数为：

$$b = H_B - (H_A + a) \tag{11-3}$$

（二）高程传递测设法

当测设的高程点和水准点之间的高差很大时，可以用悬挂的钢尺来代替水准尺，以测设给

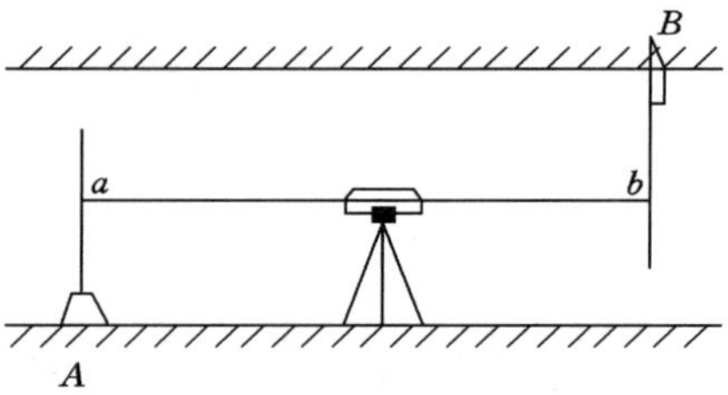

图 11-5　坑道测设高程

定的高程。当要测定楼层的标高或安装厂房内的吊车轨道时，只用水准尺已无法测定点位的高程，就必须采用高程传递法，即用钢尺将地面水准点的高程(或室内地坪±0.000)传到楼层地坪上或吊车梁上所设的临时水准点，然后再根据临时水准点测设所求各点的高程。

如图 11-6 所示是向楼层上进行高程传递的示意图。向楼层上传递高程可通过楼梯间，将检定过的钢尺悬吊在楼梯处，零点一端向下，挂以重锤，并放入油桶中。然后即可用水准仪逐层引测，楼层 B 点的标高为：

$$H_B = H_A + a - b + c - d \tag{11-4}$$

式中，a、b、c、d 分别为标尺读数；H_A 为楼底层±0.000 室内地坪高程。

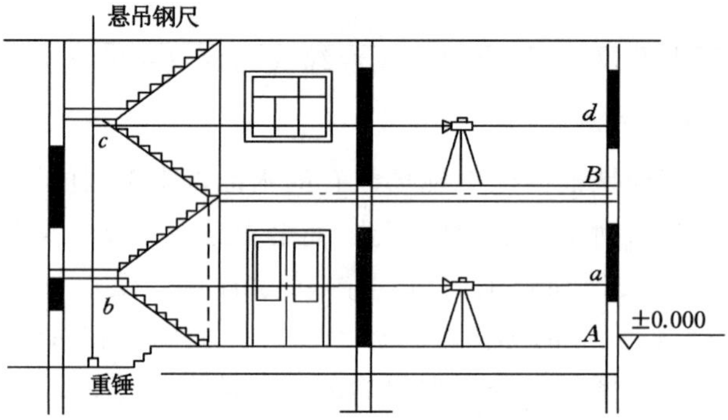

图 11-6　高程传递法测设示意图

为了检核，可采用改变悬吊钢尺位置后，再用上述方法进行读数，两次测得的高程较差不应超过 3 mm。

当利用地面水准点测设建筑物的基础、壕沟底部或高层建筑物上部的情况时，可以利用两台水准仪并借助一把钢尺，将已知点的高程向下或向上传递，然后按一般高程测设法进行测设。

如图 11-7 所示，若钢尺的零点在下端，则前视 B 尺应有的读数为：

$$b_2 = H_A + a_1 - (b_1 - a_2) - H_B \tag{11-5}$$

式中，$(b_1 - a_2)$ 为两水准仪的视线在钢尺上截得的长度。根据实际需要，应考虑是否做尺长、温度、拉力、垂曲和自重等项改正。

(三) 抄平测量

在施工测量中，往往遇到需要测设若干个高程相等的点的高程，俗称抄平测量。如整平场地、基础施工和结构安装等施工中，抄平测量是一项经常性的工作。

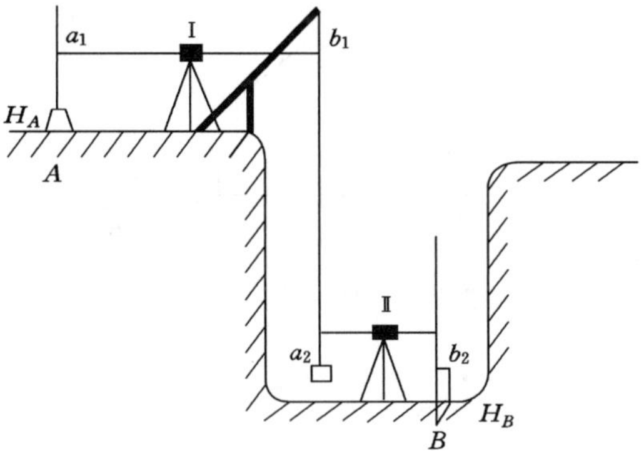

图 11-7　壕沟高程测设

对于一般的建筑场地，应在测设之前对起伏不平的自然地貌进行平整，高处挖去，低处填平，使之成为一定高程的平坦地面。平整场地应考虑挖、填土方量基本平衡的原则，也就是挖高填低，就地取土，进行平整。

平整建筑场地可能有两种情况：一是场地有大比例尺地形图资料，可根据地形图资料进行平整计算；另一种是场地没有大比例尺地形图，如果是这种情况就不能依据等高线确定建筑场地范围内各方格角点的高程，此时需进行水准测量解决方格角点的高程。

第四节　点的平面位置的测设

点的平面位置放样有多种方法，如直角坐标法、极坐标法、角度交会法、距离交会法等。目前，由于全站仪和 GNSS 的普遍应用，放样的方法也发生了较大的变化，在工程施工中，一般以全站仪坐标法放样和 GNSS RTK 放样为主。测设时可根据施工控制网的形式、控制点的分布、地形情况及现场条件等，合理选用适当的测设方法。

一、角度前方交会法

如图 11-8 所示，A、B 为已知点，其坐标为(x_A，y_A)、(y_B，y_B)。两个水平角 α、β 是观测值，则点 P 的平面坐标为：

$$\begin{cases} x_P = \dfrac{x_A \cot\beta + x_B \cot\alpha + (y_B - y_A)}{\cot\alpha + \cot\beta} \\ x_P = \dfrac{y_A \cot\beta + y_B \cot\alpha + (x_B - x_A)}{\cot\alpha + \cot\beta} \end{cases} \tag{11-6}$$

上式也称为戎格公式。角度前方交会法定点有双解，实际工作中可根据 A、B、P 逆时针编号法解决该问题。

用测角前方交会测设点位的中误差可按下式计算：

$$m_P = \frac{m_\beta}{\rho}\sqrt{\frac{a^2 + b^2}{\sin^2\gamma}} \tag{11-7}$$

式中　m_P——测角中误差；

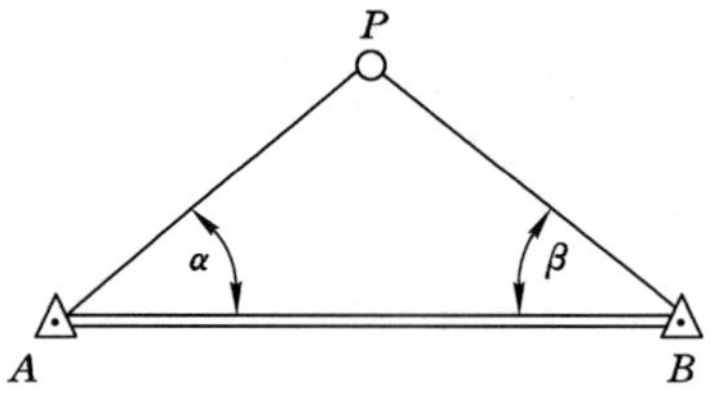

图 11-8　前方交会法定点

γ——交会角；

a、b——交会边长。

为提高测量精度和成果的可靠性，前方交会一般应在三个方向上进行。控制点的选取应以交会角的大小而定，一般交会角应以接近 90°为宜。三方向交会时，其定位误差可简单地用两方向交会的$\frac{1}{\sqrt{2}}$代替。

二、距离交会法

距离交会法是测设两段已知距离交会出点的平面位置的方法。在建筑场地平坦、量距方便且控制点离待定点又不超过一个尺段长度时，采用此法较为适宜。

如图 11-9 所示，A、B 为已知点，其坐标为(x_A, y_A)、(x_B, y_B)。水平距离 a、b 是观测值，根据 a、b 可求出点 P 的平面坐标。

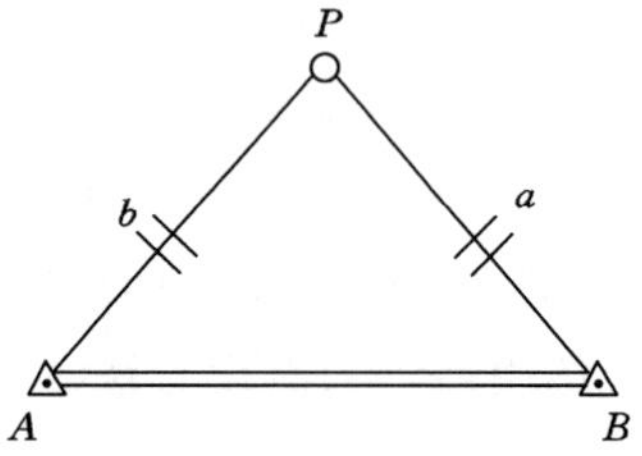

图 11-9　距离交会法定点

根据 a、b 和已知点 A 与 B 之间的距离 S_{AB} 可由余弦公式计算出：

$$\angle PAB = \arccos \frac{b^2 + S_{AB}^2 - a^2}{2bS_{AB}}$$

因此得：

$$\alpha_{AP} = \alpha_{AB} - \angle PAB$$

故有：

$$\begin{cases} x_P = x_A + b\cos \alpha_{AP} \\ y_P = y_A + b\sin \alpha_{AP} \end{cases} \tag{11-8}$$

距离交会法定点同样有双解问题，在实践中可仿照前方交会的方法解决。

距离交会法测设点位的中误差计算公式如下：

$$m_P = \frac{1}{\sin \gamma} \sqrt{m_a^2 - m_b^2} \tag{11-9}$$

式中　m_a，m_b——量距长度 a 和 b 的中误差；

γ——交会角。

由上式可知，γ 角等于 90°时，m_P 值最小；m_a 和 m_b 越小，m_P 值也越小。因此，在使用该法时应注意下列几点：

① γ 角通常应保持在 60°～120°之间。

② 测距要仔细，以减小测边中误差 m_a 和 m_b。

③ 交会边长度 a 和 b 应尽量相等。

三、角度后方交会法

如图 11-10 所示，A、B、C 为已知点，其坐标为(x_A, y_A)、(x_B, y_B)、(x_C, y_C)。在待定点 P 上对已知点 A、B、C 分别观测了两个水平角 α、β。由此可计算出点 P 的平面坐标如下：

$$\begin{cases} x_P = x_B + k \cdot \Delta x_{BP} \\ y_P = y_B + k \cdot \Delta x_{BP} \end{cases} \tag{11-10}$$

式中：

$$\begin{cases} k = \dfrac{a+c}{b+d} \\ a = (x_A - x_B) + (y_A - y_B)\cot\alpha \\ b = (y_A - y_B) + (x_A - x_B)\cot\alpha \\ c = (x_C - x_B) + (y_C - y_B)\cot\beta \\ d = (y_C - y_B) + (x_C - x_B)\cot\beta \\ \Delta x_{BP} = \dfrac{a - bk}{1 + k^2} \end{cases} \tag{10-11}$$

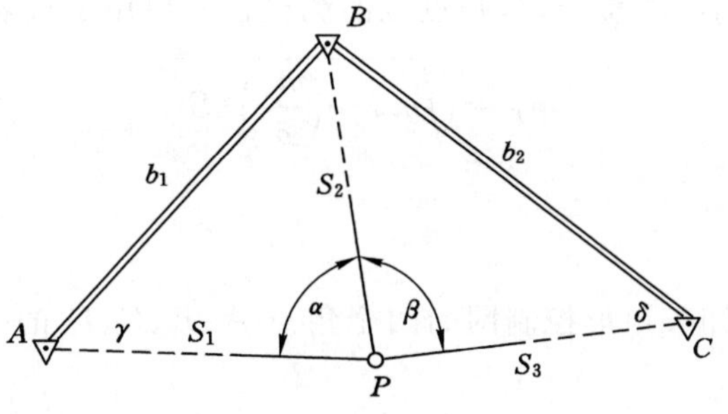

图 11-10　后方交会法定点

在实际测量过程中，还应注意已知点和待定点不能在同一个圆周上（危险圆），应至少离开危险圆周半径的 20%。

后方交会定点的精度可用下式计算：

$$m_P = \frac{S_2 \cdot m}{\rho \sin(\gamma + \delta)}\left[\left(\frac{S_1}{b_1}\right)^2 + \left(\frac{S_3}{b_2}\right)^2\right] \tag{11-12}$$

四、极坐标法

如图 11-11 所示，A、B 为已知点，其坐标为(x_A, y_A)、(x_B, y_B)，设计点 P 的坐标为(x_P, y_P)。测设 P 点位置的具体步骤如下：

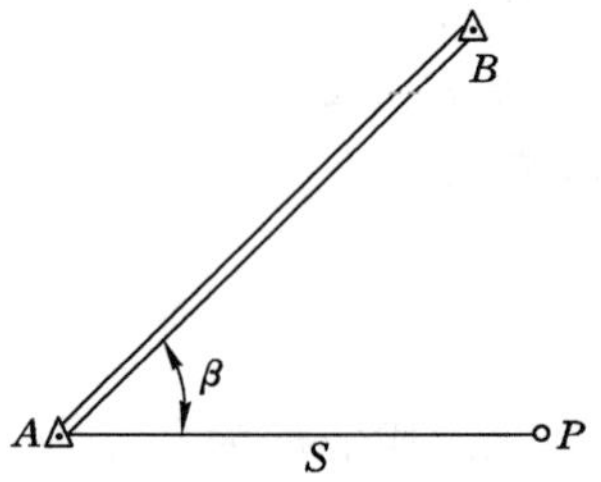

图 11-11　极坐标法放样

① 计算测设数据 S 与 β。根据坐标反算公式得：

$$\begin{cases} \alpha_{AB} = \arctan \dfrac{y_B - y_A}{x_B - x_A} \\ \alpha_{AP} = \arctan \dfrac{y_P - y_A}{x_P - x_A} \\ \beta = \alpha_{AP} - \alpha_{AB} \\ S = \dfrac{y_P - y_A}{\sin \alpha_{AP}} = \dfrac{x_P - x_A}{\cos \alpha_{AP}} \end{cases} \tag{11-13}$$

② 将经纬仪安置在 A 点，对中、整平后照准 B 点，测设角度 β，得 AP 方向。

③ 沿 AP 方向测设长度 S，即得 P 点位置。

若仅考虑角度和距离的测量误差，则点位的测设误差可用下式表示：

$$m_P = \sqrt{m_S^2 + \left(\frac{m_\beta}{\rho}\right)^2 S^2} \tag{11-14}$$

五、直角坐标法

如图 11-12 所示，已知某矩形控制网的四个角点 A、B、C、D 的坐标。现需测设建筑物角点 1，其步骤如下：

① 计算测设数据，1 点离 B 点较近，从 B 点测设 1 点较方便，计算 B 点与 1 点的坐标差为：

$$\begin{cases} \Delta x_{B1} = x_1 - x_B \\ \Delta y_{B1} = y_1 - y_B \end{cases} \tag{11-15}$$

② 在 B 点安置经纬仪，对中、整平后照准 C 点，在 BC 方向上测设长度 Δy_{B1}，得 E 点。

③ 将经纬仪移至 E 点，对中、整平后照准 C 点，测设角度 90°，得到 $E1$ 方向，在此方向上测设长度 Δx_{B1}，即得 1 点。

用同样的方法可以测设出建筑物各角点 2、3、4。最后检查四个角是否等于 90°，各边边长是否等于设计边长，误差在允许范围内即可。

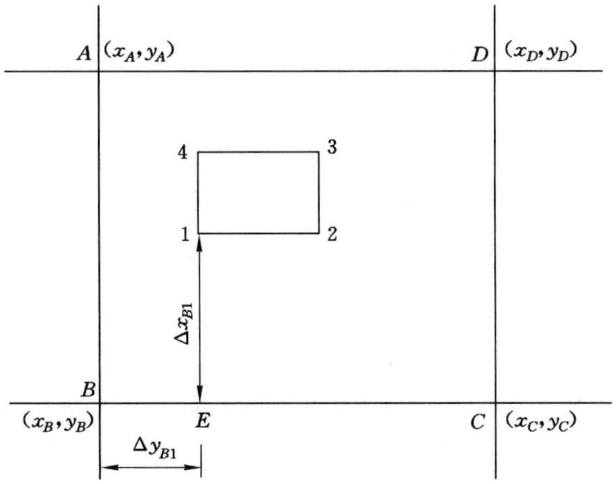

图 11-12　直角坐标法测设点

直角坐标法测设点位的精度取决于测设距离 Δx 和 Δy 的误差 $m_{\Delta x}$、$m_{\Delta y}$，在 E 点测设直角误差 m_β，在 B 点和 E 点进行对中、照准以及标定 E 点和 1 点的误差，则总误差为：

$$m_P = \sqrt{m_{\Delta x}^2 + m_{\Delta y}^2 + \left(\Delta x \frac{m_\beta}{\rho}\right) + 2(m_{中}^2 + m_{偏}^2 + m_{标}^2)} \tag{11-16}$$

六、全站仪坐标放样法

全站仪坐标放样法充分利用了全站仪测角、测距和计算一体化的特点，只需知道待放样点的坐标，不需事先计算放样要素，就可在现场放样，而且操作十分方便。目前全站仪的使用已十分普及，该方法已成为目前施工放样的主要方法。

全站仪架设在已知点上，只要输入测站点、后视点以及待放样点的三点坐标，瞄准后视点定向，按下反算方位角键，则仪器自动将测站与后视的方位角设置在该方向上。然后按下放样键，仪器自动在屏幕上用左右箭头提示应该将仪器照准部往左或右旋转，这样就可使仪器到达设计的方向线上。通过测设距离，仪器自动提示棱镜前后移动，直到放样出设计的距离，这样就能方便地完成点位的放样。

若需要放样下一个点位，只要重新输入或调用待放样点的坐标即可，按下放样键后，仪器会自动提示旋转的角度和移动的距离。

用全站仪放样点位，可事先输入气象要素（即现场的温度和气压），仪器会自动进行气象改正。因此，用全站仪放样点位既能保证精度，同时操作十分方便，无须做任何手工计算。

如图 11-13 所示，O 为测站点，P 为放样点，S 为斜距，Z 为天顶距，α 为水平方向值（即方位角），则 P 点相对测站点的三维坐标为：

$$\begin{cases} X = S\sin Z\cos\alpha \\ Y = S\sin Z\sin\alpha \\ H = S\cos Z \end{cases} \tag{11-17}$$

上述计算结果立即显示在全站仪的显示屏上，并可记录在袖珍计算机中。计算工作由仪器的计算程序自动完成，减少了人工计算出错的机会，同时提高了速度。

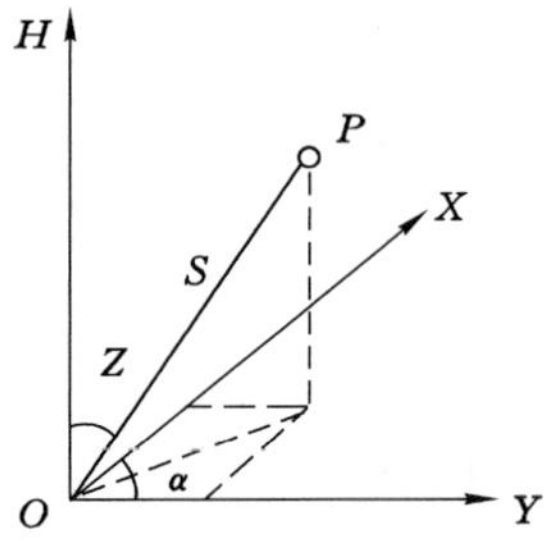

图 11-13　坐标测量原理

按照测量误差理论，从上述计算式可求得三维坐标法放样点的精度为：

$$\begin{cases}m_X^2=m_S^2\sin^2 Z\cos^2\alpha+S^2\cos^2 Z\cos^2\alpha\cdot m_Z^2/\rho^2+S^2\sin^2 Z\sin^2\alpha\cdot m_\alpha^2/\rho^2\\m_Y^2=m_S^2\sin^2 Z\sin^2\alpha+S^2\cos^2 Z\sin^2\alpha\cdot m_Z^2/\rho^2+S^2\sin^2 Z\cos^2\alpha\cdot m_\alpha^2/\rho^2\\m_H^2=m_S^2\cos^2 Z+S^2\sin^2 Z\cdot m_Z^2/\rho^2\end{cases}\tag{11-18}$$

式中，$\rho=206\ 265$。

七、自由设站放样法

自由设站法是在待定控制点上设站，向多个已知控制点观测方向和距离，并按间接平差方法计算待定点坐标的一种控制测量方法。间接平差以待定点的坐标平差值作为未知参数，根据方向观测值和边长观测值建立方向误差方程式与边长误差方程式，然后按最小二乘原理计算待定点的坐标。在施工测量中，当对待定点精度要求不高时，也可以采用近似平差的方法求得待定点坐标。

根据已知的两个控制点，解算一个中间加密点坐标，是自由设站法最典型的解算条件。实际工作中，可以观测多个已知点，观测量可以是角度、距离，也可以同时观测角度和距离。如果测量中仅仅在待定点 P 上安置仪器，观测 P 点到各已知点 A、B、C…之间的夹角，通过公式可计算出 P 点平面坐标的方法称为后方交会自由设站(图 11-14)。传统的交会法主要有测角前方交会、侧方交会、后方交会，自测距仪问世以来，又增加了边角交会。随着全站仪在测量中的广泛应用，边角交会也得到了更大的发展。自由设站法即在合适的位置架设仪器，通过与已知点的联测，得到设站点的坐标，当得到设站点坐标以后，就可将此作为已知点，以此来放样建筑物的细部点。

自由设站的基本原理如图 11-14 所示，图中 XOY 为施工坐标系，A 为已知控制点，P 为自由设站的测站点(即待定点)；$X'PY'$是以 P 为原点，以仪器度盘零方向为 X'轴的局部坐标系，α_0 为 X 与 X'方向的夹角。当在 P 点上观测到 A 点的水平距离 S_A 和水平方向 α_A 之后，即可得出 A 点在 $X'PY'$坐标系中的局部坐标(X'_A，Y'_A)为：

$$\begin{cases}X'_A=S_A\cos\alpha_A\\Y'_A=S_A\sin\alpha_A\end{cases}\tag{11-19}$$

由式(11-19)计算得到的是局部坐标系$X'PY'$下的 A 点的坐标，需要转换到施工坐标系 XOY 下，利用坐标转换原理得：

$$\begin{cases}X_A=X_P+K\cos\alpha_0X'_A-K\sin\alpha_0Y'_A\\Y_A=Y_P+K\sin\alpha_0X'_A+K\cos\alpha_0Y'_A\end{cases}\tag{11-20}$$

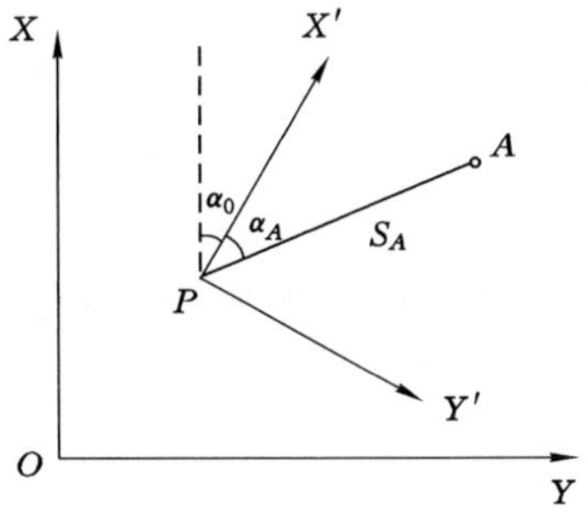

图 11-14　自由设站法基本原理

其中，(X_A, Y_A)为控制点 A 在 XOY 坐标系中的坐标，(X_P, Y_P)为测站点 P 在 XOY 坐标系中的待求坐标；α_0 为水平度盘零方向的坐标方位角；K 是比例误差系数。

令 $c = K\cos\alpha_0$，$d = K\sin\alpha_0$，代入式(11-20)得：

$$\begin{cases} X_A = X_P + cX'_A - dY'_A \\ Y_A = Y_P + dX'_A + cY'_A \end{cases} \tag{11-21}$$

式(11-21)中，X_A，Y_A，X'_A，Y'_A 均为已知，而 X_P，Y_P，c，d 均为未知数，为了求出上述四个未知数，必须有两组上述方程组，即必须观测 P 点到两个控制点的距离和方向，再通过自由设站点计算 P 点的坐标。

边角同时观测条件下的自由设站法至少要观测两个已知控制点，为提高测站点的精度，观测的控制点个数应多于两个。现假设观测了 n 个控制点，此时存在多余观测，这时可按间接平差原理，在$\boldsymbol{V}^T\boldsymbol{PV}=\min$ 的条件下，解出 X_P，Y_P，c，d，即：

$$\begin{cases} c = \dfrac{[YY'] + [XX'] - \dfrac{1}{n}([X'][X'] + [Y'][Y'])}{[X'X'][Y'Y'] - \dfrac{1}{n}([X'][X'] + [Y'][Y'])} \\ d = \dfrac{[XY'] - [Y'X'] - \dfrac{1}{n}([X'][Y] - [Y'][X])}{[X'X'][Y'Y'] - \dfrac{1}{n}([X'][X'] - [Y'][Y'])} \\ X_P = \dfrac{[X]}{n} - c \cdot \dfrac{[X']}{n} + d \cdot \dfrac{[Y']}{n} \\ Y_P = \dfrac{[Y]}{n} - c \cdot \dfrac{[Y']}{n} - d \cdot \dfrac{[X']}{n} \end{cases} \tag{11-22}$$

目前，由于测距的精度高且方便快捷，在自由设站法中大多采用测距的方式来测定设站点(即利用边长交会的方式来测定)。当精度要求较高时，也可采用边、角同测的方法来定点。为了保证测量成果的可靠性，自由设站法应有一定的多余观测，通常采用联测多点的方式进行。

自由设站法的数据处理可用常规的控制网平差软件进行，也可根据需要编制特定的计算程序进行。在采用自由设站法时，应根据工程实际情况进行精度估算，以使放样结果达到设计要求。

自由设站法有如下特点：

① 不必在已知点上设站便可建立控制点。常规方法是在已知点上设站，用交会法等测定未知点的坐标，然后在新点上进行下一步工作。而自由设站法只需要在待定点上架设仪器，通过观测角度或边长便可得到测站点的坐标，并可立即进行下一步的测量工作，因而工作量小、速度快。

② 方便、灵活、安全。当原有控制点点位不理想或不安全时，自由设站法可在任意点设站安置仪器，使测量人员可以选择最佳位置进行施工放样，通视条件得到改善，外界影响减少，工作效率得到明显的提高。

③ 提高了测量精度。自由设站法在地面不设点位标志，不需要对中，去掉了测量加密控制点的一些中间步骤，减少了误差的传递与累积，提高了测量点的精度。

八、GNSS RTK 放样法

GNSS RTK 需要一台基准站接收机和一台或多台流动站接收机，以及用于数据传输的电台。RTK 定位技术是将基准站的相位观测数据及坐标信息通过数据链方式及时传送给动态用户，动态用户将收到的数据链连同自采集的相位观测数据进行实时差分处理，从而获得动态用户的实时三维位置。动态用户再将实时位置与设计值相比较，进而指导放样。

GNSS RTK 的作业方法和作业流程为：

(1) 收集测区的控制点资料

任何测量工程进入测区，首先要收集测区的控制点坐标资料，包括控制点的坐标、等级、中央子午线、坐标系等。

(2) 求定测区转换参数

GNSS RTK 测量是在 WGS84 坐标系中进行的，而各种工程测量和定位是在当地坐标或我国的 1954 北京坐标系上进行，这两个坐标系统之间存在坐标转换的问题。WGS84 坐标系转 1954 北京系是把从 GNSS 中接收的大地坐标 B、L、H（其中 B 为纬度，L 为经度，H 为高程），利用 WGS84 坐标系的椭球参数转换为 1954 北京坐标系下的地心直角坐标（空间坐标）。

GNSS 静态测量中，坐标转换是在事后处理，而 GNSS RTK 是实时测量，要求立即给出当地的坐标，因此坐标转换工作更显重要。

(3) 工程项目参数设置

根据 GNSS 实时动态差分软件的要求，应输入的参数有：当地坐标系的椭球参数、中央子午线、测区西南角和东北角的大致经纬度、测区坐标系间的转换参数以及放样点的设计坐标。

(4) 野外作业

将基准站 GNSS 接收机安置在参考点上，打开接收机，除了将设置的参数输入 GNSS 接收机外，还要输入参考点的当地施工坐标和天线高，基准站 GNSS 接收机通过转换参数将参考点的当地坐标化为 WGS84 坐标，同时连续接收所有可视 GNSS 卫星信号，并通过数据发射电台将其测站坐标、观测值、卫星跟踪状态及接收机工作状态发送给流动站。流动站接收机在跟踪 GNSS 卫星信号的同时，接收来自基准站的数据，进行处理后获得流动站的三维 WGS84 坐标，再通过与基准站相同的坐标转换参数将 WGS84 坐标转换为当地坐标，并在流动站的手控器上实时显示。接收机可将实时位置与设计值相比较，以达到准确放样的目的。

第五节　已知坡度直线的测设

测设指定的坡度线，在道路建筑、铺设上下水管道及排水沟等工程上应用较广泛。测设已知的坡度线时，如果坡度较小，一般用水准仪来测设，而坡度较大，宜采用经纬仪进行测设，经纬仪和水准仪测设原理相同。如图 11-15(a)所示，设地面上 A 点高程是 H_A，现要从 A 点沿 AB 方向测设出一条坡度 i 为－10‰的直线。先根据已定坡度和 AB 两点间的水平距离 D 计算出 B 点的高程：

$$H_B = H_A - iD \tag{11-23}$$

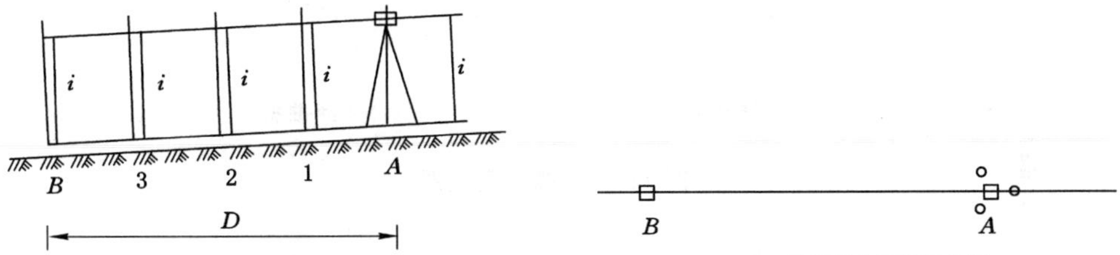

(a) 测设坡度　　(b) 放置经仪脚螺旋位置

图 11-15　坡度测设法

再用本章所述测设已知高程的方法，把 B 点的高程测设出来。在坡度线中间的各点即可用经纬仪的倾斜视线进行标定，若坡度不大也可用水准仪进行标定。用经纬仪测设时，在 A 点安置仪器，使一个脚螺旋在 AB 方向线上，而另两个脚螺旋的连线垂直于 AB 线[图 11-15(b)]；量取仪器高，用望远镜瞄准 B 点上的水准尺，旋转 AB 方向上的脚螺旋使视线倾斜，水准尺上读数为仪器高 i 值，此时仪器的视线即平行于设计的坡度线。在中间点 1、2、3 处打木桩，然后在桩顶上立水准尺，使其读数皆等于仪器高 i，这样各桩顶的连线就是测设在地面上的坡度线。

如果条件允许，采用激光经纬仪及激光水准仪代替经纬仪及水准仪，则测设坡度线的中间点更为方便，因为在中间尺上可根据光斑在尺上的位置，调整尺子的高低。

第六节　曲线的测设

无论是铁路、公路，还是地铁隧道和轻轨，由于受到地形、地物、地质及其他因素的限制，经常要改变前进的方向。当线路方向改变时，在转向处需用曲线将两直线连接起来。因此，线路工程总是由直线和曲线所组成的，如图 11-16 所示。曲线按其形式可分为圆曲线、缓和曲线、复曲线和竖曲线等。

圆曲线又分单曲线和复曲线两种。具有单一半径的曲线称为单曲线，具有两个或两个以上不同半径的曲线称为复曲线，如图 11-16(b)所示。

一般情况下，为了保证车辆运行的安全与平顺，都要在直线与圆曲线之间设置缓和曲线。缓和曲线的曲率半径是从无穷大逐渐变到圆曲线半径 R 的变量。在与直线连接处半径为 0，与圆曲线连接处半径为 R。

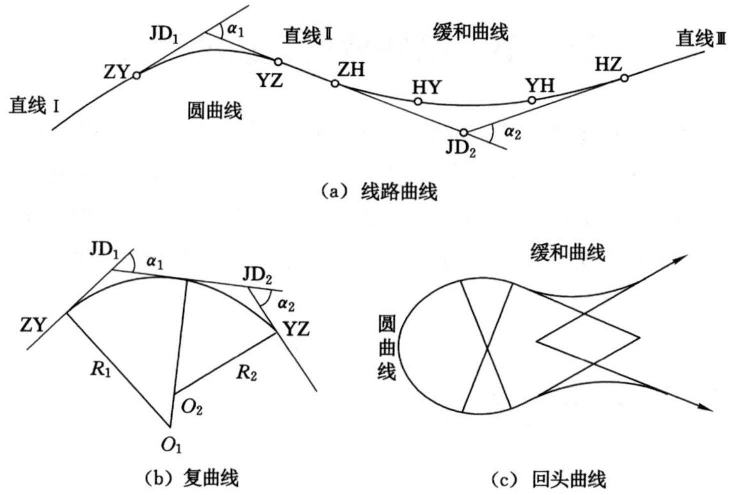

图 11-16　线路曲线图

由于线路要克服各种地形障碍,为满足行车要求,有时线路一次改变方向 180°以上,这种曲线叫作回头曲线,如图 11-16(c)所示。当相邻两直线段存在不同坡度时,也必须有曲线连接,这种连接不同坡度的曲线称为竖曲线。

一、单圆曲线的测设

单圆曲线是最简单的一种曲线,其要素计算和测设都比较容易。如图 11-17 所示,已知圆曲线的半径为 R(由设计给出),转向角为 α(现场测出),则圆曲线要素的计算公式为:

$$\begin{cases} T = R\tan\dfrac{\alpha}{2} \\ L = R\alpha\dfrac{\pi}{180} \\ E = R\left(\sec\dfrac{\alpha}{2} - 1\right) \\ q = 2T - L \end{cases} \tag{11-24}$$

式中　T——圆曲线切线长;

L——曲线长;

E——曲线外矢距;

q——切曲差。

测设圆曲线主点时,将经纬仪或全站仪安置在交点 JD 处,从交点 JD 沿两切线方向分别测设切线长 T,可定出 ZY 和 YZ 点,沿转向角 α 的内角平分线方向测设外矢距 E,定出 QZ 点。

二、带有缓和曲线的测设

图 11-18 是带有缓和曲线的曲线,设圆曲线的半径为 R,两端缓和曲线长为 l_0,曲线转向角为 α,则可按下式计算曲线综合要素:

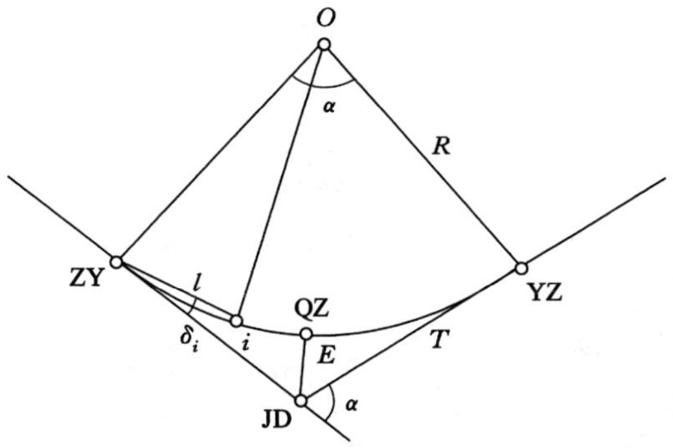

图 11-17　偏角法测设圆曲线

$$
\begin{cases}
T=(R+P)\tan\dfrac{\alpha}{2}+m \\
L=\dfrac{\pi R}{180}(\alpha-2\beta_0)+2l_0 \\
E=(R+P)\sec\dfrac{\alpha}{2}-R
\end{cases}
\tag{11-25}
$$

式中　m——切垂距；

P——圆曲线内移值；

β_0——缓和曲线的切线角。

m、P、β_0 的计算公式如下：

$$
\begin{cases}
m=\dfrac{l_0}{2}-\dfrac{l_0^3}{240R^2} \\
P=\dfrac{l_0^2}{24R} \\
\beta_0=\dfrac{l_0}{2R}\cdot\dfrac{180^\circ}{\pi}
\end{cases}
\tag{11-26}
$$

曲线综合要素可根据不同的 R、l_0、α 编制的“曲线综合要素表”直接查用或利用程序进行计算。有了曲线主点测设资料 T、L、E，与单圆曲线主点测设一样，可定出 ZH、HZ 和 QZ 各点。至于 HY 和 YH 两主点，可采用以下偏角法测设。

如图 11-18 所示，以 ZH 点为起点，距起点为 l 的缓和曲线上一点 i，其偏角 δ_i 为：

$$
\delta_i=\frac{l^2}{6Rl_0}\cdot\frac{180}{\pi}
\tag{11-27}
$$

缓和曲线的详细测设数据可根据编制的“缓和曲线偏角表”直接查用或利用程序进行计算。有了各点的偏角，即可详细测设缓和曲线；圆曲线部分的详细测设同单圆曲线。

三、任意设站极坐标法测设综合曲线

随着短程光电测距仪和全站仪在道路勘测中应用越来越普及，利用极坐标法测设曲线将越加重要。这种测设曲线的方法，其优点是测量误差不累计，测设的点位精度高，尤其是测站设置在中线外任意一点上测设曲线，将给现场的测设工作带来很大方便。

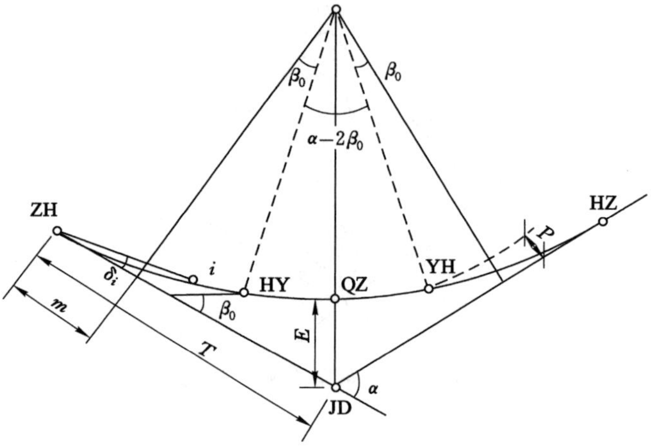

图 11-18　偏角法测设缓和曲线

极坐标法测设曲线主要是曲线测设资料的计算问题。该方法的计算原理及思路是把由直线段、圆曲线段、缓和曲线段组合而成的综合曲线归算到统一的导线测量坐标系统中,这样就便于计算放样要素了。

如图 11-19 所示,α 为线路的转向角。以 ZH 为坐标原点建立切线支距坐标系。在导线测量坐标系中,ZH 至 JD 的方位角 A_0 可由该两点的导线测量坐标反算得到。

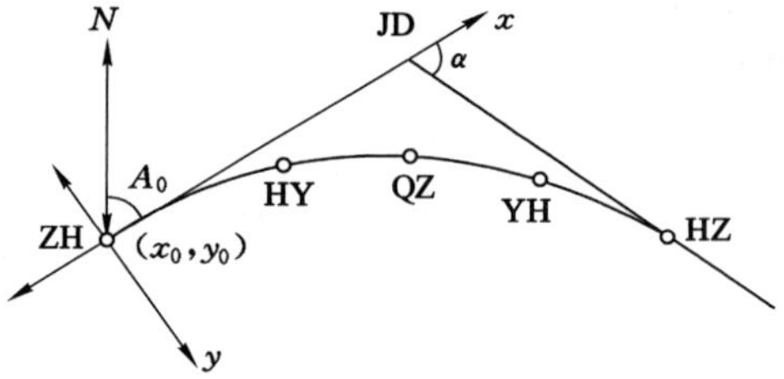

图 11-19　任意设站极坐标测设综合曲线

当设计给定曲线交点 JD 的坐标(x_{JD},y_{JD}),ZH 与 JD 连线的方位角 A_0 及 ZH 点的里程 L_0 和曲线单元的左右偏情况(用 cc 表示,$cc=-1$ 表示左偏;$cc=+1$ 表示右偏),那么只要输入曲线上该点的里程 L_P 就可以求出曲线单元上该点的设计坐标。有了统一的坐标,即可求出仪器架设在导线点或其他任意支点上测设曲线的放样要素了。

设圆曲线的半径为 R,两端缓和曲线长为 l_0,曲线转向角为 α,即可计算切线长 T、曲线长 L、外矢距 E_0 和切曲差 q 等要素。计算公式如下:

$$\begin{cases} T=\dfrac{l_0}{2}-\dfrac{l_0^3}{240R^2}+\left(R+\dfrac{l_0^2}{24R}\right)\tan\dfrac{\alpha}{2} \\ L=\dfrac{R\alpha\pi}{180}+l_0 \\ E_0=\left(R+\dfrac{l_0^2}{24R}\right)\sec\dfrac{\alpha}{2}-R \\ q=2T-L \end{cases} \tag{11-28}$$

若 i 在 ZH～HY 段时，按切线支距法求出 i 点在 ZH 点切线坐标系中的坐标(x_i，y_i)及 i 点切线的倾角 β。设 $l_i = L_i - L_0$，则：

$$\begin{cases} x_i = l_i - \dfrac{l_i^5}{40R^2 l_0^2} \\ y_i = \dfrac{l_i^3}{6Rl_0} \\ \beta = \dfrac{l_i^2}{2Rl_0} \cdot \dfrac{180}{\pi} \end{cases} \tag{11-29}$$

式中　l_i——自 ZH 点起的曲线长；

l_0——缓和曲线长；

L_i，L_0——i 点和 ZH 点的里程；

R——圆曲线半径。

然后通过坐标旋转公式，求得 i 点在路线导线测量坐标系中的坐标(X_i，Y_i)和该点切线的方位角 A_i，计算公式如下：

$$\begin{cases} X_i = X_0 + x_i \cos A_0 - cc \cdot y_i \sin A_0 \\ Y_i = Y_0 + x_i \sin A_0 + cc \cdot y_i \cos A_0 \\ A_i = A_0 + cc \cdot \beta \end{cases} \tag{11-30}$$

式中，$A_0 = \alpha_{ZH\text{-}JD}$；$X_0 = X_{JD} + T\cos(A_0 + 180°)$；$Y_0 = Y_{JD} + T\sin(A_0 + 180°)$。

若 i 在 HY～YH 段时，按切线支距法求出 i 点在 ZH 点切线坐标系中的坐标(x_i，y_i)及 i 点切线的倾角 β。设 $l_i = L_i - L_0$，则：

$$\begin{cases} x_i = l_i - \dfrac{(l_i - 0.5l_0)^3}{6R^2} - \dfrac{l_0^3}{240R^2} \\ y_i = \dfrac{(l_i - 0.5l_0)^2}{2R} - \dfrac{(l_i - 0.5l_0)^4}{24R^3} + \dfrac{l_0^2}{24R} \\ \beta = \dfrac{(l_i - 0.5l_0)}{R} \times \dfrac{180°}{\pi} \end{cases} \tag{11-31}$$

然后按照式(11-30)计算 i 点在路线导线测量坐标系中的坐标(X_i，Y_i)和该点切线的方位角 A_i。计算出综合曲线上点的坐标，就可以在实地根据极坐标或直角坐标法放样出其在导线测量坐标系中的位置。

参 考 文 献

程效军，鲍峰，顾孝烈．测量学[M]．5 版．上海：同济大学出版社，2016．

董大南，陈俊平，王解先．GNSS 高精度定位原理[M]．北京：科学出版社，2018．

高井祥，肖本林，付培义，等．数字测图原理与方法[M]．3 版．徐州：中国矿业大学出版社，2015．

高井祥．测量学[M]．5 版．徐州：中国矿业大学出版社，2016．

过静珺．土木工程测量[M]．2 版．武汉：武汉理工大学出版社，2003．

花向红，王新洲，吴凤华，等．用全站仪对建筑物水平位移及倾斜进行监测研究[J]．测绘信息与工程，2003(6)：9-11．

华锡生，田林亚．测量学[M]．南京：河海大学出版社，2001．

姜卫平．GNSS 基准站网数据处理方法与应用[M]．武汉：武汉大学出版社，2017．

李德仁，龚健雅，朱欣焰，等．我国地球空间数据框架的设计思想与技术路线[J]．武汉测绘科技大学学报，1998(4)：297-303．

李德仁，关泽群．空间信息系统的集成与实现[M]．武汉：武汉测绘科技大学出版社，2000．

李德仁，李清泉．论地球空间信息科学的形成[J]．地球科学进展，1998，13(4)：319-326．

李德仁，刘良明，胡晓沁．1996—2000 年中国摄影测量与遥感进展[J]．遥感信息，2000，15(4)：2-6．

李德仁，朱欣焰，龚健雅．从数字地图到空间信息网格：空间信息多级网格理论思考[J]．武汉大学学报(信息科学版)，2003，28(6)：642-650．

李德仁．对地观测新技术与社会可持续发展[C]//中科院百名院士报告会文集．北京：科学出版社，1997．

李德仁．利用遥感影像进行变化检测[J]．武汉大学学报(信息科学版)，2003，28(S1)：7-12．

李德仁．论 21 世纪遥感与 GIS 的发展[J]．武汉大学学报(信息科学版)，2003，28(2)：127-131．

李德仁．论 Geomatics 的中译名[J]．测绘学报，1998，27(5)：95-98．

李德仁．信息高速公路、空间数据基础设施与数字地球[J]．测绘学报，1999，28(1)：1-5．

李德仁．抓好地球空间信息的数据源：大力发展我国的高分辨率卫星对地观测事业[J]．地理空间信息，2004，2(1)：1-2．

廖克．现代地图学的最新进展与新世纪的展望[J]．测绘科学，2004，29(1)：5-9．

吕刚．大坝安全监测技术及自动化监测仪器、系统的发展[J]．大坝观测与土工测试，2001(3)：1-4．

马下平，鲁尚强，李秦政，等．北斗卫星导航系统的空间信号精度评估[J]．测绘科学，2019，

44(1):90-97.

马下平,赵立都. 陆态网络 GNSS 基准站地壳运动速度场分析[J]. 测绘科学,2018,43(8):1-6.

宁津生,陈俊勇,李德仁,等. 测绘学概论[M]. 武汉:武汉大学出版社,2004.

宁津生,李德仁,祝国瑞,等. 中国测绘学科 2001 年进展综述[J]. 测绘科学,2002,27(4):7-12.

宁津生. 测绘学概论[M]. 3 版. 武汉:武汉大学出版社,2016.

潘正风,杨正尧. 数字测图原理与方法[M]. 武汉:武汉大学出版社,2002.

武汉测绘科技大学《测量学》编写组. 测量学[M]. 3 版. 北京:测绘出版社,2000.

岳建平,陈伟清. 土木工程测量:精编本[M]. 2 版. 武汉:武汉理工大学出版社,2010.

张加颖,麻凤海,徐佳. 基于 TCA2003 全站仪的变形监测系统的研究[J]. 中国矿业,2005,14(4):67-69.

张剑锋,邵黎霞. 测量学[M]. 北京:中国水利水电出版社,2009.

张慕良,叶泽荣. 水利工程测量[M]. 3 版. 北京:水利电力出版社,1994.

赵志仁,张晓东. 大坝倾斜监测设计及监测方法[J]. 大坝观测与土工测试,1998(4):1-3.

祝国瑞. 地图学[M]. 武汉:武汉大学出版社,2004.

GOMARASCA M A. Basics of geomatics[M]. New York:Springer,2009.

JIN S G. Global Navigation Satellite Systems:signal,theory and applications[M]. Norderstedt:BoD-Books on Demand,2012.

OGAJA C A. Geomatics engineering:a practical guide to project design[M]. Boca Raton:CRC Press,2016.

OGUNDARE J O. Precision surveying:principles and geomatics practice[M]. Hoboken:John Wiley & Sons,Inc,2015.